안쌤의
창의·융합사고력
과학 100제
중등

시대에듀

이 책을 펴내며

중학교 교육 과정에서 과학은 수학과 영어에 비해 주목을 덜 받는 과목이기 때문에 과학을 전문적으로 지도하는 학원도 적고 개설되는 강의 또한 많지 않습니다. 이런 상황에서 과학은 어렵고, 힘든 과목이 되어 가고 있습니다. 특히, 비수도권 지역에서 양질의 과학 교육을 받는 것은 매우 힘든 일임이 분명합니다. 그래서 지역에 상관없이 전국의 학생들이 과학 수업을 받을 수 있도록 창의사고력 과학 특강을 실시간으로 진행하게 되었습니다. 20년이 넘는 시간 동안 '안쌤 영재교육연구소' 카페를 통해 강의를 진행하면서 많은 학생들이 과학에 대한 흥미와 재미를 더해 가는 것을 보았습니다. 더불어 많은 학생들이 영재교육원, 영재학교, 과학고에 합격하는 모습을 지켜볼 수 있는 영광을 얻기도 했습니다.

창의 · 융합사고력 과학 문제들은 대부분 실생활에서 볼 수 있는 현상을 바탕으로 출제됩니다. '그 현상을 어떻게 설명할 수 있는지', '왜 그런 현상이 일어나는지', '어떻게 하면 그런 현상을 없앨 수 있는지' 등을 과학적으로 분석하고 다양한 접근을 통해 문제를 해결해야 합니다. 이러한 과정을 통해 창의 · 융합사고력과 문제해결력을 향상시킬 수 있습니다.

영재교육원이나 영재학교, 과학고는 영재를 선발하기 위해 변별력 있는 문제를 반드시 출제합니다. 이는 최근 이슈, 생활 속 문제 등을 주제로 한 창의적 문제해결력을 요하는 문제로 출제합니다. 이와 같은 변별력 있는 문제 유형을 대비할 수 있게 창의 · 융합사고력 문제를 물리학, 화학, 생명과학, 지구과학, 융합 영역으로 구분하여 『안쌤의 창의 · 융합사고력 과학 100제』를 기획했습니다. 최근

이슈, 생활 속 문제를 지문으로 제시하고, 다양한 영역의 문제를 단계별로 구성했습니다. 이렇게 다양한 영역의 문제를 단계별로 풀어 본다면 어떠한 문제가 나와도 당황하지 않고 출제자의 의도를 파악하여 창의적인 답안을 작성할 수 있을 것입니다. 그리고 이러한 과정을 통해 창의적 문제해결력을 기를 수 있게 될 것입니다.

과학을 배우고 강의하면서 과학은 세상을 살아가는 데 매우 중요한 학문이므로, 반드시 어렸을 때부터 배워야 한다고 믿어 왔습니다. 과학을 통해 창의·융합사고력과 문제해결력이 향상된다면 학생들은 문제나 어려움에 부딪혔을 때 포기하지 않고, 그 문제나 어려움이 발생한 원인을 찾고 분석해 해결하려고 노력할 것입니다. 이처럼 과학은 공부뿐만 아니라 인생을 살아가는 데 매우 중요한 역할을 합니다.

마지막으로 이 교재와 안쌤 영재교육연구소 카페 및 유튜브 채널의 다양한 정보를 통해 보다 많은 학생들이 과학에 더 큰 관심을 가지게 되기를 희망합니다. 그리고 습득한 과학 지식을 바탕으로 자신의 꿈을 이루기 위해 노력하면서 행복하게 살아가기를 바랍니다.

저자 안재범

과학 경시대회 소개

 ## 한국중학생화학대회(KMChC)

대한화학회 화학올림피아드위원회에서는 우수한 다수의 과학 영재들에게 수준 높은 화학을 공부할 동기를 부여하여 화학 영재를 발굴하고 육성하며, 화학이라는 분야에 재미있게 접근하고 공부할 수 있도록 도와주고 동시에 창의적 사고력을 길러주고자 합니다.

한국중학생화학대회는 2024년부터 연 2회(2월, 8월) 개최를 하며, 화학에 관심 있는 중학생은 누구나 참여할 수 있습니다. 결과에 따라 성적 우수자들에게는 수상의 기회가 주어집니다.

홈페이지: chemolympiad.kcsnet.or.kr

 ## 물리대회(TPL)

한국물리학회가 10여 년간 시행해 온 한국중학생물리대회와 물리인증제가 2023년부터 '물리대회(The Physics League; TPL)'로 통합되었습니다.

물리대회는 연 2회(2월, 9월) 온라인 대회로 개최되며 물리학에 관심이 있는 중학생이면 누구나 참여할 수 있습니다. 결과에 따라 등급이 부여됨과 동시에 성적 우수자들에게는 수상의 기회가 주어집니다.

홈페이지: kphe.kps.or.kr

 ## 한국중학생생물대회

국제생물올림피아드에 참가할 국가대표를 교육하는 한국생물올림피아드위원회와 한국생물교육학회가 주최하는 한국중학생생물대회는 학생들의 생물학에 대한 흥미를 증진하고, 학문적 탐구 능력을 키우며, 창의적 사고를 개발하고 나아가 생물 분야 우수 인재의 발굴 및 육성을 돕기 위해 마련되었습니다. 대회를 통해 참가 학생들의 생물학적 지식과 문제해결 능력을 향상시키고, 과학에 대한 열정을 키울 수 있습니다.

한국중학생생물대회는 연 1회(9월) 오프라인에서 개최되며, 생물학에 관심있는 중학생은 누구나 참여할 수 있습니다. 결과에 따라 성적 우수자들에게는 수상의 기회가 주어집니다.

홈페이지: mskbo.bioedu.kr

한국중등과학올림피아드(KJSO)

미래창조과학부와 한국과학창의재단에서 지원하는 한국중등과학올림피아드는 과학에 흥미와 재능이 있는 중학생을 대상으로 깊은 수준의 과학 이론과 실험 학습을 경험할 수 있도록 지원하고, 우수한 학생을 국가대표로 선발하여 매년 12월에 개최되는 국제대회(IJSO)에서 과학을 좋아하는 친구들과 교류하고 서로의 과학 실력을 겨룰 수 있는 기회를 제공해 줍니다.

홈페이지: www.kjso.or.kr

 ## 한국과학창의력축제

한국과학교육단체총연합회에서 주관하는 한국과학창의력축제는 과학 학습 평가의 새로운 틀을 제공함으로써 청소년들에게 과학적으로 사고하는 능력과 창의적으로 문제를 해결하는 창의 · 융합과학적인 사고력을 신장시키고자 만들어졌습니다. 창의성과 리더십을 가진 인재를 육성하기 위해 주어진 탐구활동 과제를 창의적인 방법으로 해결하고 창의적 산출물을 제작하는 전 과정을 자기 주도적으로 수행할 수 있는 과학 활동의 기회를 제공합니다.

한국과학창의력축제의 참가 대상은 과학에 관심 있는 초등학교 4~6학년, 중학교 및 고등학교 1~3학년 학생으로 학교장의 추천을 받아야 참여가 가능합니다. 연 1회(6~7월) 개최되며, 탐구활동 과제가 제시된 후 4일 안에 탐구보고서를 제출해야 합니다. 탐구과제에서 선발된 학생들은 주어진 재료를 사용하여 제시된 과제를 해결할 수 있는 산출물을 제작해야 합니다. 결과에 따라 성적 우수자들에게는 수상의 기회가 주어집니다.

홈페이지: www.kofses.or.kr

중등 영재교육원 모집 요강

교육지원청 중등 영재교육원

1. 모집 분야: 수학, 과학, 융합, 정보, 발명
2. 선발 대상: 현재 초등 6학년~중등 2학년
3. 선발 일정: 12월 첫째 주 토요일
4. 평가 방식
   - 서울: 창의적 문제해결력 및 창의인성 평가
   - 부산: 수행관찰검사(10월), 영재성검사 및 창의적 문제해결력 검사(12월)
   - 그 외: 창의적 문제해결력 검사, 창의인성면접 검사 / 영재성검사, 심층면접
5. GED 홈페이지(https://ged.kedi.re.kr)에서 선발 요강 확인 가능

과학고부설 중등 영재교육원

1. 모집 분야: 수학, 과학, 융합
2. 선발 대상: 현재 초등 6학년~중등 1학년
3. 선발 일정: 12월 첫째 주 토요일
4. 평가 방식
   - 서울: 창의적 문제해결력 및 창의인성 평가
   - 부산: 수행관찰검사(10월), 영재성검사 및 창의적 문제해결력 검사(12월)
   - 그 외: 창의적 문제해결력 검사, 창의인성면접 검사 / 영재성검사, 심층면접
5. GED 홈페이지(https://ged.kedi.re.kr)에서 선발 요강 확인 가능하고, 교육지원청 중등 영재교육원과 중복 지원 불가
6. 영재학교, 과학고를 준비하는 학생이 주로 지원함. 교육지원청 영재교육원과 선발 일정 및 평가가 같지만 지원하는 학생들의 수준이 다름

대학부설 중등 영재교육원

1. 모집 분야: 수학, 과학, 물리학, 화학, 생명과학, 지구과학, 정보
2. 선발 대상: 현재 초등 6학년~중등 1학년
3. 선발 일정: 9월 초~11월 초(대학마다 상이함)
4. 평가 방식: 창의적 문제해결력 검사, 영재성 및 창의성 검사, 재능 탐색 검사, 창의성 평가, 온라인 과제 평가, 창의인성 에세이, 창의 융합 캠프 / 심층면접
5. 각 대학부설 영재교육원 홈페이지에서 선발 요강 확인 가능함. 중복 지원 가능하지만 합격자 발표 후 합격한 학생은 타 영재교육원에 지원 불가
6. 영재학교를 준비하는 학생은 심화과정에서 사사과정까지 진행함. 사사과정에서 진행한 연구과제를 영재학교 산출물로 활용함

영재학교, 과학고 모집 요강

영재학교

❶ 영재학교 설립 목적 및 방향: 뛰어난 재능이나 자질을 갖춘 학생을 지도하기 위하여 특별한 목적과 교육과정으로 운영하는 학교로, 우수한 교원과 첨단 과학 기자재, 다양한 부대시설을 갖춤. 법적으로 고등학교가 아니지만 졸업 시 고등학교 학력을 인정받음

❷ 영재학교 종류: 서울영재고, 경기영재고, 인천과학예술영재학교, 세종과학예술영재학교, 대전영재고, 대구영재고, 과학영재고, 한국과학영재학교로 총 8개교

❸ 모집 단위: 전국 단위로 신입생 선발 / 중학교 1~3학년 지원 가능

❹ 선발 일정: 6월~8월

❺ 입학 전형
- 1단계: 학교생활기록부, 자기소개서, 교사추천서 등으로 평가
- 2단계: 중학교 수학ㆍ과학 교과 지식을 바탕으로 창의적 문제해결력 검사
- 3단계: 인성, 영재성, 창의성 등을 종합적으로 판단할 수 있는 캠프 실시

❻ 이공계 인재 육성을 위해 설립된 학교로, 향후 의약학 계열에 지원하면 교육비 및 장학금, 학교시설 이용 제한 등의 불이익이 발생함

과학고

❶ 교육 목적: 과학영재의 조기 발굴과 잠재 능력의 개발을 위한 특수교육의 목적에 따라 설립. 수학, 물리학, 화학, 생물학, 지구과학, 천문학 등의 자연과학, 기초과학에 매우 특화되어 있음

❷ 과학고 종류: 한성과학고, 세종과학고, 경기북과학고, 인천과학고, 인천진산과학고, 대전동신과학고, 충남과학고, 충북과학고, 부산과학고, 부산일과학고, 울산과학고, 경남과학고, 창원과학고, 경북과학고, 대구일과학고, 전남과학고, 전북과학고, 강원과학고, 제주과학고 등으로 총 30개교

❸ 모집 단위: 지역 단위 선발 / 중학교 3학년만 지원 가능

❹ 선발 일정: 8월 서류 접수 / 11월 말 최종 합격자 발표

❺ 입학 전형
- 1단계: 과학, 수학 내신 성적, 자기소개서, 학생부, 교사추천서, 출석 면담
- 2단계: 소집 면접

❻ 불합격한 경우 자사고, 일반고 같은 후기고에 지원 가능

❼ 이공계 인재 육성을 위해 설립된 학교로, 향후 의약학 계열에 지원하면 불이익이 발생함 / 2학년 조기 졸업이 가능

※ 반드시 지원하는 학교의 모집 요강을 꼼꼼하게 확인하시기 바랍니다.

영재학교, 과학고 대비 학습 로드맵

🎓 영재학교 대비 학습

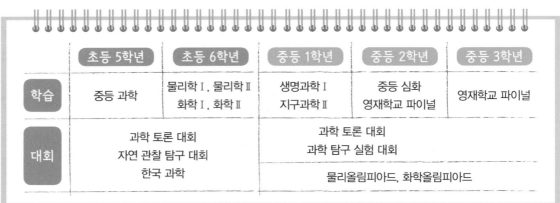

	초등 5학년	초등 6학년	중등 1학년	중등 2학년	중등 3학년
학습	중등 과학	물리학Ⅰ, 물리학Ⅱ 화학Ⅰ, 화학Ⅱ	생명과학Ⅰ 지구과학Ⅱ	중등 심화 영재학교 파이널	영재학교 파이널
대회	과학 토론 대회 자연 관찰 탐구 대회 한국 과학		과학 토론 대회 과학 탐구 실험 대회 물리올림피아드, 화학올림피아드		

🎓 과학고 대비 학습

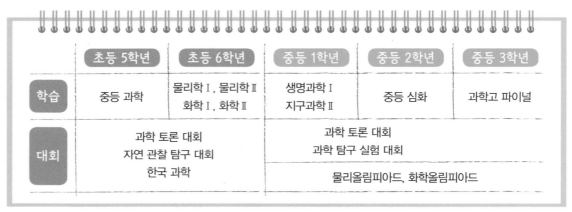

	초등 5학년	초등 6학년	중등 1학년	중등 2학년	중등 3학년
학습	중등 과학	물리학Ⅰ, 물리학Ⅱ 화학Ⅰ, 화학Ⅱ	생명과학Ⅰ 지구과학Ⅱ	중등 심화	과학고 파이널
대회	과학 토론 대회 자연 관찰 탐구 대회 한국 과학		과학 토론 대회 과학 탐구 실험 대회 물리올림피아드, 화학올림피아드		

❶ 과학 대회 출전 경험은 자기소개서, 산출물로 활용 가능, 과학 대회는 지역마다 상이함

❷ 중등 영재교육원에서 진행한 창의적 산출물은 자기소개서, 산출물로 활용 가능

❸ 지원 순서: 영재학교는 중학교 1학년부터 지원 가능하며, 보통 중학교 2학년 때 영재학교에 지원하고, 불합격하면 중학교 3학년 때 영재학교에 한 번 더 지원하고, 불합격하면 과학고에 지원함

❹ 영재학교 지필시험, 과학고 소집 면접 대비

　Step1　완벽 중학 과학 시리즈(물리, 화학, 생명·지구)로 중등 과학 내용을 심화로 정리
　　　　　– 탐구 문제부터 과학고·영재학교 기출문제까지 다양한 문제 유형 연습

　Step2　경시 유형과 창의 유형 문제 풀이, 서술형 작성(영재학교) 후 구술 연습(과학고)
　　　　　– 경시 유형: 『영재·과학고 과학 기출예상문제 + 모의고사』
　　　　　– 창의 유형: 『안쌤의 창의·융합사고력 과학 100제 중등』

　Step3　전년도 기출문제로 실전 연습
　　　　　– 각 학교 홈페이지에서 기출문제 다운 가능함

이 책의 구성과 특징

창의·융합사고력 실력다지기 100제

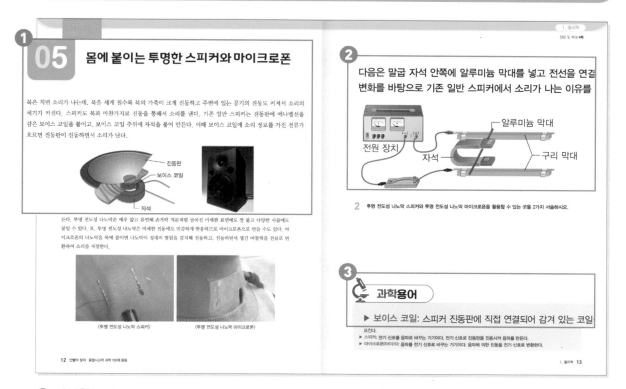

05 몸에 붙이는 투명한 스피커와 마이크로폰

북은 치면 소리가 나는데, 북을 세게 칠수록 북의 가죽이 크게 진동하고 주변에 있는 공기의 진동도 커져서 소리의 세기가 커진다. 스피커도 북과 마찬가지로 진동을 통해서 소리를 낸다. 기존 일반 스피커는 진동판에 에나멜선을 감은 보이스 코일을 붙이고, 보이스 코일 주위에 자석을 붙여 만든다. 이때 보이스 코일에 소리 정보를 가진 전류가 흐르면 진동판이 진동하면서 소리가 난다.

- 진동판
- 보이스 코일
- 자석

든다. 투명 전도성 나노막은 매우 얇고 유연해 손가락 지문처럼 굴곡진 미세한 표면에도 잘 붙고 다양한 사물에도 붙일 수 있다. 또, 투명 전도성 나노막은 미세한 진동에도 민감하게 반응하므로 마이크로폰으로 만들 수도 있다. 마이크로폰의 나노막을 목에 붙이면 나노막이 성대의 떨림을 감지해 진동하고, 진동하면서 생긴 마찰열을 전류로 변환하여 소리를 저장한다.

(투명 전도성 나노막 스피커)   (투명 전도성 나노막 마이크로폰)

다음은 말굽 자석 안쪽에 알루미늄 막대를 넣고 전선을 연결
변화를 바탕으로 기존 일반 스피커에서 소리가 나는 이유를

- 알루미늄 막대
- 전원 장치
- 자석
- 구리 막대

2 투명 전도성 나노막 스피커와 투명 전도성 나노막 마이크로폰을 활용할 수 있는 곳을 2가지 서술하시오.

과학용어

▶ 보이스 코일: 스피커 진동판에 직접 연결되어 감겨 있는 코일
움직다.
▶ 스피커: 전기 신호를 음파로 바꾸는 기기이다. 전기 신호로 진동판을 진동시켜 음파를 만든다.
▶ 마이크로폰(마이크): 음파를 전기 신호로 바꾸는 기기이다. 음파에 의한 진동을 전기 신호로 변환한다.

❶ 실생활에서 접할 수 있는 재미있는 과학 이야기로 흥미를 유발
❷ 각 영역의 대표문제 유형을 선별해 다양한 방식으로 사고할 수 있도록 구성
❸ 이야기 이해와 문제 풀이에 필요한 어렵고 생소한 과학 용어 풀이

최신 기출문제 파헤치기

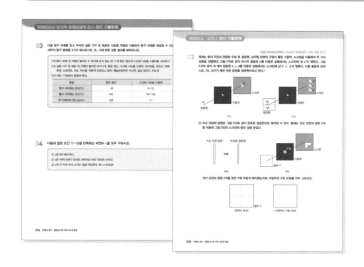

❶ 영재교육원 창의적 문제해결력 검사 기출문제와 영재학교·과학고 최신 기출문제 수록
❷ 각 시험의 기출 유형과 출제 경향을 비교 및 예측

이 책의 차례

창의 · 융합사고력 실력다지기 100제

창의·융합사고력 실력다지기 100제

I

물리학

01 거울이 없는 미러리스 자동차

미래 자동차의 한 가지 공통점은 사이드미러가 없다는 것이다. 사이드미러와 룸미러가 없는 자동차를 미러리스 자동차라고 한다. 사이드미러 대신 카메라를 장착하고 모니터를 통해 앞뒤좌우를 살핀다.

〈미러리스 자동차〉

그동안 후방 카메라, 블랙박스, 어라운드 뷰 등 다양한 신기술이 등장했지만, 여러 가지 안전성 문제로 여전히 사이드미러는 자동차에 달려 있었다. 아무리 빠르고 비싸고 멋진 자동차라 하더라도 양쪽 후방 시야를 위해 반드시 사이드미러 2개를 붙여야 한다. 그러나 IT 기술이 발전하면서 카메라가 사이드미러의 역할을 대체하고 있다. 유엔 자동차 기준 세계 포럼은 카메라와 모니터가 거울과 같은 수준의 정확도 높은 영상을 제공할 경우 사이드미러를 대체할 수 있도록 하고, 기존 사이드미러와 룸미러 위치에 카메라와 모니터를 설치할 수 있도록 했다. 일본은 2016년에 미러리스 자동차의 도로 주행을 합법화했고, 우리나라도 2018년에 자동차 규칙을 개정해 사이드미러를 카메라와 모니터로 대체할 수 있게 되었다. 자율주행 자동차 시대에는 운전자인 사람을 위해 거울 대신 여러 카메라와 센서가 중요해지기 때문에 미러리스 자동차는 앞으로 다가올 자율주행 자동차 시대를 맞이하기 위한 준비라고 할 수 있다.

〈사이드 카메라〉

〈룸 카메라〉

1 사이드미러에 '사물이 거울에 보이는 것보다 가까이 있음'이라고 적혀 있는 이유를 서술하시오.

2 미러리스 자동차의 장점과 해결 과제를 각각 2가지씩 서술하시오.

① 장점

② 해결 과제

과학용어

▶ **사이드미러**: 자동차 운전석과 조수석 앞쪽 옆면에 있는 거울로, 왼쪽과 오른쪽의 뒤쪽 상황을 확인할 때 사용한다. 차선을 변경할 때나 주차를 할 때 고개를 돌리지 않고도 뒤쪽의 장애물을 확인할 수 있도록 도와준다.
▶ **룸미러**: 자동차 실내에 운전석과 조수석 사이 중간 지점의 위쪽에 있는 거울로, 차량 뒤쪽 상황을 확인할 때 사용한다. 주차나 후진할 때 사이드미러로는 보이지 않는 차량 뒷부분 중앙의 장애물을 확인하거나 주행 중에 뒤따라오는 차량의 유무나 차량 사이 간격 등을 확인할 수 있도록 도와준다.

02 피부 노화의 적, 자외선

본격적인 휴가 시즌이 시작되면 산과 바다로 떠나는 사람들이 걱정하는 것 중 하나는 자외선으로, 자외선 차단제는 꼭 챙겨야 하는 필수품이다.

자외선은 빛의 한 종류로, 가시광선보다 파장이 짧아 눈에 보이지 않는 빛이다. 자외선은 파장의 길이에 따라 자외선 A, 자외선 B, 자외선 C로 구분된다. 파장이 가장 짧고 에너지가 큰 자외선 C는 생명체를 파괴하지만 성층권의 오존층에서 흡수되므로 피부에 큰 영향을 미치지 않는다.

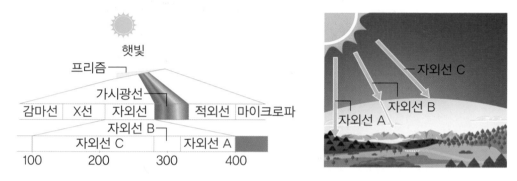

자외선 A와 자외선 B에 오랫동안 노출되면 피부가 화상을 입거나 주름이 생기고 색소 침착, 탄력 저하 등 피부가 노화되기 때문에 자외선 차단제를 발라 자외선 A와 B를 차단해 주어야 한다. 자외선 차단제에는 'SPF 50/PA++++'와 같은 표시가 있다. SPF는 자외선 B를 차단해 주는 정도를 의미하고, PA는 자외선 A를 차단하는 효과를 의미한다. SPF 뒤에 오는 수는 자외선 B의 차단 시간으로, SPF 1은 15분을 의미한다. 따라서 SPF 50은 $50 \times 15 = 750$ (분) 정도의 시간 동안 자외선 B를 차단해 준다. PA는 +로 표시하는데, +가 많을수록 차단력이 높다. +는 자외선 차단제를 바르지 않은 것에 비해 2배, ++는 4배, +++는 8배, ++++는 16배의 자외선 A의 차단 효과가 있다는 것을 의미한다. 등산, 해수욕 등 야외 활동을 할 때는 강한 자외선에 오랫동안 노출되므로 SPF 50 이상, PA+++ 이상인 제품을 사용하는 것이 좋고, 일상생활과 같이 자외선이 강하지 않고, 노출 시간이 짧을 경우에는 SPF 15, PA+ 정도의 차단력으로도 충분하다.

1 자외선 A와 자외선 B의 파장과 에너지를 바탕으로 자외선 A와 자외선 B가 피부에 미치는 영향을 구분하여 서술하시오.

① 자외선 A:

② 자외선 B:

2 다음 사진은 28년 동안 트럭 운전사로 일한 69세 남성의 모습이다. 얼굴 왼쪽과 오른쪽의 모습이 다른 이유를 서술하시오.

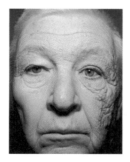 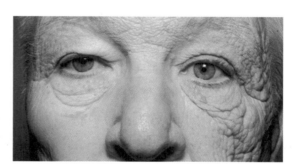

 과학용어

▶ **가시광선**: 햇빛 중에서 무지개처럼 우리 눈으로 볼 수 있는 빛이다.
▶ **적외선**: 빨주노초파남보 중 빨간빛의 바깥쪽에 있는 빛으로, 열을 내기 때문에 전열기나 치료기에 쓰인다.
▶ **자외선**: 빨주노초파남보 중 보랏빛의 바깥쪽에 있는 빛으로, 살균 작용을 하고 비타민 D를 만든다.
▶ **감마선**: 파장이 가장 짧고 에너지가 커서 박테리아 등의 균을 제거하거나 암을 치료하는 데 쓰인다.
▶ **X선**: 투과력이 높아 피부와 근육을 통과하고 뼈에서 반사되어 다시 돌아오므로 몸속의 뼈를 관찰할 때 사용한다.
▶ **마이크로파**: 파장이 길어 대부분 물질을 통과한다. 물을 만나면 열을 발생시켜 음식을 데우므로 전자레인지에 사용한다.

03 투명 망토를 실현시켜 줄 메타물질

마법 학교에 입학한 해리포터는 크리스마스 때 선물로 받은 투명 망토를 두르자 감쪽같이 사라졌다. 투명 망토를 두르면 몸과 투명 망토가 투명하게 변해 아무것도 없는 것과 같은 시각적 효과를 만든다.

판타지 영화에서나 나오는 이와 같은 일은 메타물질을 이용하면 현실에서도 구현할 수 있다. 메타물질이란 초월을 뜻하는 '메타'와 '물질'을 결합한 단어로, 플라스틱이나 금속 같은 일반적인 물질을 인위적으로 배열하고 접합하여 자연에서 찾아볼 수 없는 특성을 갖도록 만든 신소재이다. 원자보다 크고 입사하는 빛의 파장보다 매우 작은 인공 구조를 주기적으로 배치하면 빛, 음파, 전자기파 등과 물질의 상호작용을 인공적으로 조절할 수 있다. 예를 들어, 노란색인 금을 10 nm 크기로 작게 만들면 노란색이 아니라 빨간색에서 보라색까지 다양한 색으로 보이는데 입자의 크기, 모양, 배열에 따라 색이 달라지기 때문이다. 메타물질도 모양, 구조, 크기, 방향, 배열에 따라 특성이 정해지기 때문에 사용 목적에 따라 빛, 음파, 전자기파의 반사, 투과, 흡수 등을 조절할 수 있다. 대표적인 메타물질로는 음향 메타물질, 광학 메타물질, 전자기 메타물질 등이 있다.

〈광학 메타물질 이용〉

1 지구상에 존재하는 대부분의 물질은 굴절률이 1보다 크지만 메타물질은 음의 굴절률을 가진다. 음의 굴절률을 가진 메타물질로 투명 망토를 만들 수 있는 원리를 서술하시오.

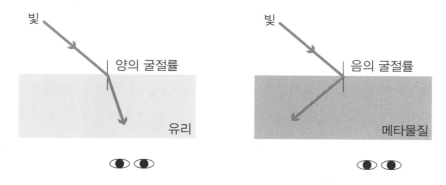

2 메타물질을 활용할 수 있는 방법을 3가지 서술하시오.

 **과학용어**

▶ **nm(나노미터):** 길이 단위의 하나로 1 nm는 1×10^{-9} m이다. 1나노미터는 성인 머리카락 굵기의 십만 분의 1에 해당한다.
▶ **전자기파:** 전기장과 자기장이 변화하면서 발생하는 파동이다. 전자기파는 파장의 길이에 따라 감마선, X선, 자외선, 가시 광선, 적외선, 마이크로파, 전파 등으로 나누어진다.
▶ **굴절률:** 매질이 달라질 때 빛의 이동 속도가 바뀌면서 휘어지는 정도이다. 굴절률이 클수록 빛이 굴절하는 정도가 크다.

04 인스턴트 음식과 환상의 짝꿍, 전자레인지

전통적인 조리 방법은 용기를 먼저 가열하고 전도나 대류로 용기의 열이 용기 안의 재료로 전달되어 재료를 익히는 것이다. 오븐은 오븐 안의 공기를 뜨겁게 했을 때 발생하는 대류열로 내부의 음식물을 익히고, 가스레인지는 가스 불로 용기를 가열한 후 용기 안의 음식물로 전달된 열로 요리를 한다.

전자레인지는 전자기파를 이용해 음식을 직접 데우는 오븐으로, 보통 여러 가지 음식을 간단히 데우거나 냉동식품을 해동시키는 데 많이 사용한다. 전자레인지는 2.45 GHz의 진동수를 가진 마이크로파라고 불리는 전자기파를 사용한다. 마이크로파는 유리나 종이, 플라스틱 등의 물질에는 영향을 주지 않고 통과하지만, 음식물의 대부분을 이루는 물 분자나 그 외 지방, 당과 같은 분자에는 흡수되어 음식물을 데운다.

전자레인지의 핵심 구성물은 마이크로파를 만들어내는 마그네트론이다. 마그네트론은 높은 주파수의 진동을 만들어내는 장치로 음극, 필라멘트로 된 양극, 안테나, 자석으로 이루어져 있다. 가정 내 교류 전압인 220 V를 4,000 V 이상의 고전압으로 바꾸어 마그네트론에 전류를 흘리면 마그네트론에서 2.45 GHz의 높은 주파수로 진동하는 마이크로파가 만들어지고, 웨이브가이드를 따라 전자레인지 내부 용기에 도달하면 금속으로 된 벽에 반사되어 식품에 흡수된다. 전자레인지 내부는 금속으로 코팅되어 있어 마이크로파가 내부 벽면에 반사되어 음식물 곳곳에 고르게 도달할 수 있도록 하고, 유리문에는 금속으로 만든 그물망이 있어 마이크로파가 유리문을 통해 외부로 나오는 것을 막는다.

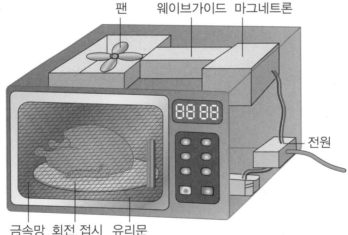

팬 웨이브가이드 마그네트론

전원

금속망 회전 접시 유리문

1 음식물을 도자기 그릇에 넣고 전자레인지에서 조리하면 음식물은 뜨겁게 데워지지만 도자기 그릇은 데워지지 않는다. 아래 그림을 참고하여 그 이유를 서술하시오.

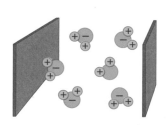

〈전기장이 작용하지 않을 때〉

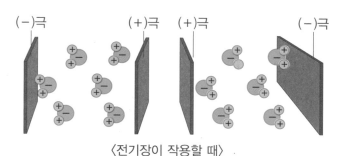

(−)극　　　(+)극　　(+)극　　　　(−)극

〈전기장이 작용할 때〉

2 전자레인지 안에 달걀을 통째로 넣고 작동시키면 달걀이 터진다. 전자레인지를 사용할 때 주의 사항을 이유와 함께 3가지 서술하시오.

 과학용어

▶ **마이크로파**: 적외선과 라디오파 사이의 전자기파로, 진동수는 300 MHz~300 GHz이고, 파장은 1 mm~1 m 정도이다. 공기, 유리, 종이 등을 잘 통과하고 금속에서는 반사되며, 식품이나 물에 흡수되는 성질을 가지고 있다. 흡수된 마이크로파는 열로 변환되기 때문에 전자레인지에 쓰인다.

▶ **교류**: 직류는 건전지처럼 세기와 방향이 일정한 전류이고, 교류는 시간에 따라 전류의 세기와 방향이 주기적으로 바뀌는 전류이다. 교류는 송전 과정에서 잃는 전력이 직류보다 적고, 변압기로 전압을 쉽게 높이거나 낮출 수 있다. 현재 우리가 쓰는 전기가 교류이다.

05 몸에 붙이는 투명한 스피커와 마이크로폰

북은 치면 소리가 나는데, 북을 세게 칠수록 북의 가죽이 크게 진동하고 주변에 있는 공기의 진동도 커져서 소리의 세기가 커진다. 스피커도 북과 마찬가지로 진동을 통해서 소리를 낸다. 기존 일반 스피커는 진동판에 에나멜선을 감은 보이스 코일을 붙이고, 보이스 코일 주위에 자석을 붙여 만든다. 이때 보이스 코일에 소리 정보를 가진 전류가 흐르면 진동판이 진동하면서 소리가 난다.

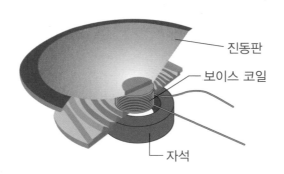

진동판
보이스 코일
자석

기술이 발달하면서 피부에 붙여서 소리를 만드는 투명한 스피커와 성대의 진동을 감지해 목소리를 인식하는 투명한 마이크로폰이 개발되었다. 피부에 붙이는 투명한 스피커는 나노미터 두께의 매우 얇은 막으로, 은 나노와이어를 그물 구조로 만들어 투명하고 전기가 잘 통한다. 이 스피커는 투명 전도성 나노막에 전류가 흐르면 열이 발생하여 온도가 33 ℃까지 높아지고, 이 열로 공기를 팽창하고 수축시켜 소리를 만드는 열음파 방식으로 다양한 소리를 만든다. 투명 전도성 나노막은 매우 얇고 유연해 손가락 지문처럼 굴곡진 미세한 표면에도 잘 붙고 다양한 사물에도 붙일 수 있다. 또, 투명 전도성 나노막은 미세한 진동에도 민감하게 반응하므로 마이크로폰으로 만들 수도 있다. 마이크로폰의 나노막을 목에 붙이면 나노막이 성대의 떨림을 감지해 진동하고, 진동하면서 생긴 마찰력을 전류로 변환하여 소리를 저장한다.

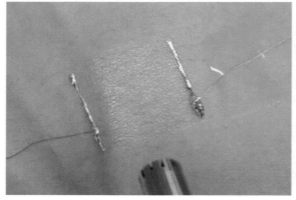

〈투명 전도성 나노막 스피커〉

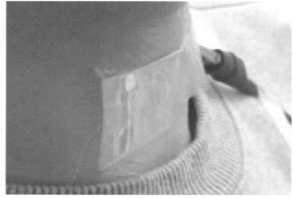

〈투명 전도성 나노막 마이크로폰〉

1 다음은 말굽 자석 안쪽에 알루미늄 막대를 넣고 전선을 연결하여 전류를 흐르게 한 결과이다. 알루미늄 막대의 변화를 바탕으로 기존 일반 스피커에서 소리가 나는 이유를 서술하시오.

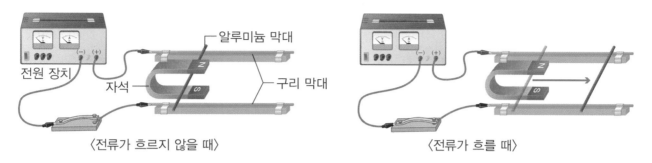

〈전류가 흐르지 않을 때〉　　　　　　　　　　　〈전류가 흐를 때〉

2 투명 전도성 나노막 스피커와 투명 전도성 나노막 마이크로폰을 활용할 수 있는 곳을 2가지 서술하시오.

 **과학용어**

▶ **보이스 코일**: 스피커 진동판에 직접 연결되어 감겨 있는 코일이다. 코일에 흐르는 신호 전류를 통해 진동판에 진동을 일으킨다.
▶ **스피커**: 전기 신호를 음파로 바꾸는 기기이다. 전기 신호로 진동판을 진동시켜 음파를 만든다.
▶ **마이크로폰(마이크)**: 음파를 전기 신호로 바꾸는 기기이다. 음파에 의한 진동을 전기 신호로 변환한다.

06 조선 시대 냉장고, 석빙고

음식을 신선하고 시원하게 보관할 수 있는 냉장고는 특히 여름철에 없어선 안 되는 생활필수품이다. 냉장고가 없었던 시대에 우리 조상들에게는 더운 여름에도 얼음을 보관할 수 있는 특수한 시설인 석빙고(石氷庫)가 있었다. 석빙고는 얼음을 저장하기 위해 돌로 만든 창고로, 석빙고에 저장된 얼음은 왕실의 제사에 쓰이거나 왕실과 고급 관리들의 음식이나 고기 등을 저장할 때 또는 의료용·식용으로 사용되었다. 겨울에 꽁꽁 언 얼음을 잘라 석빙고 안에 넣은 후 여름까지 잘 보관하는 것은 국가의 중요한 일이었다. 매년 2월 말 강가에서 두께 14 cm 이상의 얼음을 잘라내 저장한 후, 6월부터 10월까지 수시로 얼음을 꺼내 사용했다. 석빙고는 냉장고와 달리 아무런 기계 장치가 없어도 1년 내내 얼음을 보관할 수 있었다.

기록에 따르면 얼음을 채취하여 저장하는 일은 신라 때부터 있었다. 『삼국유사』에는 제3대 유리 이사금 때 얼음 창고를 만들었고, 『삼국사기』에는 제22대 지증왕 11년(505년) 때 얼음 창고를 만들었다는 기록이 있다. 그러나 신라 때 만들어진 얼음 창고는 현재 남아 있는 것이 없고, 고려 시대에도 정종, 문종 때 얼음을 나누어주는 기록이 나오지만 얼음을 저장했던 얼음 창고는 지금까지 발견되거나 조사된 바 없다. 경주 석빙고는 조선 영조 14년(1738년)에 만들어진 것으로, 비교적 최근에 만들어진 것이다. 경주 석빙고 내부는 길이 14 m, 폭 6 m, 높이 5.4 m의 크기로, 땅을 깊게 파서 만든 반지하 구조이다. 내부와 지붕 안쪽은 화강암으로 만들고, 지붕 바깥쪽은 진흙으로 덮은 후 잔디를 심었다. 현재 남아 있는 석빙고는 6개로, 경주, 안동, 창녕, 청도, 현풍, 영산에 있다. 이것들은 모두 조선 시대에 만들어진 것이며, 각각 보물 또는 사적으로 지정되어 있다.

석빙고는 아주 오래전부터 우리 조상들이 자연의 순환 원리를 깨닫고 생활에 활용했다는 사실을 알려주는 소중한 과학 문화유산이다.

〈경주 석빙고〉

〈경주 석빙고 내부〉

1 석빙고 내부 모습을 참고하여 석빙고의 온도를 일정하게 유지하기 위해 사용한 방법을 전도, 대류, 복사로 구분지어 서술하시오.

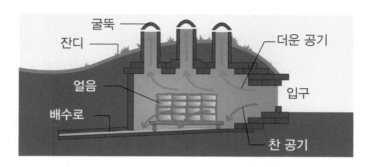

2 앞뒤가 트여 있는 한옥의 대청마루는 한여름에도 뒷마당에서 앞마당으로 바람이 불어 시원하다. 대청마루의 앞마당은 흙만 깔려 있고, 뒷마당은 나무가 심겨져 있다. 만약 앞마당에 잔디를 심으면 대청마루에 부는 바람에 어떤 영향을 미칠지 서술하시오.

🔬 **과학용어**

▶ **전도**: 물질을 이루고 있는 입자의 운동이 이웃한 입자에 차례로 전달되어 열이 이동하는 현상이다.
▶ **대류**: 물질을 이루고 있는 입자들이 직접 이동하면서 열을 전달하는 현상이다.
▶ **복사**: 열을 전달하는 물질을 통하지 않고 열이 직접 이동하는 현상이다.
▶ **단열**: 전도, 대류, 복사에 의한 열의 이동을 막는 것이다. 솜이나 공기는 좋은 단열재이다.

에어컨이 없어도 시원한 건물

남아프리카 짐바브웨의 수도 하라레에는 1996년 개관한 세계 최초의 자연 냉방 건물인 이스트 게이트 쇼핑센터가 있다. 하라레는 해발 고도 1,490 m에 위치하고 있으며, 평균 기온은 25~30 ℃이다. 이 건물은 30 ℃가 넘는 한여름에도 자연적인 방법으로 21~25 ℃의 쾌적한 실내 온도를 유지하면서 살랑살랑 바람까지 불어 동일한 크기의 다른 건물과 비교했을 때 냉방에 사용되는 전력이 약 10 %에 불과하다.

〈이스트 게이트 쇼핑센터〉

〈흰개미집〉

짐바브웨 출신의 건축가 믹 피어스는 흰개미집으로부터 영감을 얻어 이스트 게이트 쇼핑센터를 설계했다. 흰개미는 한낮에는 40 ℃가 넘고, 밤에는 영하로 떨어지는 밤낮의 일교차가 심한 아프리카 초원에 산다. 흰개미가 몸의 크기인 6 mm보다 약 1,000배 크게 지은 6 m 높이의 집은 내부와 외부가 수많은 구멍으로 연결되어 있다. 흰개미는 집 안에서 식량인 버섯을 키우는데 이 버섯은 나무나 잎의 섬유소를 분해할 때 열이 발생한다. 버섯이 자라는 적정 온도는 30 ℃이므로 분해열이 발생하면 집의 내부 온도가 높아져 버섯이 살 수 없다. 따라서 흰개미는 집의 구멍을 열고 닫으면서 공기의 흐름을 조절해 6 m 높이에 달하는 집의 내부 온도가 항상 29~30 ℃를 유지하도록 만든다.

흰개미집을 본떠 만든 이스트 게이트 쇼핑센터는 10층 건물 옥상에 63개의 통풍창이 있으며 지표 아래에도 구멍을 만들었다. 또, 1층에는 공기가 이동할 수 있도록 여러 개의 출입구를 만들었다. 흰개미들이 집의 구멍을 열고 닫으면서 온도를 조절하는 것과 같이 이스트 게이트 쇼핑센터도 건물 곳곳에 설치된 환기구과 출입구를 이용해 내부 온도를 조절한다.

호주 멜버른의 시의회 청사도 흰개미집을 본떠 만든 건물로, 건물 안에 에어컨이 없다. 최고 기온 38 ℃, 최저 기온 5 ℃를 오르내리는 멜버른에서 냉난방 시설을 가동하지 않고도 실내 온도가 24 ℃로 유지되고 있으며, 비슷한 크기의 다른 건물에 비해 전기는 85 %, 가스는 87 %, 물은 28 %가 절약되고 온실 기체도 적게 발생한다.

1 흰개미집과 이스트 게이트 쇼핑센터의 내부 구조를 참고하여 더운 여름에도 일정한 실내 온도를 유지할 수 있는 이유를 서술하시오.

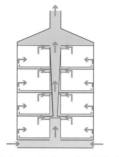

〈흰개미집〉　　　　〈이스트 게이트 쇼핑센터〉

2 패시브 하우스는 최소한의 냉난방으로 1년 내내 실내 평균 온도를 20 ℃로 유지한다. 패시브 하우스 구조를 참고하여 패시브 하우스가 적절한 실내 온도와 습도를 유지하는 방법을 3가지 서술하시오.

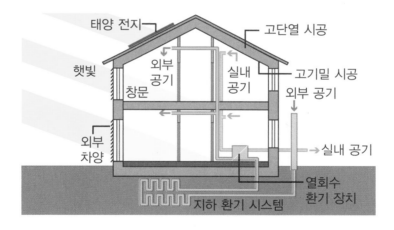

 **과학용어**

▶ **패시브 하우스(passive house):** 최소한의 냉난방으로 적절한 실내 온도와 습도를 유지할 수 있도록 설계된 주택으로, 태양광과 같은 자연 에너지를 적극 활용하여 냉난방 비용을 일반 주택의 10 % 수준으로 줄일 수 있다.

08 앗! 따가워! 겨울만 되면 생기는 정전기

털모자를 쓰고 나갔다가 들어와 모자를 벗는 순간! 머리카락이 한 올 한 올 살아나 털모자에 달라붙는다. 머리카락을 정리하려고 빗으로 머리를 빗자, 이번에는 머리카락이 빗에 달라붙는다. 머리카락을 정리한 후 방문 손잡이에 손을 대자, 갑자기 손끝으로 전해지는 찌릿함! 화들짝 놀라 방에 들어가는 것을 포기하고 거실 소파에 털썩 주저앉는다. 마침 TV를 보던 동생이 자신이 먹던 과자 봉지를 건넨다. 동생과 손끝이 닿는 순간, '따닥' 소리와 함께 다시 한 번 손끝에 느껴지는 찌릿함! 쉽사리 진정되지 않는 머리카락과 손끝으로 전해지는 톡 쏘는 아픔의 정체, 이 일련의 상황들은 모두 정전기 때문이다.

물질은 원자라고 하는 매우 작은 알갱이로 이루어져 있고, 원자는 (+)전하를 띤 원자핵과 (−)전하를 띤 전자로 구성되어 있다. 평상시에는 원자핵의 (+)전하량과 전자의 (−)전하량이 같아서 전기적으로 중성이다. 그런데 물체가 서로 접촉하면서 마찰이 일어나면 전자가 다른 물체로 이동하게 되는데, 전자를 잃은 물체는 (+)전하를, 전자를 얻은 물체는 (−)전하를 띤다. 이때 생긴 전기는 바로 없어지지 않고 물체의 표면에 머물러 있기 때문에 정전기라 부른다. (+)전하를 띤 물체와 (−)전하를 띤 물체는 서로 끌어당기므로 머리카락이 털모자나 빗에 달라붙는다.

전자 이동

(−)전하

(+)전하

정전기는 공기 중의 습도와 마찰하는 물질의 종류에 따라 발생하는 정도가 다르다. 정전기는 공기 중에 수증기가 많은 여름철보다 수증기가 적은 겨울철에 잘 생기고, 천연 섬유로 된 옷보다 합성 섬유로 된 옷에서 잘 생긴다.

1 정전기가 습도가 낮은 겨울에 많이 생기는 이유를 서술하시오.

2 겨울만 되면 일상 곳곳에서 정전기가 자주 발생한다. 정전기는 우리 몸에 큰 위험으로 작용하지 않지만 잦은 정전기는 신경이 많이 쓰인다. 정전기를 방지하는 방법을 5가지 서술하시오.

 과학용어

▶ 전하량: 어떤 물체 또는 입자가 띠고 있는 전기의 양이다.
▶ 정전기: 두 물체의 마찰에 의해 발생하여 한곳에 머물러 있는 전기이다.
▶ 방전: 전기를 띤 입자가 이동하여 물체가 전기적 성질을 잃어버리는 현상으로, 충전의 반대 과정이다. 방전될 때 많은 전기가 순간적으로 이동하면 불꽃이 튀기도 한다.

열로 만드는 전기 에너지

철강 산업, 화학 산업, 선박 산업 등의 공장, 대형 선박, 열병합발전소 등을 운용하는 과정에서 발생하는 높은 열은 거의 사용되는 곳이 없어 폐열이라고 불린다. 그런데 열전소자를 이용하면 폐열로 전기 에너지를 만들 수 있다. 열전소자는 반도체의 양쪽에 온도 차가 생기면 전기 에너지가 생기는 제베크 효과를 이용한다. 열전소자의 한 면을 차갑게 하고 다른 면을 뜨겁게 하면 전자는 온도가 높은 곳에서 낮은 곳으로 이동하고, 전자의 이동으로 전류가 흐른다. 이때 전기 에너지는 온도 차에 비례하여 생기고, 열전소자를 여러 개 연결하면 전기 에너지를 많이 만들 수 있다. 열전소자를 이용하여 열에너지를 전기 에너지로 바꾸는 발전 방식을 열전발전이라고 한다.

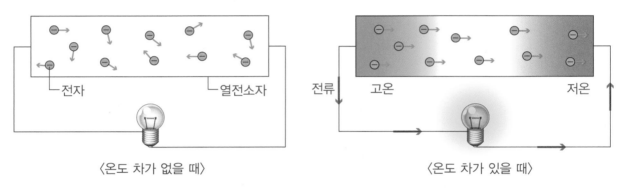

〈온도 차가 없을 때〉　　　　　　　　　　　　　　〈온도 차가 있을 때〉

체온만으로도 열전발전을 할 수 있다. 열전소자의 한쪽은 차갑게 하고 다른 한쪽은 체온으로 따뜻하게 하면 온도 차가 생겨 전기 에너지가 만들어진다. 우리 주변에 항상 존재하는 열과 온도 차를 이용하면 소량의 전기를 꾸준히 만들 수 있다. 이를 사물인터넷(IoT) 기기의 센서에 적용하면 배터리 수명을 연장할 수 있고, 더 나아가 배터리가 없는 소형 기기를 만들 수도 있다.

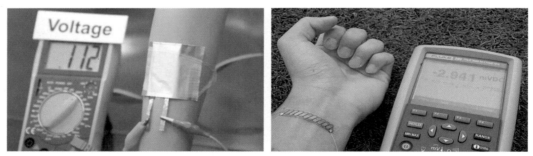

〈체온을 이용한 열전발전〉

많은 발전소에서 열에너지를 전기 에너지로 만들기 위해 물을 끓이고, 증기를 만들어 터빈을 돌려 전기 에너지를 얻는다. 그러나 열전발전을 이용하면 부가적인 장치 없이 직접 전기를 만들 수 있고, 지구상 어디에서나 온도 차가 있기 때문에 열전발전의 활용도는 무한하다고 볼 수 있다.

1 전 세계적으로 생산된 에너지의 65 % 이상은 사용되지 못하고 열로 사라지고, 우리 일상에서 사용하는 에너지의 30 % 이상은 열로 버려진다. 열전발전 시스템을 이용하면 폐열을 전기 에너지로 바꿀 수 있다. 열전발전 시스템의 장점을 2가지 서술하시오.

2 열전발전을 활용할 수 있는 방법을 3가지 서술하시오.

 과학용어

▶ 반도체: 특별한 조건에서만 전기가 통하는 물질로, 필요에 따라 전류를 조절할 때 사용한다.
▶ 전류: 전자의 흐름으로 (−)극에서 (+)극으로 흐른다. 전류는 (+)극에서 (−)극으로 흐르고, 전자의 이동 방향과 전류의 이동 방향은 서로 반대이다.
▶ 터빈과 발전: 물, 바람, 물을 끓여 만든 증기 등으로 터빈(발전기의 날개)을 돌리면, 터빈과 연결된 발전기가 작동하여 전기 에너지를 만든다. 발전기는 자석과 코일로 이루어져 있으며, 자석이나 코일을 회전시켜 유도 전류를 만든다.

10 압력으로 만드는 전기 에너지

축구 선수는 한 게임당 평균적으로 약 11 km를 뛴다. 브라질의 리우데자네이루에는 이런 선수들의 활동량을 전기 에너지로 전환하는 특별한 경기장이 있다. 인조 잔디가 깔린 축구장 아래에는 특수한 타일이 설치되어 있는데 축구 선수가 이 타일을 밟을 때마다 전기 에너지가 만들어져 저장되고, 이렇게 모인 전기 에너지는 어두운 밤이 되면 경기장과 주변 동네를 밝히는 데 사용한다. 압전발전은 압전소자를 이용해 누르는 힘, 즉 물리력을 가해 전기 에너지를 얻는 발전 방법으로, 이 축구 경기장은 압전발전을 이용하여 전기 에너지를 만든다.

〈전기 에너지를 만드는 축구 경기장〉

〈전기 에너지를 만드는 타일〉

자연계에 존재하는 물질 대부분은 (+)전하를 띤 입자와 (−)전하를 띤 입자가 규칙적으로 배열되어 전기적으로 중성을 띠고 있는데, 좁은 공간에서 압력에 의해 (+)전하와 (−)전하의 위치가 어긋나면 전하의 에너지 차이가 생겨 전기 에너지가 만들어진다.

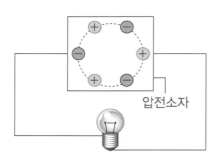

〈압력이 없을 때〉

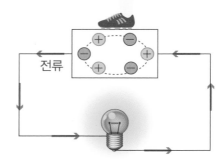

〈누르는 압력이 가해질 때〉

압전소자를 도로에 설치하면 자동차가 지나갈 때 전기 에너지가 만들어진다. 2차선 1 km의 도로에 차량 600여 대가 지나갈 경우, 약 250가구에 공급할 수 있는 400 kW의 전력이 만들어진다. 압전소자가 만든 전기 에너지는 가정이나 기업에 판매할 정도의 양은 아니지만 도로 등 공공시설에 사용할 정도는 된다.

1 압전소자를 사용하면 전기 에너지를 만들 수 있지만 한계가 있다. 압전소자로 더 많은 전기 에너지를 만드는 방법을 서술하시오.

2 압전발전을 활용할 수 있는 방법을 3가지 서술하시오.

 과학용어

▶ 전하: 전기 현상을 일으키는 물질의 물리적 성질이다. 전자는 (−)전하를 띠고 원자핵은 (+)전하를 띤다.
▶ 전력: 1초 동안 사용하는 전기 에너지의 양이다. 전류의 세기와 전압의 곱으로 나타내며($P = VI$), 단위는 W(와트)이다.

11 물속에서 뜨고 가라앉는 잠수함

물고기는 부레가 있어서 물속에서 뜨고 가라앉을 수 있는데, 잠수함은 물고기의 부레에 착안하여 만들어졌다. 물고기가 뜰 때는 부레를 부풀려 부피를 크게 하고, 가라앉을 때는 부레의 부피를 줄인다. 물체가 액체 속에 잠기면 잠긴 공간만큼 물을 밀어내게 되고, 밀어낸 물의 무게에 해당하는 크기의 부력이 생긴다. 이때 부력은 중력과 반대 방향으로 작용하며, 물체가 물에 많이 잠겨 밀어내는 물의 양이 많을수록 커진다.

물체에 작용하는 중력과 부력의 크기가 같으면 뜨거나 가라앉지 않고 현 상태를 유지하고, 중력보다 부력이 크면 물체가 뜨며, 중력보다 부력이 작아지면 물체가 가라앉는다.

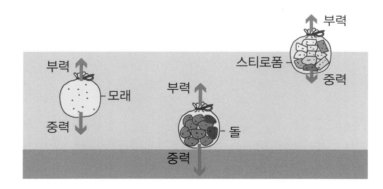

물고기가 부레의 부피를 크게 하면 물을 많이 밀어내게 되어 부력이 커지므로 떠오르고, 반대로 부레의 부피를 작게 하면 물을 조금 밀어내게 되어 부력이 작아지므로 아래로 가라앉는다. 잠수함도 물에서 자유자재로 뜨고 가라앉는다. 잠수함의 선체는 최대 잠수 깊이에서 수압을 견딜 수 있는 단단한 내각과 비교적 얇은 철판으로 된 외각의 이중벽으로 되어 있고, 내각과 외각 사이에 바닷물을 넣었다 뺐다 할 수 있는 밸러스트 탱크가 설치되어 있다.

1 잠수함이 잠수하고 부상하는 방법과 원리를 서술하시오.

① 잠수

② 부상

2 다음은 해수 염분을 나타낸 지도이다. 잠수함이 다음과 같은 경로로 이동하면 어떻게 되는지 서술하시오.

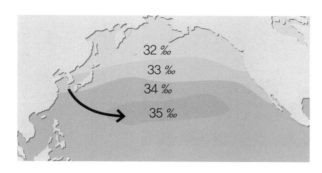

과학용어

▶ 부력: 물에 뜨려는 힘으로, 유체 속에 있는 물체의 부피와 같은 부피를 가진 유체의 무게와 같다. 철로 만든 배가 물에 뜨는 이유는 물에 잠기는 부피를 크게 하여 배의 무게보다 더 큰 부력을 받기 때문이다.

12 비행기를 멈추게 하는 폭염

겨울에 폭설 때문에 비행기가 결항되는 일은 종종 발생하지만 미국 애리조나 지역에서는 폭염 때문에 매년 40편 이상의 비행기가 결항된다. 애리조나주는 7월이 되면 기온이 50 ℃까지도 오르는 매우 더운 곳이다. 기온이 48 ℃가 넘으면 비행기가 이륙과 착륙을 할 수 없는데, 최근 전 세계적으로 기록적인 폭염이 나타나면서 폭염으로 인한 비행기 결항이 자주 발생하고 있다. 지구 온난화로 폭염의 강도와 빈도가 증가하면 무거운 비행기를 뜨게 하는 양력이 크게 줄어 항공기 이륙에 지장을 준다. 일반적으로 기온이 3 ℃ 상승할 때마다 양력이 1 %씩 감소한다.

양력은 비행기가 공중에 떠 있을 수 있도록 하는 힘으로, 비행기 날개의 모양과 공기의 흐름에 의해 발생한다. 날개의 윗면과 아랫면의 길이와 모양이 다르기 때문에 날개 위를 흐르는 공기의 속도가 아래를 흐르는 공기의 속도보다 빨라진다. 이로 인해 날개 윗면의 압력이 아랫면의 압력보다 낮아지게 되고, 이 압력 차이에 의해 날개를 위로 들어 올리는 양력이 발생한다. 양력의 크기는 날개의 크기, 날개의 각도, 공기의 밀도, 공기의 이동 속도에 따라 결정된다.

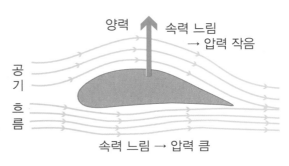

비행기 날개에 작용하는 양력은 비행기가 정지해 있을 때는 생기지 않고, 어느 속력 이상으로 움직일 때만 생긴다. 비행기는 자신의 무게를 이기고 하늘로 떠오를 수 있는 최소 속도 이상이 될 때까지 지상에서 활주한 후 이륙한다. 착륙할 때도 마찬가지로 지상 활주가 필요하다. 비행기가 추락하지 않고 착륙하기 위해서는 비행기 무게와 같은 크기의 양력을 유지한 채 땅에 닿아야 한다. 비행기가 땅에 닿는 순간의 속도는 비행기가 하늘로 떠오를 수 있는 최소 속도이고, 이 속도로 땅에 닿은 비행기는 지상에서 활주하며 속도를 빠르게 줄여 정지한다.

1 기온이 상승하면 양력이 줄어드는 이유를 서술하시오.

2 폭염으로 양력이 줄어들었을 때 비행기가 이륙하는 방법을 3가지 서술하시오.

 과학용어

▶ 지구 온난화: 산업 혁명 이후 인구 증가와 산업화에 따라 화석 연료의 사용이 늘어나 온실 기체의 배출량이 증가하고 무분별한 삼림 벌채로 대기 중의 온실 기체의 농도가 높아지면서 대기의 열이 우주 공간으로 나가지 못하여 지구의 평균 기온이 올라가는 현상이다.

▶ 양력: 액체나 기체와 같은 유체 속에서 물체가 운동할 때 운동 방향에 대해 수직으로 작용하는 힘으로, 비행기가 공중을 날 수 있는 것은 날개에서 생긴 양력 때문이다.

13 날개가 없어도 바람이 부는 선풍기

바람이 부는 것은 고기압에서 저기압으로 공기가 이동하는 현상이다. 날씨가 더울 때 부채질을 하면 시원하게 느껴지는 이유는 부채가 주변의 공기를 걷어내 저기압으로 만들고, 기압 차로 인해 공기가 이동하면서 바람이 생기기 때문이다. 액체가 증발할 때는 열이 필요한데 바람에 의해 땀이나 체액과 같은 액체가 증발하면서 몸의 열을 빼앗아 가게 되면 체온이 내려가고 시원함을 느끼게 된다.

2009년 영국의 다이슨 회사가 날개 없는 선풍기를 개발하면서 외관상 간단한 구조를 이루고 있는 이 선풍기에서 어떻게 바람이 만들어지는지 많은 궁금증을 유발했다. 사실 이 선풍기의 날개는 없는 것이 아니라 전동기와 함께 원기둥 모양의 스탠드 안에 숨어 있다. 날개 없는 선풍기의 정식 명칭은 '에어 멀티플라이어(Air Multiplier)'로, 바람을 몇 배로 강하게 만든다는 뜻이다.

고리 단면

전동기

공기

공기

날개 없는 선풍기는 동그란 고리 모양의 윗부분과 작은 원기둥 모양의 스탠드로 되어 있다. 스탠드 안에는 날개와 전동기가 있으며 전동기와 날개가 빠르게 회전하면서 아래쪽에서 바깥 공기를 빨아들인다. 이때 날개가 회전하면 날개 위쪽의 공기를 밀어 올리므로 압력이 낮아지고, 상대적으로 압력이 높은 팬 아래쪽의 공기가 위쪽으로 이동한다. 고리 모양의 윗부분은 비행기 날개를 뒤집어 놓은 모양으로, 아래쪽에서 빨아들인 공기를 고리의 좁은 틈 사이로 빠르게 빠져나가게 하면서 바람을 만든다. 날개 없는 선풍기에 사용된 전동기는 1초에 약 20 L의 공기를 빨아들여 위쪽으로 밀어 올릴 수 있고 비교적 적은 양의 전력으로 작동하므로 에너지 효율이 좋은 편이다.

1 날개 없는 선풍기에서 부는 바람은 아래쪽으로 빨려 들어간 공기의 양보다 15배 정도 많은 강한 바람이다. 선풍기의 윗부분의 동그란 고리 단면은 속이 빈 비행기 날개의 모양으로, 이 고리 단면은 비행기가 양력을 받는 베르누이 효과를 이용해 강한 바람을 만든다. 다음 그림을 이용하여 날개 없는 선풍기의 바람이 강해지는 원리를 서술하시오.

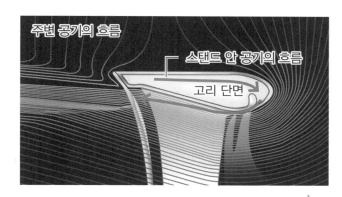

2 일반 선풍기는 날개가 바람개비처럼 돌기 때문에 공기의 흐름이 끊어져 불규칙한 바람이 불지만, 날개 없는 선풍기는 균일한 바람이 분다. 이외에 날개 없는 선풍기의 장점을 3가지 서술하시오.

〈일반 선풍기 바람〉　　　　　　　　〈날개 없는 선풍기 바람〉

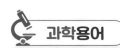 **과학용어**

▶ 바람: 대기의 온도 차와 기압 차에 의해 공기가 이동하는 현상이다.
▶ 베르누이 효과: 액체나 기체의 속력이 빨라지면 압력이 낮아지고, 속력이 느려지면 압력이 높아진다.

14 우주정거장에서 열린 우주 올림픽

우주정거장은 우주 비행사가 장기간 머물 수 있도록 설계한 기지로, 우주 관측이나 실험이 가능한 인공위성이다. 국제우주정거장(ISS)은 1998년에 건설이 시작된 다국적 우주정거장으로, 지구 상공 400 km에 떠서 27,740 km/h 의 속도로 약 90분에 걸쳐 지구를 돌고 있으며, 하루에 약 16회 지구를 공전하고 있다.

2021년 8월에 국제우주정거장에서 사상 최초의 우주 올림픽이 펼쳐졌다. 우주 올림픽은 4개국 7명의 우주비행사 가 두 팀으로 나뉘어 경쟁했으며, 종목은 우주 싱크로나이즈 유영, 바닥없는 마루운동, 손을 쓰지 않는 핸드볼, 무 중력 사격으로 총 4가지였다. 우주 싱크로나이즈 유영은 물에서 하는 지구 싱크로나이즈와 비슷하게 음악에 맞춰 동작을 선보였는데, 우주에서는 물속보다 움직임이 자유로웠다. 바닥없는 마루운동에서 선수들은 벽면에 있는 물 체를 건드리지 않고 규정에 맞춰 움직였다. 손을 쓰지 않는 핸드볼 경기는 입으로 탁구공을 불어 상대편 골대에 넣 는 방식으로 진행되었다. 무중력 사격은 목표물을 매달아 놓고 고무줄을 튕겨 맞추는 방식으로 진행되었는데, 무중 력 공간에서는 고무줄이 직선으로 쭉 뻗어나가거나 목표물에 맞고 튕겨 나가 둥둥 떠다녔다. 4가지 우주 올림픽 종 목은 지구에서는 불가능하고 우주에서만 가능하다.

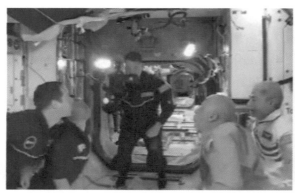

〈손을 쓰지 않는 핸드볼〉

〈무중력 사격〉

우주 비행사들은 국제우주정거장에서 중력 없이 즐길 수 있는 다양한 스포츠를 연구하고 있다. 국제우주정거장에 서의 스포츠는 재미와 즐거움을 위해서만이 아니라 생존과도 직결될 만큼 매우 중요하다. 무중력 공간에서는 근력 이 크게 떨어지고 뼈가 약해지므로 국제우주정거장에서 근무하는 우주 비행사들은 하루에 2시간씩 반드시 운동을 해야 한다. 우주에서의 운동은 주로 벨트로 몸을 고정한 채 러닝머신 위를 뛰거나 자전거를 타고, 고정식 역기를 드 는 등 지루하고 재미가 없는 것이어서 우주 비행사들도 즐겁게 즐길 수 있는 다양한 스포츠 종목을 개발 중이다.

1 국제우주정거장이 있는 고도 400 km의 중력은 지구 표면 중력의 약 90 %이다. 하지만 국제우주정거장이 무중력 상태인 이유를 서술하시오.

2 우주정거장에서 올림픽이 열려 역도, 체조, 축구, 100 m 달리기, 태권도 종목의 경기를 진행한다면 어떻게 될지 이유와 함께 서술하시오.

과학용어

▶ 중력: 지구가 물체를 당기는 힘으로, 지표면에 있는 물체뿐만 아니라 공중에 떠 있는 물체에도 작용한다.
▶ 무게: 지구가 물체에 작용하는 중력의 크기이며, 중력이 다른 곳에서는 무게가 달라진다.
▶ 질량: 장소가 달라져도 변하지 않는 물체의 고유한 양이다.

15 국내 기술로 개발한 우주 발사체, 누리호

누리호는 국내 기술로 개발한 3단 액체 우주 발사체이다.

2021년 10월 21일 오후 5시, 누리호가 나로우주센터 제2발사대에서 발사되어 목표한 고도에 도달해 위성 모사체가 분리됐다. 하지만 위성 모사체가 700 km의 고도 목표에는 도달했으나 목표 속도 7.5 km/s에는 미치지 못해 지구 저궤도에 안착하지 못하고 호주 인근 바다로 떨어졌다. 그 이유는 액체 산소가 원활하게 공급되지 않아 마지막 3단 엔진이 목표한 521초 동안 연소하지 못하고 계획보다 46초 빨리 꺼졌기 때문이다. 그러나 발사체의 1단 분리와 페어링 분리, 2단 분리, 3단 점화 과정을 수행하고, 위성 모사체를 분리한 것만으로도 한국형 발사체의 핵심 기술을 확보한 것을 확인한 의의가 있다.

2022년 6월 21일 오후 4시, 누리호가 다시 한번 날아올라 1단, 2단과 페어링을 단계적으로 분리하고, 3단이 700 km 고도의 목표 궤도에 진입했다. 이어 누리호가 싣고 간 1,300 kg의 위성 모사체와 180 kg의 성능 검증 위성이 궤도에 무사히 안착했다. 우리나라가 우주 발사체 개발과 우주 수송, 위성 운용 능력을 자체적으로 확보했음을 확인한 순간이다. 우주 연구 개발 30년 만에 한국은 세계 7대 우주 강국으로 거듭났다.

2023년 5월 25일 오후 6시 24분, 누리호 3차 발사가 성공적으로 이루어졌다. 고도 약 550 km에서 차세대 소형 위성 2호와 7개의 큐브 위성이 모두 분리되었고, 계획된 궤도에 안착했다. 차세대 소형 위성 2호는 모든 기능이 정상 작동하고 있고 하루에 지구 주위를 15바퀴씩 돌고 있다.

앞으로 2027년까지 누리호를 3차례 더 반복 발사하여 신뢰도를 높이고, 누리호보다 성능이 향상된 차세대 우주 발사체 개발을 추진해 국제적인 경쟁력을 확보해 나갈 계획이다. 우주 발사체를 개발할 힘이 있으면 보다 편하게 인공위성을 우주로 쏘아 올릴 수 있다. 누리호의 발사 성공은 타국의 인공위성을 대신 쏘아 올려 주는 인공위성 발사체 사업이나 달 탐사나 우주여행 등 더 큰 우주 탐사나 우주 산업을 개발할 수 있는 토대를 마련했다고 볼 수 있다. 또한, 발사체에 핵폭탄을 실으면 미사일이 되므로 군사적으로도 지금보다 강국이 될 수 있다.

1 누리호가 인공위성을 고도 550~700 km의 지구 저궤도에 안착시키기 위해서는 7.5 km/s의 속도로 날아야 한다. 그 이유를 서술하시오.

2 나로호는 러시아와 공동 개발한 대한민국 최초의 우주 발사체이고, 누리호는 우리나라 기술로만 개발한 대한민국 최초의 우주 발사체이다. 우주 발사체는 인공위성, 우주인, 화물 등을 우주로 옮기는 비행체이다. 나로호의 탑재 중량은 100 kg이지만 누리호의 탑재 중량은 1,500 kg이다. 우주 발사체의 탑재 중량을 높일 수 있는 방법을 2가지 서술하시오.

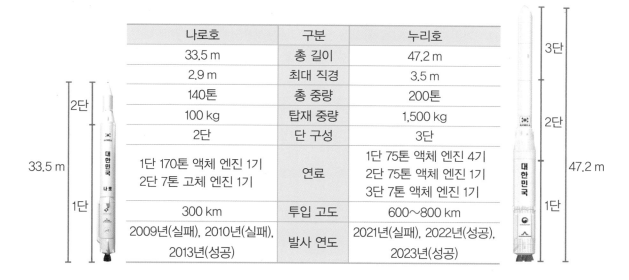

나로호	구분	누리호
33.5 m	총 길이	47.2 m
2.9 m	최대 직경	3.5 m
140톤	총 중량	200톤
100 kg	탑재 중량	1,500 kg
2단	단 구성	3단
1단 170톤 액체 엔진 1기 2단 7톤 고체 엔진 1기	연료	1단 75톤 액체 엔진 4기 2단 75톤 액체 엔진 1기 3단 7톤 액체 엔진 1기
300 km	투입 고도	600~800 km
2009년(실패), 2010년(실패), 2013년(성공)	발사 연도	2021년(실패), 2022년(성공), 2023년(성공)

 **과학용어**

▶ **우주 발사체(로켓):** 우주 공간을 비행할 수 있는 추진 기관을 가진 비행체이다. 공기가 없는 곳에서도 연료와 산화제의 연소 작용에 의해 발생한 고압가스를 엔진의 노즐 밖으로 내뿜으면서 앞으로 나아간다.

▶ **페어링:** 우주 발사체가 지구 대기권을 초음속으로 뚫고 올라갈 때 발생하는 높은 압력과 열로부터 위성을 보호하기 위해 위성을 덮어 둔 발사체 맨 앞의 뾰족한 부분이다.

대한민국 최초의 달 궤도 탐사선, 다누리

2022년 8월 5일 오전 8시 8분, 다누리는 미국 플로리다주 케이프 커내버럴 우주군 기지에서 1단 추력이 775톤인 스페이스X의 우주 발사체 팰컨 9에 실려 발사되었다. 발사 40분 22초 만에 고도 약 703 km에서 팰컨 9와 10.15 km/s 의 속도로 분리되었고, 태양 전지판을 펼쳐 전력을 만들기 시작해 발사 92분 후 지상국과 첫 교신을 했다. 2022년 12월 27일, 다누리가 달 궤도 진입에 성공하면서 대한민국은 세계 7번째 달 탐사국이 되었다.

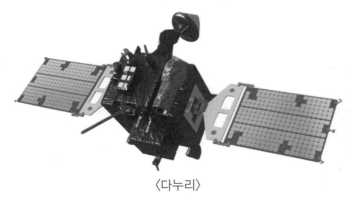

〈다누리〉

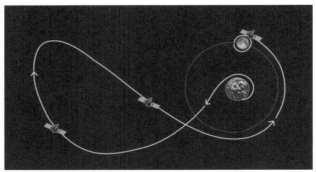

〈다누리의 비행 궤도〉

다누리는 한국항공우주연구원이 제작한 대한민국 최초의 달 궤도 탐사선으로, 크기는 1.82 m×2.14 m×2.19 m (가로×세로×높이)이고, 총 중량은 678 kg이다. 지구 표면과 달 표면까지의 거리는 383,000 km이고 인류 최초로 달에 사람을 보낸 아폴로 11호는 지구를 떠난 지 약 4일 만에 달 표면에 도착했다. 하지만 다누리호는 약 4개월 반 동안 총 5,940,000 km를 날아 2022년 12월 17일에 달 궤도 진입을 시작했고, 속도를 줄이고 고도를 조금씩 낮춰 12월 27일에 달 임무 궤도인 상공 100 km 진입에 성공하여 약 2시간 주기로 달을 공전하고 있다. 다누리는 달까지 직선으로 가지 않고 자체 추력으로 태양 쪽으로 최대 1,560,000 km까지 멀어졌다가 지구와 태양 사이의 중력이 균형을 이루는 지점에서 방향을 돌려 지구의 중력을 이용해 다시 지구 쪽으로 돌아와 달의 공전 궤도에 진입했다. 다누리는 달 상공 100 km 궤도를 따라 달을 하루에 12번씩 돌면서 달 표면 지형을 촬영하여 지구로 정보를 보내고 있다. 다누리의 임무 운영 기간은 당초 계획했던 1년에서 3년으로 연장되어 2025년 12월까지 달 탐사를 이어간다. 팰컨 9가 다누리를 정확하게 계획된 경로로 올려 주었고, 항행 및 달 궤도 안착 과정이 매우 정밀하게 이루어져 연료를 30 kg 정도 절약했기 때문에 최소 2년 이상 임무를 연장할 수 있게 되었다.

1 우리나라는 2022년 6월 21일에 국내 기술로 개발한 1단 추력이 300톤인 누리호 발사에 성공했지만 다누리는 누리호가 아닌 팰컨 9에 실려 미국에서 발사되었다. 다누리를 미국에서 발사한 이유를 서술하시오.

2 지구에서 달로 가는 길은 4가지가 있다. 직접 전이 궤도는 달로 곧바로 가고, 위상 전이 궤도는 지구 근처를 여러 번 회전한 후 달 궤도에 진입하며, 탄도형 달 전이 궤도는 태양과 지구 중력이 평형을 이루는 지점까지 갔다가 되돌아와 달 궤도에 진입하고, 나선 전이 궤도는 지구 중심에서부터 점차 궤도를 높여 달 궤도에 진입한다. 아폴로 11호는 직접 전이 궤도를 사용했고, 다누리는 탄도형 달 전이 궤도를 사용했다. 두 전이 궤도의 장점과 단점을 각각 서술하시오.

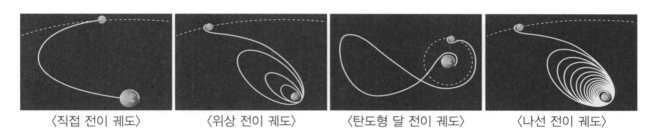

〈직접 전이 궤도〉 〈위상 전이 궤도〉 〈탄도형 달 전이 궤도〉 〈나선 전이 궤도〉

① 직접 전이 궤도
 • 장점

 • 단점

② 탄도형 달 전이 궤도
 • 장점

 • 단점

 과학용어

▶ 추력: 연료를 연소하여 분사함으로써 생긴 반작용으로 물체가 앞으로 나아가도록 하는 힘이다.
▶ 궤도: 물체가 중력과 같은 크기의 구심력에 의해 타원 운동을 하는 경로이다. 태양계 내 지구와 같은 행성들의 운동 경로, 지구 주위의 인공위성의 운동 경로 등이 이에 해당한다.
▶ 팰컨 9: 미국 민간 우주개발업체 스페이스X가 2018년 5월 11일 미국 플로리다주에서 발사한 재사용 로켓이다. 별도의 보수 작업 없이 10회 이상 재발사할 수 있도록 설계되어 발사 비용을 획기적으로 줄일 수 있다.

17 무거운 물체를 쉽게 들어 올리는 거중기

사람이 들어 올릴 수 있는 물체의 무게는 얼마나 될까? 보통 중력에 대항해 사람이 자기 몸무게의 약 3배가 넘는 무게를 들어 올리기는 상당히 힘들다. 세계문화유산으로 등재된 수원 화성에 가면 크고 무거운 돌로 쌓은 성곽을 볼 수 있는데, 수원 화성은 조선의 제22대 왕 정조가 군사, 정치, 상업의 새로운 중심지로 만들어 왕권을 강화하기 위해 계획적으로 건설한 성이다. 수원 화성 성곽의 전체 길이는 5.74 km, 성벽의 높이는 4~6 m이다. 성곽에 사용한 돌은 약 18만 개이며, 거중기를 이용하여 12,000근의 큰 돌을 30명이 운반했다. 이때 1근을 600 g이라고 한다면 7,200 kg의 돌을 1인당 240 kg씩 나누어 든 셈이다. 이 돌의 무게는 사람이 직접 들어 올리기에 불가능한 무게이지만 정약용이 제작한 거중기를 사용하면 가능한 일이었다.

〈거중기〉

〈녹로〉

정약용의 거중기는 4개의 고정도르래와 4개의 움직도르래를 이용하여 만든 도구로, 무거운 물체를 힘을 덜 들이고 들어 올릴 수 있었다. 수원 화성을 쌓을 당시 거중기로 들어 올린 돌을 소가 끄는 유형거라는 수레에 실어 운반한 후 다시 거중기로 수레의 돌을 내리고, 녹로를 이용해 돌을 높이 쌓아 성곽을 만들었다. 유형거는 긴 손잡이를 위아래로 움직여 수레를 비스듬히 기울게 해 돌을 쉽게 싣고 내릴 수 있었다. 녹로는 도르래의 원리를 이용해 돌을 높은 곳으로 들어 올리던 장비로, 오늘날의 크레인과 비슷하다. 녹로를 이용하면 무거운 돌을 약 10 m 들어 올릴 수 있었다.

〈유형거〉

거중기와 유형거, 녹로 등의 도구를 사용한 덕분에 무거운 물건을 들어 올리고 운반해야 하는 백성들의 수고를 크게 덜 수 있었고, 성을 쌓는 데 드는 공사 비용과 기간도 크게 줄일 수 있었다.

1 수원 화성을 쌓을 때 사용한 거중기의 도르래 개수와 연결 방법을 참고하여 7,200 kg의 돌을 30명이 들어 올릴 때 1인당 몇 kg의 힘을 주었는지 풀이 과정과 함께 구하시오.

(단, 줄과 도르래의 질량 및 모든 마찰은 무시한다.)

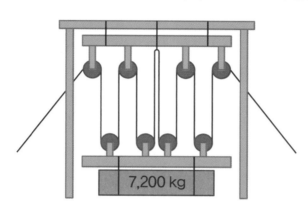

2 오늘날 건설 현장에서 이용하는 타워크레인은 동력을 이용해 무거운 물체를 높이 들어 올린 후 상하좌우전후로 옮긴다. 타워크레인에 이용된 과학 원리를 서술하시오.

〈타워크레인〉

〈호이스팅 블록〉

 과학용어

▶ 도르래: 둥근 바퀴에 튼튼한 줄을 미끄러지지 않도록 감아 무거운 물체를 들어 올리는 데 사용하는 도구이다.
▶ 고정도르래: 위치가 고정되어 있어 제자리에서 회전하는 도르래이다. 물체를 직접 들어 올릴 때와 비교하여 힘의 크기에는 차이가 없으나, 힘의 방향을 바꿀 수 있어서 편리하다.
▶ 움직도르래: 위치가 고정되지 않고, 물체와 함께 위아래로 움직이는 도르래이다. 물체를 2개의 줄이 들어 올리므로 물체 무게의 절반만큼의 힘으로 물체를 들어 올릴 수 있으나, 당겨야 하는 줄의 길이가 2배로 늘어난다.

18 우주로 가는 엘리베이터

우주 발사체를 이용한 우주선 발사는 막대한 비용이 들고 실패도 많은 매우 어려운 프로젝트이다. 특히, 우주 발사체가 지구의 중력을 거슬러 우주로 발사되기 위해 엄청난 양의 연료를 태우면 이산화 탄소, 질소 산화물, 먼지 등 온실 기체도 많이 배출된다. 최근에는 지표면과 우주정거장을 케이블로 연결해 저렴하고 안전하게 물자와 사람을 운반하는 우주 엘리베이터에 대한 관심이 높아지고 있다. 우주까지 한번에 가는 엘리베이터가 과연 실제로도 가능할까? 이론적으로 현재의 기술과 재료로 우주 엘리베이터와 유사한 건축물을 만들 수 있다.

엘리베이터는 높은 곳까지 편하고 빠르게 이동할 수 있게 해 주는 장치로, 고층 건물이 많은 현대 사회에서 꼭 필요한 이동 수단이다. 엘리베이터의 가장 기본적인 장치는 도르래이다. BC 200년경, 아르키메데스가 무거운 물체를 손쉽게 끌어 올리려고 개발한 두레박 도르래가 사람까지 들어 올리는 엘리베이터로 발전한 것이다. 엘리베이터는 겉으로는 단순해 보이지만 매우 정교한 장치이다. 사람이나 화물을 실는 승강차가 움직이는 통로 가장 위에 고정도르래가 있고, 이 고정도르래에 두꺼운 쇠줄(로프)이 연결되어 있다. 쇠줄의 한쪽 끝에는 승강차가 연결되어 있고 다른 한쪽에는 균형추가 연결되어 있어, 전동기가 쇠줄을 풀었다 감았다 하면서 도르래와 쇠줄의 마찰력으로 승강차를 끌어 올리고 내린다.

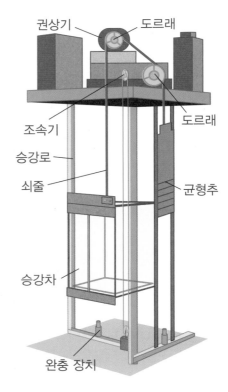

권상기　도르래
도르래
조속기
승강로
쇠줄
균형추
승강차
완충 장치

〈엘리베이터의 전동기와 도르래〉

〈엘리베이터의 균형추〉

일반적인 우주 엘리베이터는 지표면의 엘리베이터 기지에서 우주정거장까지 케이블을 이용해 엘리베이터와 비슷한 건축물을 만드는 것이다. 강철보다 180배 강한 탄소 나노튜브를 비롯한 신소재 개발을 통해 엘리베이터에 이용된 줄을 제작할 수 있는 가능성이 나오면서 우주 엘리베이터 건설이 가시화되고는 있지만, 아직 기술적 문제 등 해결해야 할 과제가 많다.

1 투명 엘리베이터를 타면 커다란 균형추가 승강차와 반대로 움직이는 모습을 볼 수 있다. 엘리베이터의 균형추의 역할을 서술하시오.

2 지금까지 논의되고 있는 우주 엘리베이터는 지표와 우주정거장을 케이블로 연결하여 승강차를 위아래로 이동하는 형태이다. 지구의 운동과 지구에 작용하는 힘을 고려하여 우주 엘리베이터의 구조와 케이블을 팽팽하게 유지하는 방법을 서술하시오.

🔬 **과학용어**

▶ 온실 기체: 지구를 둘러싸고 있는 기체로 지표면에서 우주로 나가는 적외선 복사열을 흡수 또는 반사할 수 있는 기체이다. 온실 기체는 지구의 평균 기온을 생명체가 살아가기에 알맞은 온도인 15 ℃ 정도를 유지하는 데 필수적인 요소이다. 하지만 산업 발전으로 인한 온실 기체 증가는 기후 변화, 지구 온난화와 같은 인류 생존에 위협적인 요소가 되어, 국제적으로 온실 기체를 줄이기 위해 노력하고 있다.

▶ 탄소 나노튜브: 탄소 6개로 이루어진 육각형들이 서로 연결되어 관 모양을 이루고 있는 신소재이다. 전기 전도도가 구리와 비슷하고, 열전도율은 자연계에서 가장 뛰어나다. 탄성이 커 다양한 형태로 변형할 수 있으며 무게는 가볍고, 철보다 약 100~300배 더 단단하다.

19 막힌 변기를 뚫어주는 뚫어뻥

변기는 우리 생활의 필수품이지만 작동 원리를 잘 아는 사람은 많지 않다. 변기의 기본 구성품은 크게 물탱크, 본체, 배수관으로 나눌 수 있다. 물탱크는 물을 저장하고, 본체는 우리가 앉는 부분이다. 물탱크의 손잡이를 누르면 물탱크에 저장된 물이 한번에 빠르게 본체로 쏟아져 나오고, 변기 안의 오물과 함께 배수관을 통해 하수관으로 내려간다. 배수관은 S자 형태로 되어 있고 항상 물이 고여 있다. S자 형태는 하수관의 악취가 변기로 올라오는 것을 막아 주기도 하지만, 변기가 막히는 원인이 되기도 한다.

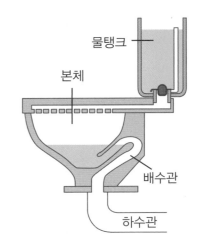

뚫어뻥은 변기나 주방 등의 배수관이 막혔을 때 공기의 압력 차를 이용하여 뚫어 주는 도구이다. 앞부분에 있는 반원 형태의 고무로 압력 차를 만드는 방법, 피스톤 형태로 막힌 부분에 대고 손잡이를 끌어당기는 방법 등 여러 가지 형태가 있지만 원리는 서로 같다. 즉, 공기의 압력 차를 이용해 물의 흐름을 막는 장애물을 빼내는 것이다.

뚫어뻥이 없을 때 변기가 막히는 사고가 생긴다면 박스 테이프를 이용해서 막힌 변기를 뚫을 수도 있다. 물이 꽉 찬 변기를 그대로 두어 물이 반쯤 빠져나가면 변기 앉는 부분을 위로 들어 올린 후 본체 위쪽에 박스 테이프를 붙여 공기가 새어 나가지 않도록 한다. 다시 손잡이를 눌러 물을 내리면 본체에 물이 들어오면서 새어 나가지 못한 공기가 위로 올라가 봉지가 크게 부풀게 된다. 이때 봉지의 가운데를 손으로 강하게 누르면 쉽게 변기가 뚫린다.

〈반원 형태 뚫어뻥 이용하기〉

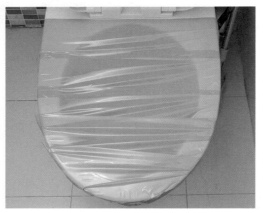

〈박스 테이프 이용하기〉

정답 및 해설 12쪽

1 뚫어뻥이 막힌 변기를 뚫는 원리를 공기의 압력 변화를 이용하여 서술하시오.

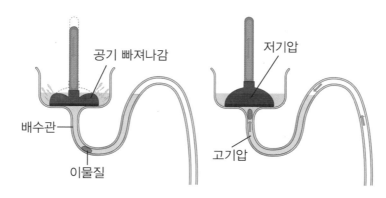

2 질식 방지 라이프백은 하임리히 요법을 대체할 새로운 의료 도구로, 뚫어뻥과 생김새가 비슷하다. 라이프백 마스크를 환자의 코와 입에 씌운 후 펌프를 눌러 당기면 목에 걸린 이물질이 쉽게 빠져나온다. 라이프백의 원리를 서술하시오.

 과학용어

> ▶ 하임리히 요법: 음식이나 이물질로 기도가 폐쇄되어 질식할 위험이 있을 때 흉부에 강한 압력을 주어 토해 내게 하는 방법이다. 무언가가 기도로 들어가 호흡이 불가능하게 되면 호흡 곤란으로 구급차가 오기 전에 위험해질 수 있으므로 현장에서 시도해 볼 수 있는 응급조치 중 하나이다.

20 충격으로부터 보호하는 장치, 에어백

에어백은 안전벨트와 더불어 대표적인 탑승객 보호 장치로, 에어백의 작동 여부에 따라 운전자의 사망률이 10배 이상 차이가 난다. 국내 차량은 운전석 앞과 조수석 앞, 왼쪽 창문 위, 오른쪽 창문 위, 운전석 왼쪽, 조수석 오른쪽에 총 여섯 개의 에어백이 장착되며, 중형차 이상일 경우에는 8개, 고급 차종일 경우에는 12개가 장착되어 차량이 커지고 고급화될수록 에어백의 개수가 많아진다. 에어백의 작동 조건은 에어백의 종류와 차종에 따라 조금씩 차이가 있다. 정면 충돌 에어백은 대체로 정면의 좌우 30° 이내 각도에서 유효 충돌 속도가 약 20~30 km/h 이상일 때 작동한다.

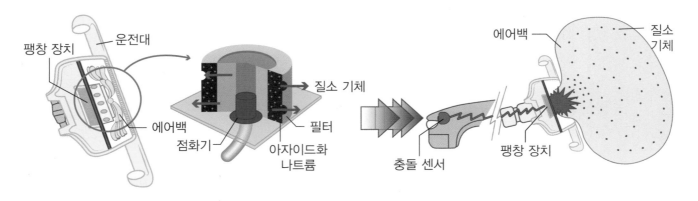

에어백은 어떻게 해서 펴질까?

에어백은 충격 감지 시스템, 처리 장치, 팽창 장치, 공기주머니로 구성되어 있다. 주행 중 차량이 외부 충돌을 감지하면 먼저 충돌 센서가 충돌을 감지하고 충돌 정보를 전기 신호로 바꿔 처리 장치로 보낸다. 처리 장치에서 충격의 강도를 측정하여 에어백 팽창 여부를 결정한다. 에어백을 펴야 한다고 판단하면 회로에 전류가 흘러 팽창 장치의 점화기에 있는 화약이 터지면서 아자이드화 나트륨이 산화 철과 반응하여 나트륨과 질소로 분해된다. 이때 만들어진 질소 기체는 필터를 지나 에어백 안으로 순식간에 밀려들어 가 에어백을 부풀게 한다. 에어백에 담기는 질소 기체의 양은 약 60 L로 많은 기체가 충격을 완화해 줌으로써 충돌로 인한 치명적 부상을 피할 수 있게 해 준다. 시간이 지나면 에어백 속 질소는 작은 구멍을 통해서 밖으로 빠르게 빠져나가며 작아진다. 차량 충돌 속도나 충돌 위치에 따라 미세한 차이는 있지만, 일반적으로 센서가 충격을 인식한 후 에어백이 완전히 부풀게 될 때까지 걸리는 시간은 약 0.04초이다. 에어백은 푹신하지 않고 부딪혔을 때 벽에 세게 부딪히는 느낌이며, 에어백과 얼굴이 부딪힐 때 코뼈가 부러지기도 한다.

1 안전벨트는 자동차 사고 시 탑승자를 시트에 묶어 두어 치명적인 피해를 줄여 주고, 에어백은 핸들, 유리, 계기판 등 차 내부에 부딪혀 발생할 수 있는 2차 사고를 방지하고 부상을 감소시키는 안전장치이다. 에어백이 충격을 줄여 주는 원리를 서술하시오.

2 우리 주위에서 에어백과 같이 충격을 줄여 주는 원리를 이용한 경우를 3가지 서술하시오.

🔬 **과학용어**

▶ 운동량(p): 운동하는 물체의 운동 효과를 표현한 것으로, 물체의 질량과 속도의 곱이다($p=mv$). 100 km/h의 속력으로 달리는 승용차는 10 km/h로 달리는 승용차보다 운동량이 크고, 100 km/h로 달리는 트럭은 100 km/h로 달리는 승용차보다 운동량이 크다.

▶ 충격량(I): 물체와 물체가 충돌할 때 생기는 운동량의 변화량으로, 충격력과 시간을 곱한 값이다($I=F\Delta t$). 두 물체가 충돌할 때 두 물체가 받는 충격량의 크기는 같다. 그러나 접시 위로 떨어진 달걀은 충격 시간이 짧기 때문에 충격력이 커져 깨지지만, 쿠션 위로 떨어진 달걀은 충격 시간이 길기 때문에 충격력이 작아 쉽게 깨지지 않는다.

II

화학

21 비를 맞으면 정말 머리카락이 빠질까?

장마는 오랜 기간 지속적으로 많은 비를 내리는 주요 강수 현상으로, 우리나라의 장마는 6월 하순 경 제주도에서 부터 시작되어 점차 북상해 7월 말이나 8월 초 중부 지방에서도 완전히 끝난다. 그러나 최근 전국적인 기온 상승과 같은 이상 기온이 빈번하게 나타나면서 장마 예측이 어려워지고 있으며, 최근 몇 년 사이 장마철 강수량은 줄어들고 시간당 30 mm 이상의 집중호우가 증가하는 경향이 있다. 집중호우는 좁은 지역에 나타나는 현상이기 때문에 예측이 매우 어렵다. 우산은 장마철에 항상 갖고 다녀야 하는 필수품이지만, 우산이 없을 때에는 비를 맞을 수밖에 없다. 특히 요즘은 대기오염으로 산성비를 맞게 되면 탈모를 걱정하는 사람들도 많다. 그러나 이러한 생각은 비에 대한 우리의 잘못된 편견일 뿐이며 빗물은 관리만 잘 하면 훌륭한 자원으로 활용할 수 있다.

1 예전부터 '비를 맞으면 머리카락이 빠진다'라는 말을 많이 해 왔다. 비를 맞으면 머리가 빠지는지 빠지지 않는 지 고르고, 그렇게 생각하는 이유를 산도(pH)와 관련하여 서술하시오.

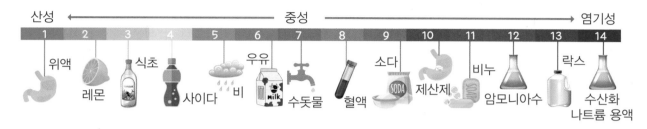

2 빗물을 모아 사용할 때의 좋은 점과 빗물을 깨끗하게 이용할 수 있는 방법을 각각 서술하시오.

① 좋은 점

② 깨끗하게 이용할 수 있는 방법

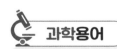 **과학용어**

▶ 산도(pH): 용액이 가지고 있는 산의 세기를 말한다. 일반적으로 0에서 14까지의 수를 pH와 함께 나타낸다. pH가 7보다 작으면 산성, 7보다 크면 염기성으로 분류한다.

▶ 산성비: 대기 중에는 이산화 탄소가 존재하므로 일반적으로 빗물은 pH 5.6~6.5 정도의 약산성이지만, 대기오염이 심한 지역에서는 이산화 황이나 질소 산화물이 빗물에 녹아 강한 산성의 비가 내리기도 한다. 우리나라에서는 pH 5.6 미만인 경우 산성비로 판단한다.

22 어둠을 밝히는 전구

전구는 전기를 이용하여 빛을 만들어 어두운 곳을 환하게 밝힌다. 오늘날 생활 속에서 전구는 단순히 어둠을 밝히는 것뿐만 아니라 세균을 제거하는 자외선램프, 물리치료에 사용하는 적외선램프, 식물 재배에 이용하는 LED 램프, 전시관의 장식품, 광고 전광판 등 다양한 곳에 이용된다. 이처럼 다양한 곳에서 사용하는 모든 전구는 빛을 낸다는 공통점이 있지만 전구의 종류마다 빛을 내는 원리가 다르다. 열복사에 의해 빛을 내는 백열등, 방전에 의해 빛을 내는 형광등, 반도체에 의해 빛을 내는 LED 등 원리가 다양하다.

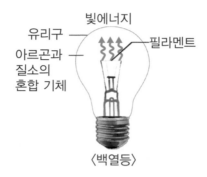

〈백열등〉

백열등은 높은 온도를 이용해 빛을 낸다. 필라멘트에 전류가 흐르면 열이 발생하고, 온도가 높아지면서 빛이 난다. 전류가 흐르는 필라멘트는 최고 약 3,000 ℃까지 온도가 높아지므로 높은 온도에서도 쉽게 녹지 않는 재료로 만들어야 오래 사용할 수 있다.

형광등은 유리관 안쪽 벽에 형광 물질로 코팅되어 있으며, 안쪽에는 수은과 아르곤 기체가 들어 있다. 형광등에 전류가 흐르면 필라멘트가 가열되어 전자가 튀어나오고, 전자가 수은 기체에 부딪쳐 자외선이 나온다. 이 자외선이 형광 물질과 반응하면 우리 눈으로 볼 수 있는 가시광선으로 바뀌어 빛을 낸다.

LED는 전기 에너지를 빛에너지로 변환시켜 주는 반도체로, (+)의 전기적 성질을 지닌 p형 반도체와 (−)의 전기적 성질을 지닌 n형 반도체의 이중 접합 구조로 되어 있다. 특정한 방향으로 전류가 흐르면 n형 반도체의 전자가 p형 반도체로 이동하면서 빛에너지가 발생한다.

지난 2014년부터 효율이 낮은 백열등은 수입 및 생산이 중단되었다. 켜지는 데 소요되는 시간이 길고, 미세한 깜빡거림 현상이 있는 형광등보다 발열이 적고 전구의 수명이 긴 LED를 사용하는 추세이다.

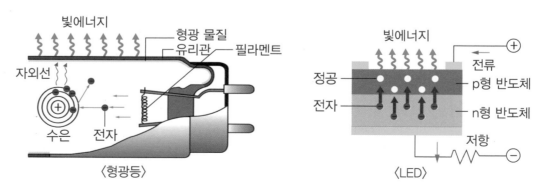

〈형광등〉   〈LED〉

1 백열등은 텅스텐으로 만든 필라멘트를 유리구로 감싼 후 안을 진공으로 만들거나 유리구 안에 아르곤이나 질소의 혼합 기체를 넣어 필라멘트를 보호한다. 그 이유를 서술하시오.

2 다음은 백열등, 형광등, LED를 비교한 표이다. 형광등이나 LED에 비해 백열등의 효율이 낮은 이유를 서술하시오.

구분	백열등	형광등	LED
빛 색깔	노란색, 오렌지색	흰색, 아이보리색	다양한 색깔
밝기	1배(기준)	3배	9배
겉면	유리구	유리	플라스틱, 아크릴
내부	진공 또는 기체	형광 물질	비어 있음
효율성	5 %	40 %	90 %

 과학용어

▶ 열복사: 물체가 물질의 도움 없이 열에너지를 전자기파의 형태로 방출하는 현상이다.
▶ 반도체: 특정한 조건에서만 전기가 통하는 물질로, LED는 전류가 흐르면 빛이 나는 반도체 소자이다.
▶ n형 반도체: 실리콘이나 게르마늄에 전자가 한 개 더 많은 인이나 비소를 조금 넣어 결합하지 못하고 자유롭게 움직일 수 있는 전자가 있는 반도체이다.
▶ p형 반도체: 실리콘이나 게르마늄에 전자가 한 개 더 적은 인듐이나 갈륨을 조금 넣어 전자의 수가 적은 반도체이다. 전자가 부족하여 결합하지 못한 곳을 정공이라 하고, 정공은 전자가 부족하므로 (+)의 전기적 성질을 띤다.

23 나쁜 냄새를 없애는 방법

카페에 들어가면 커피 냄새를 맡을 수 있고, 고깃집에서 고기를 먹고 난 후에는 옷에 밴 고기 냄새를 맡을 수 있듯이 우리는 일상생활에서 여러 가지 냄새를 맡을 수 있다. 바람이 불지 않아도 우리가 냄새를 맡을 수 있는 이유는 물질을 이루고 있는 입자가 스스로 운동하여 주변으로 퍼져 나가는 확산 현상 때문이다. 냄새의 원인이 되는 기체 화학 물질의 확산 속도는 온도가 높을수록 더 빨라지므로 여름에는 다른 계절보다 특히 냄새가 더 많이 나고, 사람들도 더 민감하게 반응한다.

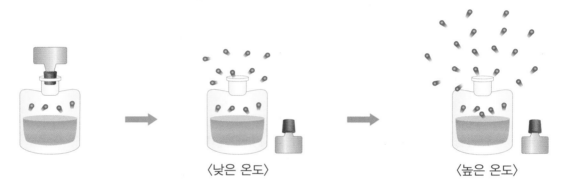

〈낮은 온도〉　　　　　　〈높은 온도〉

어떤 냄새가 주변으로 퍼져 나갈 때 누군가에게는 좋은 냄새로 느껴질 수 있지만, 다른 누군가에게는 악취로 느껴질 수 있다. 이런 냄새를 없애는 데 사용되는 용품을 '탈취제'라고 하는데, 대부분의 탈취제는 탈취 효과를 가진 화학 물질과 좋은 향기를 내는 화학 물질을 혼합하여 만든다. 탈취제는 악취의 원인이 되는 기체 분자는 제거하고, 좋은 향기를 내는 기체 분자는 퍼트린다.

집에서도 정제수와 에탄올, 아로마 오일 등을 이용하여 섬유 탈취제를 만들 수 있다. 먼저 정제수와 에탄올을 약 7 : 3의 비율로 섞은 후 좋아하는 향이 나는 아로마 오일을 10~15방울 떨어뜨린다. 섞은 용액을 분무기에 넣고 재료가 골고루 섞이도록 충분히 흔들어 준 후 나쁜 냄새가 나는 옷이나 쿠션 등에 뿌려 주면 나쁜 냄새가 금방 없어지고, 아로마 오일 향이 퍼지면서 좋은 냄새가 나게 된다.

1 옷에 밴 고기 냄새는 시간이 지나도 쉽게 없어지지 않는다. 그 이유를 고기 냄새의 원인이 되는 입자의 특성과 연관지어 서술하시오.

2 정제수, 에탄올, 아로마 오일로 만든 섬유 탈취제를 나쁜 냄새가 나는 옷에 뿌리고 공기가 잘 통하는 곳에 두면 나쁜 냄새를 없앨 수 있다. 이 섬유 탈취제가 냄새를 없애는 원리를 서술하시오.

 **과학용어**

▶ 확산: 어떤 물질 속에 다른 물질이 섞여 들어가는 현상으로, 물질을 이루는 입자가 끊임없이 스스로 운동하기 때문에 나타난다. 입자의 질량이 가벼울수록, 온도가 높을수록 확산 속도가 빠르고, 액체에서보다 기체, 기체에서보다 진공에서 확산 속도가 빠르다.

24 화장품 용기와 보일 법칙

온도가 일정할 때 주사기의 피스톤을 눌러 압력을 가하면 주사기 속 기체의 부피는 작아지고 기체의 압력은 커진다. 영국의 과학자 보일은 1662년 자신의 실험 결과를 정리하여 '일정한 온도에서 일정량의 기체의 부피는 압력에 반비례한다.'는 사실을 밝혔는데, 이것을 보일 법칙이라고 한다.

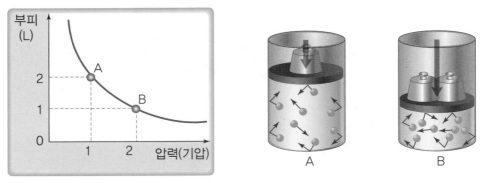

〈압력에 따른 기체의 부피 변화〉

화장품 뚜껑을 열어 손가락으로 찍어서 사용하는 방법은 세균이 침투하기 좋은 환경을 만들어 주는 것이므로 화장품을 사용할 때마다 성분이 변질된다. 화장품을 펌프식 용기에 담아 사용하는 방법은 화장품이 손에 접촉되어 변질되거나 오염되는 것을 방지할 수 있으며, 액체 화장품을 원하는 양만큼 덜어 사용할 수 있어 편리하다. 펌프식 용기를 처음 사용할 때 펌프식 용기의 윗부분을 누르면 스프링이 압축되고 펌프 안의 기체의 부피가 줄어들어 압력이 높아지므로 유입 밸브는 닫히고 유출 밸브가 열리며 펌프 안의 공기가 밖으로 빠져나간다. 눌렀던 손을 놓으면 스프링이 원래의 모양으로 되돌아 오고 펌프 안의 기체의 부피가 커져 압력이 낮아지므로 유출 밸브는 닫히고 유입 밸브가 열리며 화장품이 관을 통해 위로 올라온다. 윗부분을 다시 누르면 펌프 안의 압력이 높아져 유출 밸브가 열리며 화장품이 밖으로 나온다.

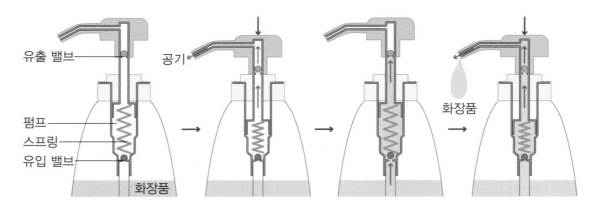

1 기체 입자가 용기 벽에 충돌하는 횟수가 많아질수록 기체의 압력이 커진다. 기체 입자의 충돌 횟수가 많아지는 조건을 기체 입자 수, 용기의 부피, 온도와 관련하여 각각 서술하시오.

① 기체 입자 수

② 용기의 부피

③ 온도

2 최근에는 용기 안의 화장품을 빨아들이는 긴 관이 없어도 펌프를 누르면 화장품이 나오는 에어리스 용기를 사용하기도 한다. 에어리스 용기의 구조를 보고 그 원리를 서술하시오.

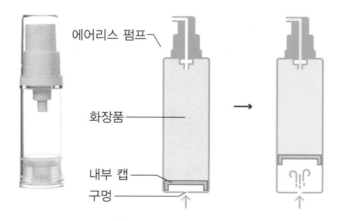

에어리스 펌프

화장품

내부 캡

구멍

🔬 **과학용어**

▶ **기체의 압력(기압):** 기체 입자가 운동하면서 용기 벽면과 충돌할 때 용기 벽면의 단위 넓이에 수직으로 작용하는 힘의 크기이다.

▶ **대기압:** 지구를 둘러싼 공기가 작용하는 압력으로, 해수면에서의 대기압은 약 1기압이다.

25 실내 습도를 높이는 가습기

우리 주변 공기의 습도를 55~60 % 정도로 유지하는 것은 매우 중요하다. 적당한 습도는 호흡기 질환을 예방하거나 치료에 도움이 될 수 있고, 쾌적한 실내 환경을 만들 수 있기 때문이다. 겨울철과 같이 건조한 계절이나 다른 요인으로 인해 습도가 낮을 때, 물을 수증기로 만들거나 작은 입자로 만들어 뿜어내는 가습기를 사용하면 실내 습도를 높일 수 있다.

가습기는 작동 원리에 따라 '가열식 가습기', '초음파식 가습기', '복합식 가습기', '기화식 가습기' 등으로 구분된다. 가열식 가습기는 물이 끓으면 수증기와 김이 생기는 원리를 이용한 것으로, 물이 끓을 때 자동으로 살균이 되는 장점이 있지만, 배출되는 수증기가 매우 뜨거워 화상의 위험이 있다. 초음파식 가습기는 초음파를 이용하여 물방울을 안개처럼 매우 작은 입자로 만든 후 분사하는 것으로, 가습량이 많고 물을 끓이지 않으므로 화상의 위험이 없지만, 물속의 세균이나 중금속 등이 함께 방출될 수 있다. 복합식 가습기는 가열식 가습기와 초음파식 가습기의 원리를 혼합한 형태로 두 가지 방식 각각의 장점을 합친 것이다. 기화식 가습기는 빨래를 말리는 것과 비슷한 방식으로 물에 젖은 필터에 바람을 불어 넣어 증발하는 수증기를 분사하는 것으로, 이물질이나 세균이 공기 중으로 방출되지 않지만, 관리가 소홀할 경우 물때를 형성해 악취가 발생할 수 있다.

〈가열식 가습기〉

1 다음은 가열식 가습기, 초음파식 가습기, 복합식 가습기의 구조를 나타낸 것이다. 가열식 가습기와 초음파식 가습기의 원리를 혼합한 복합식 가습기의 장점을 서술하시오.

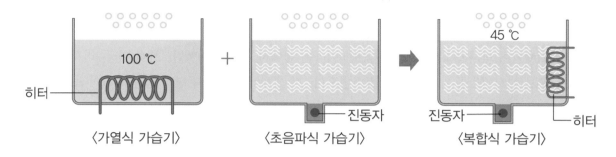

2 다음은 물의 진동을 이용하여 음식을 데우는 전자레인지의 모습이다. 전자레인지와 초음파 가습기에서 이용하는 물의 진동의 차이점을 서술하시오.

 과학용어

▶ 수증기: 물의 기체 상태로 눈에 보이지 않는다.
▶ 김: 가습기에서 나오는 하얀 김은 액체 상태로, 구름처럼 아주 작은 물방울이 공기 중에 흩어져 있는 상태이다. 작은 물방울들이 빛을 산란시키기 때문에 하얗게 보인다.

냉동 인간과 냉동 보존 기술

냉동 인간 기술은 사람을 비롯한 죽은 생물의 시신을 부패하지 않도록 냉동 보존해 두었다가 먼 미래에 기술이 발전하면 냉동 보존한 시신을 해동해 손상되거나 기능이 멈춘 장기를 고쳐 다시 살리는 것이다. 이 개념은 미국의 물리학자 로버트 에티어 박사가 1964년 『냉동 인간』이라는 책에서 처음 제시했다. 현재 미국, 러시아, 중국 등의 여러 나라에는 냉동 보존 서비스를 제공하는 기업이 있으며, 전 세계적으로 수백 명의 냉동 인간이 보존되고 있다.

냉동 보존 서비스를 제공하는 기업에서 냉동 인간을 만들 때 초저온의 액체 질소를 이용한다. 냉동 인간의 원리를 알아보기 위해 실험실에서는 미꾸라지나 금붕어 등과 같은 작은 물고기를 액체 질소에 잠깐 넣어 얼린 후 얼음물에 넣어 해동하는 실험을 하기도 한다. 이 실험에서는 살아 있는 물고기에 글리세린을 바른 후 약 5초 정도 액체 질소에 넣었다가 금방 얼음물에 넣으면 얼었던 물고기가 다시 녹아 헤엄치는 것을 볼 수 있다.

〈출처: 유튜브 최형배 매직크리에이터〉

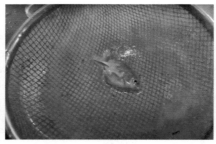

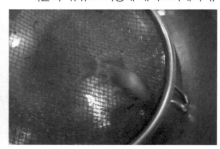

금붕어에 70 % 정도 희석된 글리세린을 바른 후 액체 질소에 넣는다.

약 5초 후 액체 질소에 넣은 금붕어를 꺼내면 움직이지 않는다.

움직이지 않는 금붕어를 얼음물에 넣으면 잠시 후 금붕어가 움직인다.

하지만 실제 냉동 인간을 만들 때는 살아 있는 사람을 액체 질소 속에 넣지는 않는다. 냉동 인간을 만들기 위해서는 사람이 사망한 뒤 시신의 수분을 대부분 제거하고 혈액 교환 장비를 이용하여 몸에서 혈액을 빼내는 것과 동시에 몸속에 동결 보존액을 집어 넣는 치환 작업이 가장 먼저 이루어져야 한다. 이 치환 작업이 끝난 후에 액체 질소에 넣어서 보존하면 부패가 일어나지 않아 오랜 시간 동안 보존이 가능하다. 하지만 냉동 인간을 완벽하게 해동하는 기술이 개발되어 있지 않아 해결해야 하는 과제로 남아 있다. 냉동 인간 기술은 아직 실용화되지는 않았지만, 정자나 난자와 같은 생식세포를 냉동 보존하거나 수정된 배아를 냉동 보존했다가 자궁에 이식하여 아이를 출산하는 기술은 실용화되어 있다.

1   냉동 인간을 만드는 과정에서 시신의 수분을 대부분 제거하고 몸속의 혈액을 동결 보존액으로 치환해야 하는 이유를 물의 특성으로 서술하시오.

2   액체 질소의 온도는 −196 ℃이다. 액체 질소에 5초 정도 넣었다 꺼낸 금붕어를 물속에 넣으면 죽지 않고 다시 움직이는 이유를 서술하시오.

 과학용어

▶ 질소: 질소는 지구 대기의 78 %를 차지하는 기체로, 색깔과 냄새가 없다.

▶ 액체 질소: 대기압에서 질소는 −196 ℃에서 액화되며, 온도를 급격하게 낮추거나 어떤 물체를 동결시킬 때 주로 사용된다.

▶ 글리세린: 관장, 윤활, 보습의 목적으로 사용되는 액체로, 주로 약품, 재료 감미제, 화장품으로 사용된다.

27 음식을 차갑게 보관하는 냉장고

기원전부터 가죽으로 만든 주머니나 도기에 물을 담아 증발을 이용하여 차가운 물을 만드는 장치는 존재했다. 『삼국유사』에는 우리 조상들이 삼한 시대부터 얼음 보관 창고를 만들어 한겨울의 얼음을 보관했다가 여름에 사용했다는 기록이 있다. 1834년에는 오늘날 사용하는 냉장고의 원리를 이용하여 인공적으로 얼음을 만들 수 있는 기계가 발명되었고, 1910년대 가정용 냉장고가 도입된 이후 냉장고는 필수 가전제품 중 하나가 되었다.

냉장고는 낮은 온도에서 음식이나 약품이 상하지 않도록 보관하기 위한 장치로, 냉장고가 차갑게 유지되기 위해서는 냉매가 기체가 되고 다시 액체가 되는 과정을 끊임없이 반복해야 한다. 이러한 순환은 증발 과정, 압축 과정, 응축 및 열 방출 과정, 팽창 과정으로 나누어지고, 이 과정들이 서로 연결되어 증발기가 있는 냉장칸과 냉동칸에서 낮은 온도를 유지한다. 증발기에서는 액체 냉매가 열을 흡수하여 기체가 되면서 냉장고 안의 온도를 급격하게 떨어뜨린다. 냉장고를 계속 가동시키려면 기체 상태의 냉매를 액체 상태로 만들어야 한다. 그렇기 때문에 압축기에서 전동기를 가동하여 고온·저압의 기체 냉매를 고온·고압의 기체로 압축해서 응축기로 보내고, 응축기에서는 고온·고압의 기체 냉매가 열을 방출하며 액체가 된다. 저온·고압의 액체 냉매는 모세관으로 된 팽창 밸브를 지나면서 압력이 낮아지고, 다시 증발기로 들어가 순환한다. 냉장고에서 '위~잉'하는 소리는 냉매가 압축될 때 나는 소리이다.

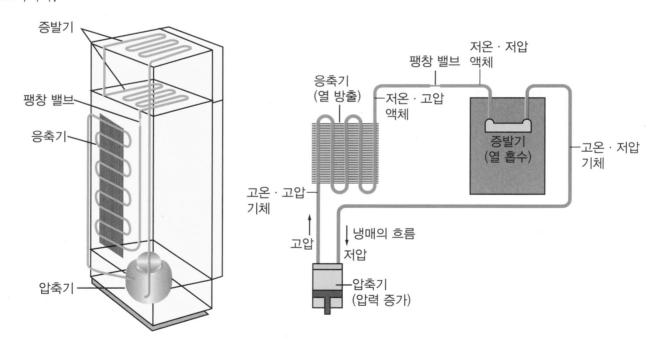

1 냉장고의 응축기에서 나온 액체 상태의 냉매는 팽창 밸브를 지나면서 압력이 낮아진다. 액체 상태의 냉매의 압력을 낮추는 이유를 서술하시오.

2 문을 위아래로 여닫는 김치냉장고는 문을 앞뒤로 여닫는 일반 냉장고에 비해 냉기 단속 능력이 뛰어나다. 그 이유를 서술하시오.

 과학용어

▶ 증발: 액체 표면에서 입자가 공기 중으로 나와 기체가 되는 현상이다.
▶ 압축: 물질에 압력을 가해 부피를 줄이는 현상으로, 기체의 부피를 줄이면 압력이 증가한다.
▶ 응축: 포화된 기체가 액체로 변하는 현상으로, 기체 상태의 증기나 냉매 등이 열을 잃으면 액체가 된다.
▶ 팽창: 부풀어서 부피가 커지는 현상으로, 냉매가 모세관으로 되어 있는 팽창 밸브를 지나면 부피가 커진다.

에어컨은 물질의 상태가 변할 때 출입하는 열에너지를 이용하여 차가운 공기를 만든다. 에어컨은 실내기와 실외기로 이루어져 있는데, 에어컨을 가동하면 실내기에서는 차가운 바람이 나오고 실외기에서는 더운 바람이 나온다. 어떻게 차가운 바람과 더운 바람이 동시에 나오는 것일까?

에어컨을 이용한 공기의 냉각 과정은 냉매가 '압축기 → 실외기(응축기) → 팽창 밸브 → 실내기(증발기)'의 과정을 거치며 이루어지는데, 이것은 냉장고 안에서 일어나는 공기의 냉각 과정과 같다. 액체 상태였던 냉매가 실내기를 통과하면 증발하여 기체 상태가 되고, 기체 상태가 된 냉매는 압축기를 지나 압력이 높아지며, 실외기를 통과하면서 응축하여 액체 상태가 된다. 즉, 에어컨은 액체 상태인 냉매가 기화하고 다시 액화하는 과정에서 출입하는 열에너지를 이용하여 실내에 차가운 공기를 내뿜는다. 에어컨을 냉장고에 비유하면 에어컨의 실내기는 냉장고의 냉장칸이나 냉동칸, 에어컨의 실외기는 냉장고의 뒷부분이라고 할 수 있다.

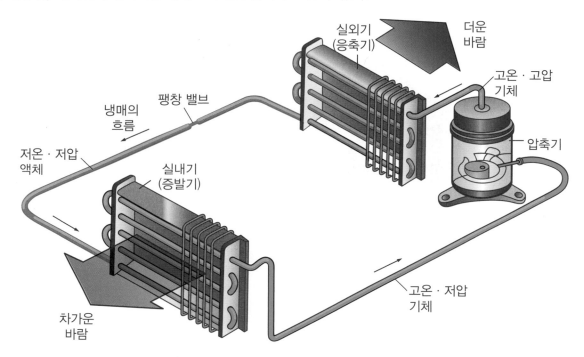

1 에어컨의 실내기에서는 차가운 바람이 나오고, 실외기에서는 더운 바람이 나오는 원리를 물질의 상태가 변할 때 출입하는 열에너지를 이용하여 각각 서술하시오.

① 실내기

② 실외기

2 전기를 많이 사용하지 않는 밤에 얼음을 얼려 두었다가 전력 소모가 많은 한낮에 얼음을 녹여 건물 실내를 시원하게 만들 수 있다. 이처럼 상태가 변할 때 출입하는 열에너지를 이용하여 냉난방에 필요한 전기 에너지를 아낄 수 있는 방법을 3가지 서술하시오.

 과학용어

▶ 상태 변화: 고체, 액체, 기체가 각각 에너지를 주고 받으며 다른 상태로 변하는 것을 말한다.
▶ 기화: 물질이 액체 상태에서 기체 상태로 변하는 현상으로 기화열을 흡수한다.
▶ 액화: 물질이 기체 상태에서 액체 상태로 변하는 현상으로 액화열을 방출한다.

29 뽀송한 공기를 만드는 제습기

제습은 공기 외에도 각종 기체 속에 포함되어 있는 습기를 제거하여 건조하게 만드는 과정이고, 제습기는 습기를 제거하기 위해 사용하는 기구이다. 제습기는 공기 중의 습기를 직접 제거함으로써 상대 습도를 낮춘다. 예전에는 습기에 민감하게 반응하는 물건을 생산하는 공장에서만 제습기를 주로 사용했는데 요즘은 가정에서도 습도를 조절하기 위해 제습기를 많이 사용한다.

제습기는 제습 원리에 따라 건조식과 냉각식으로 나눌 수 있다. 건조식은 화학 물질인 흡습제를 이용하는 방식이고, 냉각식은 기계 안에 차가운 부분을 만들어 공기의 온도를 이슬점보다 낮춰 응결된 물방울을 모으는 방식이다. 냉각식 제습기는 찬물을 담은 컵의 표면에 물방울이 맺히는 것과 같은 원리이다.

제습기를 사용하고 난 후에는 물통에 모인 물을 버리고, 기계 안에서 응결된 물방울을 잘 말려야 한다. 그렇지 않으면 기계 안에서 물이 썩거나 곰팡이나 세균이 번식할 수 있기 때문이다. 요즘에는 제습기를 끌 때 자동으로 내부의 팬을 회전시켜 물을 말리고, 호스를 연결하여 물을 바로 배수하는 제습기도 생산되고 있어 편리하게 사용할 수 있다.

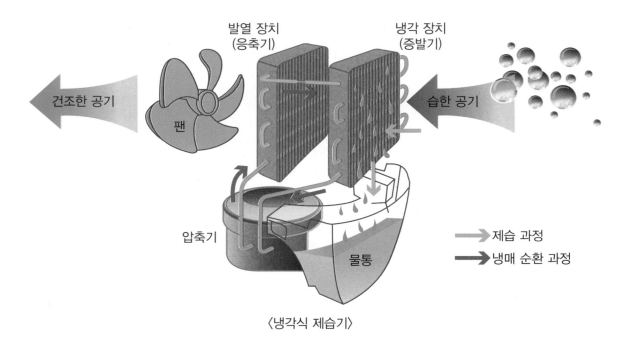

〈냉각식 제습기〉

1 냉각식 제습기의 제습 원리를 물질의 상태 변화를 이용하여 서술하시오.

2 냉각식 제습기와 에어컨의 공통점과 차이점을 각각 서술하시오.

① 공통점

② 차이점

 과학용어

▶ 상대 습도: 현재 기온의 포화 수증기량에 대한 대기 중에 존재하는 실제 수증기량의 비율로 나타낸 것으로 보통 습도라고 하면 상대 습도를 말한다.
▶ 이슬점: 대기 중의 수증기가 포화되어 그 수증기의 일부가 물로 응결되기 시작할 때의 온도이다.
▶ 응결: 공기의 온도가 이슬점 이하로 냉각되어 공기 중의 수증기가 물방울로 변하는 현상이다.

30 오르락 내리락, 온도계

어떤 물질이 차가우면 온도가 낮고, 뜨거우면 온도가 높다고 한다. 이처럼 물질의 차갑고 뜨거운 정도를 숫자로 나타낸 물리량을 온도라고 하며, 온도계를 이용해 정확한 온도를 측정한다.

최초의 온도계를 만든 사람은 갈릴레이로, 그는 가열된 공기가 들어 있는 유리관을 물 그릇 속에 거꾸로 넣어 두면 외부 기온의 영향으로 유리관 속의 물 높이가 달라지는 것을 보고 온도계를 만들었다. 이 온도계는 온도에 따라 유리관 속 공기의 부피가 변하는 원리를 이용한 것으로, 기체의 열팽창을 이용한 기체 온도계라고 할 수 있다.

유리관을 손으로 감싸면 유리관
안의 공기가 따뜻해진다.

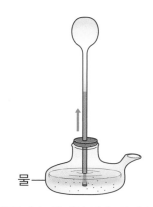

물

온도가 높아지면 물 높이가 높아
진다.

〈기체 온도계〉

우리 주변에서 흔히 볼 수 있는 알코올 온도계는 대표적인 액체 온도계이다. 알코올 온도계는 진공의 가는 유리관 안에 액체 알코올을 넣은 것으로, 알코올 온도계의 구부를 따뜻한 물에 담그면 따뜻한 물에서 온도계로 열이 이동한다. 이때 열을 얻은 알코올의 부피가 팽창하면서 유리관 속 빨간 액체 기둥의 높이가 점점 높아지고, 열평형 상태가 되면 알코올의 부피는 더 이상 변하지 않으므로 이때 액체 기둥이 가리키는 눈금을 읽으면 온도를 알 수 있다. 알코올은 온도 변화에 따른 부피 팽창률과 수축률이 크기 때문에 온도 변화에 민감해 눈금을 읽기 편리하다. 하지만 높은 온도를 측정한 후에는 유리관 벽에 알코올이 붙어 눈금을 읽기가 어렵다는 단점이 있다.

〈알코올 온도계〉

1 갈릴레이가 만든 최초의 온도계는 온도에 따라 공기의 부피가 변하는 원리를 이용한 것이다. 온도가 높을 때와 낮을 때 공기의 부피 변화와 유리관의 물의 높이의 관계를 각각 서술하시오.

① 온도가 높을 때

② 온도가 낮을 때

2 다음은 유리구슬이 뜨는 높이를 이용하여 온도를 알 수 있는 밀도 차 온도계이다. 이 온도계의 유리구슬 안에는 밀도가 다른 여러 가지 액체가 들어 있다. 이 온도계의 원리를 서술하시오.

〈밀도 차 온도계〉

 과학용어

▶ **열팽창**: 물질이 열을 얻으면 부피나 길이가 늘어나고, 열을 잃으면 부피나 길이가 줄어드는 현상이다.
▶ **열평형**: 온도가 높은 물체와 낮은 물체가 접촉한 상태에서 시간이 지나 열의 이동에 의해 두 물체의 온도가 같아진 상태이다.
▶ **밀도**: 물질의 질량을 부피로 나눈 값으로, 밀도가 작은 물질은 밀도가 큰 물질 위로 뜨고, 밀도가 큰 물질은 밀도가 작은 물질 아래로 가라앉는다.

31 압력 밥솥 폭발, 조심하세요!

요즘 가정에서 많이 사용하는 전기 압력 밥솥은 거의 매일 사용하는 도구이기 때문에 깨끗이 세척하는 등 관리가 필요하다. 하지만 보통 쌀을 담아 밥을 만드는 내부 솥만 세척하는 경우가 많은데, 내부 솥만 세척하고 다른 부분을 잘 닦지 않을 경우 증기 배출 구멍에 이물질이 쌓여 밥솥이 폭발할 수도 있다.

압력 밥솥은 압력이 높아질수록 물질의 끓는점이 높아지는 것을 이용하여 음식을 높은 온도에서 조리하기 때문에 조리 시간을 단축시킬 수 있다. 조리 시 압력 밥솥 내부의 수증기가 밖으로 빠져나가지 못해 압력이 높아지는 것이 므로 내부 솥과 내부 솥 뚜껑은 반드시 밀폐되어야 한다. 내부 솥과 내부 솥 뚜껑의 틈 사이로 수증기가 빠져나가지 못하는 대신 증기 배출구가 있어 수증기를 배출시켜 내부 솥의 압력을 일정 수준으로 유지하고, 일정 압력 이상의 수증기는 배출되므로 높은 압력으로 인해 폭발할 위험이 적다. 하지만 밥을 다 지은 후 수증기를 충분히 배출하지 않은 상태에서 뚜껑을 열면 폭발할 위험이 있으므로 주의해야 한다. 또한, 밥을 짓는 과정에서 생긴 음식물 찌꺼기 등의 이물질이 증기 배출구에 쌓이면 증기가 잘 배출되지 않아 밥솥이 허용하는 압력 수준을 초과해 밥솥이 폭발할 수 있다. 밥솥이 폭발하면 닫혀 있던 밥솥 뚜껑이 '펑' 소리와 함께 열리면서 뜨거운 이물질이 사방에 튀는데, 자칫 대형 사고로 이어질 수 있는 위험한 상황을 초래하게 되므로 주의해야 한다.

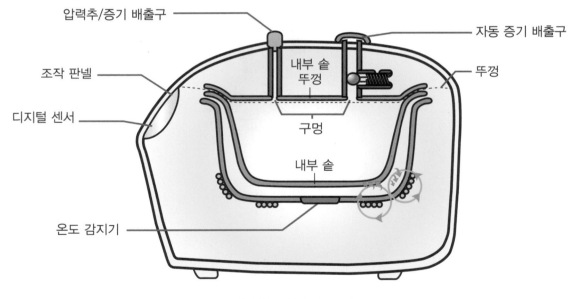

〈전기 압력 밥솥의 구조〉

1 우리나라의 전통 가마솥도 압력 밥솥과 같은 원리로 밥을 짓는다. 가마솥의 원리를 서술하시오.

2 다음은 압력 밥솥 폭발 사고와 관련된 뉴스의 일부이다. 압력 밥솥이 갑자기 폭발하는 사고가 발생하지 않기 위해 주의해야 할 점을 2가지 서술하시오.

> 어제 저녁 주부 이 모씨는 저녁밥을 짓다가 난데없는 봉변을 당했습니다. 압력 밥솥이 갑자기 폭발해 이 모씨는 실신했고, 다른 한 명은 다리에 화상을 입었습니다. 폭발로 인해 밥솥 뚜껑은 날아가 버렸고 밥알은 튀어 올라 천장에 붙어 있습니다.
>
> ⋮

 과학용어

▶ **끓는점**: 액체 물질이 끓어 기체가 되는 동안 일정하게 유지되는 온도로, 외부의 압력이 커질수록 끓는점은 높아지고 외부의 압력이 낮을수록 끓는점은 낮아진다.

32 야외에서 깨끗한 물을 얻는 방법

가정에서는 깨끗하게 정수된 수돗물을 사용하기 때문에 손쉽게 식수나 생활용수를 구할 수 있지만 야외에서 활동할 때는 깨끗한 물을 확보하는 것이 매우 중요하다. 특히 오지로 캠핑을 떠나면 깨끗한 물 구하기가 더욱 어렵다. 게다가 최근 우리나라의 주요 강과 호수 등에서 녹조 현상이 발생하면서 마실 물에 대한 불안감이 커지고 있으므로 도시에서 조금 떨어진 곳의 물이라고 해서 약수로 생각해 무작정 마시면 안 되는 상황이다.

야외 활동 중 갑자기 식수가 떨어졌을 때, 마실 수 있는 물을 구분할 수 있는 방법은 무엇일까?

물은 눈으로 보고 냄새를 맡으면 일차적으로 오염되었는지 알 수 있으므로, 침전물이 떠다니고 뿌옇거나 흐리게 보이는 물은 마시면 안 된다. 시간이 조금 지난 후 물이 맑아진다면 염소 소독 등으로 잠시 흐려졌던 것이므로 괜찮을 수 있지만, 계속 뿌연 상태를 유지한다면 박테리아에 오염되었을 가능성이 있다. 물이 노란색으로 보인다면 수도관 등이 부식되었을 가능성이 있고, 갈색이라면 지하수가 오염되었을 수 있으며, 녹색으로 보인다면 녹조류가 있다는 것일 수 있다. 또, 물에서 황이나 석유 냄새가 나면 물이 화학 물질에 오염되었다고 볼 수 있으며, 소독약 냄새가 나면 염소가 들어 있는 가능성이 있으므로 마시지 않는 것이 좋다.

1 간이 정수기를 만들면 물속에 있는 이물질을 걸러 낼 수 있다. 다음 준비물을 이용하여 간이 정수기를 만드는 방법과 그 원리를 서술하시오.

〈준비물〉
깔때기, 거름종이, 분말 활성탄

① 방법

② 원리

2 1번에서 만든 간이 정수기로 만든 물을 마실 수 있을까? 만약 마실 수 없다면 마시기 위해 어떻게 해야 할지 서술하시오.

 **과학용어**

▶ 정수: 물을 깨끗하고 맑게 하는 것이다.
▶ 염소 소독: 염소가 물과 반응하면 차아염소산이 만들어져 살균 작용을 하기 때문에 수돗물이나 수영장에서 물을 소독하는 데 사용한다. 전염성 질환을 예방하는 데 효과적이지만 냄새가 강하고 물 맛을 바꾸는 단점이 있다.

33 원소 기호의 변천사

중세 시대 연금술사들은 금을 만드는 방법을 연구하는 과정을 기록할 때 그림 기호를 사용했는데, 연금술사들마다 자신만이 알 수 있는 기호를 사용했기 때문에 기호 자체를 이해하기는 어려웠다. 이후 19세기 초 영국의 과학자 돌턴은 둥근 원 안에 알파벳이나 그림을 넣어 당시까지 밝혀진 원소들의 기호를 정리했지만 점점 발견되는 원소가 많아지면서 다양한 원소를 표현하기가 어려워졌다. 이러한 문제점을 해결하기 위해 스웨덴의 과학자 베르셀리우스는 라틴어로 된 원소 이름을 알파벳을 이용하여 나타내는 방법을 제안했다. 오늘날까지 원소를 기호로 나타낼 때 베르셀리우스의 방법을 따르고 있으며, 오래 전부터 알려진 원소는 라틴어나 그리스어에서, 근현대에 알려진 원소는 영어나 독일어로 된 원소 이름을 알파벳을 이용하여 나타낸다.

[원소 기호의 변천사]

원소 이름	금(aurum)	은(argentum)	구리(cuprum)	황(sulfur)
연금술사	☉	☾	♀	⏚
돌턴	Ⓖ	Ⓖ	Ⓖ	⊕
베르셀리우스	Au	Ag	Cu	S

현재까지 알려진 118가지의 원소 외에도 새로운 원소를 만들려는 노력이 계속되고 있다. 인공적으로 만들어낸 원소들은 엄격한 검증 절차를 거친 후에 비로소 원소로 정식 등록 여부가 결정되는데, 새로운 원소로 인정할지 안 할지는 국제 순수·응용화학 연합(International Union of Pure and Applied Chemistry, IUPAC)에서 결정한다. IUPAC에서 새로운 원소 발견을 공식적으로 인정하면 원소를 발견한 사람은 원소 이름과 원소 기호를 제안할 수 있다. 보통 원소의 이름은 신화적 개념이나 인물, 광물 또는 유사 물질, 발견된 장소나 지역 이름, 원소의 성질, 과학자의 이름을 따서 짓는다.

1 다음은 베르셀리우스가 제안한 방법으로 원소 기호를 나타낸 것이다. 원소 기호를 나타낸 규칙을 서술하시오.

원소 이름		원소 기호	원소 이름		원소 기호
수소	hydrogen	H	헬륨	helium	He
질소	nitrogen	N	나트륨	natrium	Na
탄소	carboneum	C	염소	chlorum	Cl
칼슘	calcium	Ca	칼륨	kalium	K
산소	oxygen	O	철	ferrum	Fe

2 최근에 새로운 네 가지 원소의 이름과 원소 기호가 정해졌다. 이중에서 모스코븀(moscovium, Mc)과 테네신 (tennessine, Ts)은 지역 이름을 따서 정했고, 오가네손(oganesson, Og)은 과학자의 이름을 따서 정했다. 니 호늄(nihonium, Nh)은 '일본'의 일본식 발음인 '니혼'을 따서 정한 이름으로, 아시아에서 발견한 유일한 원소이 다. 만약 내가 새로운 원소를 발견한 과학자라면, 새로 발견한 원소 이름과 원소 기호를 어떻게 제안할지 그 이 유와 함께 서술하시오.

 과학용어

▶ 연금술: 철이나 구리, 납 등과 같은 값싼 금속을 금으로 바꾸려고 했던 학문으로 그 과정에서 여러 가지 물질의 발견과 각종 실험 기구의 개발 등 화학 발전에 큰 공헌을 했다.
▶ 원소: 물을 분해하면 수소와 산소로 나뉘지만 수소와 산소는 더 분해되지 않는다. 이처럼 다른 물질로 분해되지 않으며 물질을 구성하는 기본 성분을 원소라고 한다.

34 눈이 얼지 않게 하는 방법

최근 들어 눈이 내리는 날이 많아지고 있으며, 한번 내리면 눈 폭탄이라고 불릴 만큼 많은 눈이 내린다. 눈이 내리면 도로에 쌓인 눈을 녹이고 다시 얼지 않도록 하얀 가루를 뿌리는데, 이 하얀 가루는 제설제인 염화 칼슘($CaCl_2$)이다. 염화 칼슘은 상온에서는 고체 상태이며, 주변의 수분을 흡수하여 스스로 녹는 조해성이 있다. 눈이 내리는 도로에 염화 칼슘을 뿌리면 염화 칼슘이 직접적으로 눈을 녹이는 것은 아니다. 눈이 녹아 생긴 물에 염화 칼슘이 녹으면서 열이 발생하며, 염화 칼슘이 녹아 있는 물은 어는점이 낮아지므로 영하의 온도에서도 쉽게 얼지 않는다. 우리가 소금이라고 부르는 염화 나트륨($NaCl$)도 물에 녹으면 어는점을 낮추므로 제설제로 사용된다. 하지만 염화 칼슘처럼 주변의 수분을 흡수하여 스스로 녹지는 못하므로 온도가 매우 낮아 제설 효과를 기대하기 어렵다. 또한, 염화 칼슘이나 염화 나트륨이 물에 녹아 이온화되면 염화 이온에 의해 독성이 강해지므로 염화 칼슘이나 염화 나트륨 등이 녹아 있는 물은 차량의 외부나 도로 등을 부식시킬 뿐 아니라 토양에 녹아 들어가면 식물의 생장에 영향을 주기도 한다.

눈도 잘 녹이면서 친환경적인 제설제는 없는 것일까? 과학자들은 염화 이온 대신 독성이 약한 유기산을 칼슘 이온이나 마그네슘 이온과 합성하는 방법으로 유기산염(CMO, Calcium Magnesium Salt of Organic acids)이라는 친환경 제설제를 개발했다. 유기산은 미생물을 이용하여 분해한 음식물 쓰레기에서 얻을 수 있고, 유기산염 제설제의 제설 능력은 염화 칼슘과 비슷하다.

1 눈이 쌓인 도로에 염화 칼슘을 뿌리면 영하의 기온에서도 녹은 눈이 쉽게 얼지 않으므로 염화 칼슘은 제설제로 사용된다. 염화 칼슘을 뿌리면 눈이 녹는 이유와 녹은 눈이 쉽게 얼지 않는 이유를 각각 서술하시오.

① 눈이 녹는 이유

② 녹은 눈이 쉽게 얼지 않는 이유

2 음식물 쓰레기를 이용한 친환경 제설제를 사용할 때의 좋은 점을 3가지 서술하시오.

과학용어

▶ **이온**: 전기적으로 중성인 원자가 전자를 잃으면 (+)전하를 띠고, 전자를 얻으면 (−)전하를 띤다. 이렇게 전하를 띤 입자를 이온이라 하며, (+)전하를 띤 입자는 양이온, (−)전하를 띤 입자는 음이온이라고 한다.
▶ **어는점**: 액체 물질이 얼어 고체가 되는 동안 일정하게 유지되는 온도로, 순물질의 어는점은 일정하지만 혼합물의 어는점은 일정하지 않다.

35 반도체 공정에 필수, 불화 수소

불화 수소(HF)는 수소 이온과 플루오린화 이온이 만나 만들어진 화합물로, '플루오린화 수소'라고도 불린다. 플루오린은 '불소'라는 이름으로도 불리는 할로젠 원소인데 반응성이 매우 강하며, 플라스틱이나 유리를 녹이는 성질이 있다.

끓는점이 19.5 ℃인 불화 수소는 보통 상온에서 기체 상태로 존재하지만, 온도를 낮추거나 압력을 가해 쉽게 액화할 수 있다. 불화 수소는 발연성과 자극성이 매우 강한 물질로, 직접 불에 타거나 폭발하지는 않지만 반응성이 커 금속 분말과 만나면 폭발한다. 산업 현장에서는 불화 수소의 높은 반응성을 활용하여 촉매제나 탈수제 등으로 사용하는데, 반도체 제조 과정에서는 회로 패턴 이외에 불필요한 부분을 제거하거나 불순물을 제거하는 세정액으로 사용한다.

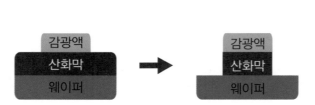

반도체 회로의 패턴 이외에 불필요한 부분을 제거한다.

불순물을 제거한다.

〈반도체 제조 공정에서 불화 수소의 이용〉

불화 수소는 물에도 잘 녹으며, 물에 녹아 있는 수용액을 불산 또는 플루오린화 수소산이라고 부른다. 불산은 약산으로 분류되지만 반응성이 매우 커 3대 강산으로 알려진 염산, 질산, 황산보다 훨씬 더 위험하다. 불산에 소량이라도 노출되면 화학적 화상을 입을 수 있는데, 처음에는 아무런 통증이나 반응이 나타나지 않으면서 피부 아래로 빠르게 스며들어 혈액을 통해 전신으로 퍼지기 때문에 이후에 심각한 문제를 일으킨다. 불산은 초기 대응을 할 수 없어 피해가 더욱 심각하므로 사용할 때 특히 주의해야 한다.

1 플루오린(F) 원자는 (＋)전하량과 (－)전하량이 같아 전하를 띠지 않는다. 플루오린 원자는 전자 1개를 얻어 플루오린화 이온이 된다. 플루오린 원자가 플루오린화 이온이 되는 과정을 화학식으로 나타내어 보시오.

(단, 화학식을 나타낼 때 전자는 ⊖로 나타낸다.)

2 플루오린화 이온은 충치 예방 효과가 있어 치약에 이용된다. 이처럼 생활 속에서 이용하는 이온의 종류 5가지를 이온식으로 나타내고, 그 이온을 이용한 예를 서술하시오.

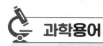 **과학용어**

▶ 할로젠 원소: 주기율표 17족에 속하는 원소들로 플루오린(F), 염소(Cl), 브로민(Br), 아이오딘(I) 등이 있다. 할로젠 원소는 반응성이 크기 때문에 주로 다른 원소와 결합하여 화합물 상태로 존재한다.
▶ 발연성: 연소 시 연기를 발생하는 성질로 연기가 많이 발생할 경우 발연성이 높다고 평가한다.

36 밤을 그린 그림이 아니라고?

네덜란드의 화가 렘브란트(Rembrandt Harmenszoon van Rijn, 1606~1669)의 대표작 '야간 순찰'로 알려진 이 그림은 제목이 잘못 붙여진 것이다. 원래 이 그림은 낮 풍경을 그린 것인데, 전체적으로 그림이 어두운 것을 보고 추측하여 야간 순찰이라고 제목을 붙인 것이다. 그림이 어두워진 이유는 무엇일까?

그림을 그리고 나면 그림을 보호하기 위해 가장 마지막 단계에 바니시를 바르는데, 이 바니시가 시간이 지나면 열과 산소와 반응해 누렇고 검게 변한다. 렘브란트도 그림을 보호하고 화면에 균일함을 주기 위해 마지막 단계에서 바니시를 발랐는데 바니시가 검게 변해 그림이 어두워졌다고 한다. 또 다른 원인으로는 렘브란트가 즐겨 쓰던 물감에 들어 있는 성분 때문인 것으로 알려졌다. 렘브란트가 사용했던 선홍색 물감에 포함되어 있는 성분과 황토색, 흰색, 갈색 등의 물감에 공통으로 포함된 성분이 만나 검은색 화합물을 만들었다고 한다. 결국 화학 반응에 의해 그림의 색이 어둡게 변한 것이다.

〈출처: 암스테르담 국립미술관〉

1 렘브란트의 그림 '야간 순찰'이 어두워진 원인이 된 검은색 화합물은 앙금 생성 반응에 의해 만들어진 것이다. 주어진 단서 속에서 물질 A와 B를 찾고, 물질 A와 B가 만나 앙금이 생성되는 화학 반응식을 서술하시오.

〈단서〉
① 그 당시는 산업 혁명 초기 시절로 대기 오염이 심했다.
② 렘브란트가 즐겨 쓴 선홍색 물감의 성분과 대기 오염 물질에는 공통으로 물질 A가 포함되었다.
③ 렘브란트가 즐겨 쓴 황토색, 흰색, 갈색 등의 물감에는 모두 물질 B가 포함되었다.

① 물질 A

② 물질 B

③ 화학 반응식

2 어떤 물질이 전혀 다른 성질의 새로운 물질로 바뀌는 변화를 화학 변화라고 한다. 우리 주변에서 볼 수 있는 화학 변화의 예를 5가지 서술하시오.

 과학용어

▶ 화합물: 두 종류 이상의 다른 원소가 일정 비율로 결합하여 만들어진 물질로, 물리적인 방식으로는 각각의 성분으로 분리할 수 없다.
▶ 화학 반응: 화학 변화가 일어나 어떤 물질이 전혀 다른 성질의 새로운 물질로 변하는 것이다.

37 가스 하이드레이트

가스 하이드레이트(Gas Hydrate)는 천연가스가 0 ℃ 이하의 낮은 온도와 30기압 이상의 높은 압력에서 물 분자와 결합하여 생성된 고체 상태의 물질이다. 이 물질은 화학 결합이 아니라 물리적 결합에 의해서 생성된다. 즉, 가스 하이드레이트는 기체가 높은 압력을 받아서 고체가 된 것이기 때문에 다시 기체로 돌아가면 그 양이 약 150~200배로 늘어난다.

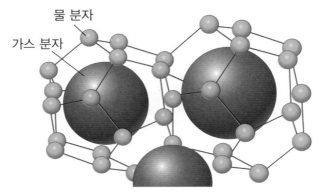

〈가스 하이드레이트〉

가스 하이드레이트는 위의 그림처럼 메테인, 이산화 탄소, 황화 수소 등 저분자량의 가스 분자들이 물 분자들과 3차원의 격자 구조를 이루고 있는데 물 분자들이 만든 공간에 메테인 가스가 들어 있다면 메테인 하이드레이트라고 부른다.

자연에서 생성된 메테인 하이드레이트는 주로 연중 0 ℃ 이하인 영구동토층이나 심해저에서 발견된다. 보통 하이드레이트가 안정적으로 보존되는 범위는 영구동토층의 경우 땅속 1,000~2,000 m 지점이고, 심해저의 경우는 수심 1,200~1,500 m 지점이므로 이 곳에는 천연가스의 확인 매장량의 약 25배 이상, 일반 화석 에너지의 2배에 가까운 양의 메테인 하이드레이트가 묻혀 있다고 추정된다. 우리나라의 독도와 울릉도 주변 바다에도 메테인 하이드레이트가 많이 매장된 것으로 알려져 있다.

메테인 하이드레이트의 가장 큰 장점은 연소될 때 석탄과 같은 화석 연료에 비해 일산화 탄소, 이산화 탄소와 같은 물질이 적게 나오는 것이다. 하지만 땅속에 묻혀 있는 메테인 하이드레이트를 시추하는 과정에서 메테인이 그대로 방출될 경우 이산화 탄소보다 더 강력한 온실 효과를 유발할 수 있다.

현재 과학자들은 자연에 매장되어 있는 가스 하이드레이트를 상용화하려는 연구 외에도 실험실에서 가스 하이드레이트를 만드는 기술도 연구하고 있다.

1 메테인 하이드레이트는 불타는 얼음이라고 널리 알려져 있다. 메테인 하이드레이트가 불타는 얼음이라고 불리는 이유를 서술하시오.

2 물 분자를 가스와 결합하여 가스 하이드레이트를 만드는 기술을 우리 생활에 활용할 수 있는 방법을 서술하시오.

 과학용어

▶ 분자: 독립된 입자로 존재하여 물질의 성질을 나타내는 가장 작은 입자이다.
▶ 화학 결합: 안정된 상태를 이루기 위해 원자가 전자를 공유하거나 양이온과 음이온들이 강하게 끌어당겨 결합하는 것이다.
▶ 물리적 결합: 전자를 공유하거나 전자를 이동시키지 않고 원자나 분자가 서로를 약하게 끌어당겨 결합하는 것이다.
▶ 영구동토: 2년 이상 토양의 온도가 물의 어는점인 0 ℃ 이하로 유지되는 땅을 영구동토 또는 영구언땅이라고 한다.

38 화학 전지의 원리

우리가 현재 사용하는 전지의 시초라고 할 수 있는 볼타 파일은 1800년 이탈리아의 과학자인 알레산드로 볼타가 만들었다. 이 장치는 은판과 아연판 사이에 바닷물을 적신 헝겊을 끼운 것을 여러 쌍 겹쳐 쌓은 것으로, 가장 위에 있는 은판과 밑바닥의 아연판을 전선으로 연결하면 전류가 흐른다. 이 원리를 이용하여 구리판과 아연판을 묽은 황산에 담가 만든 전지를 볼타 전지라고 한다.

〈볼타 파일〉

〈볼타 전지〉

〈각 극에서 일어나는 화학 반응식〉
(−)극: $Zn \rightarrow Zn^{2+} + 2e^-$
(+)극: $2H^+ + 2e^- \rightarrow H_2$

최초의 근대식 전지는 1868년 프랑스의 화학자인 르클랑셰가 만든 망가니즈 전지로, 아연을 (−)극으로, 이산화 망가니즈를 (+)극으로 사용했다. 처음에는 전해질을 용액 그대로 사용했기 때문에 습전지(Wet Cell)라고 했으나, 나중에는 전해질을 굳혀 마른 전지(Dry Cell)라고 불렀다. 마른 전지에서 건전지라는 말이 유래되었다. 1959년 알카라인 전지가 등장하기 전까지 망가니즈 전지는 비용이 저렴하고 성능이 안정적이어서 여러 전자 기기에 사용되었다.

현재 우리가 일반적으로 사용하는 전지는 알카라인 전지로 망가니즈 전지보다 수명과 사용 기간이 길다. 알카라인 전지도 망가니즈 전지와 같이 아연을 (−)극으로, 이산화 망가니즈를 (+)극으로 사용하지만 전해질이 다르다. 망가니즈 전지는 산성인 염화 암모늄을 사용하고, 알카라인 전지는 염기성인 수산화 칼륨을 사용한다. 알카라인 전지는 수산화 칼륨이 이온화하면서 생기는 수산화 이온(OH^-)으로 인해 더 강한 전류가 발생하며, 망가니즈 전지보다 사용되는 아연의 양이 많아 화학 반응이 오랫동안 지속될 수 있다.

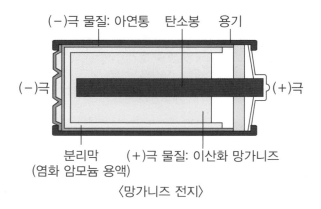

〈망가니즈 전지〉

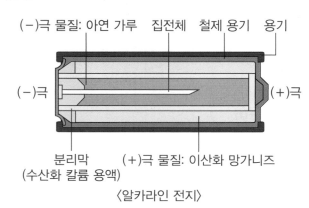

〈알카라인 전지〉

1 일반적으로 사용하는 전지는 보통 제조일로부터 3년 정도가 사용 권장 기한이며, 판매되는 제품 포장지에 사용 권장 기한이 표시된 경우가 많다. 전지에 사용 권장 기한이 있는 이유를 서술하시오.

2 전지는 1차 전지와 2차 전지로 구분할 수 있다. 1차 전지와 2차 전지의 종류와 사용하는 예를 나타낸 다음 표를 보고 1차 전지와 2차 전지의 차이점을 서술하시오.

구분	1차 전지	2차 전지
종류	망가니즈 전지 알카라인 전지 수은 전지	납축전지 니켈-카드뮴 전지 리튬-이온 전지
사용하는 예	리모컨, 손전등, 도어락, 시계 등	자동차 배터리, 비상 전원 공급 장치, 의료 기기, 노트북, 휴대전화 등

 **과학용어**

▶ **전지**: 화학 에너지를 전기 에너지로 변화시키는 화학 장치이다.
▶ **전해질**: 물 등의 용매에 녹아 이온을 만들어 전류가 흐르게 하는 물질이다.

39 계면활성제의 능력

우리가 일상적으로 사용하는 비누, 치약, 샴푸, 주방 세제, 세탁용 세제는 모두 기름때를 씻어 낼 수 있다. 이들이 기름때를 씻어 낼 수 있는 이유는 모두 계면활성제가 들어 있기 때문이다. 계면활성제란 물과 기름처럼 성질이 완전히 달라 서로 섞이지 않는 경계면에서 활동할 수 있는 분자를 말한다.

〈계면활성제의 분자 구조〉

계면활성제가 기름때를 씻어 낼 수 있는 이유는 계면활성제의 특별한 분자 구조 때문이다. 계면활성제의 머리 부분은 물과 친한 친수성이고, 꼬리 부분은 기름과 친한 소수성이다. 손에 묻은 기름을 씻어 낼 때 기름때에 물이 닿으면 물은 기름 위에서 미끄러지기만 하고 잘 씻어지지 않는다. 이때 계면활성제가 들어 있는 비누를 사용하면 기름과 친한 꼬리 부분이 기름때에 달라붙고, 머리 부분은 물 쪽을 향한다. 계면활성제의 농도가 일정 이상으로 진해지면 꼬리 부분이 기름때를 감싸면서 기름때를 피부로부터 완전히 분리한다. 이처럼 계면활성제가 물속에서 기름을 품고 있는 상태를 미셀이라고 하고, 미셀 상태의 분리된 기름때를 물로 헹궈 내면 기름때가 사라진다.

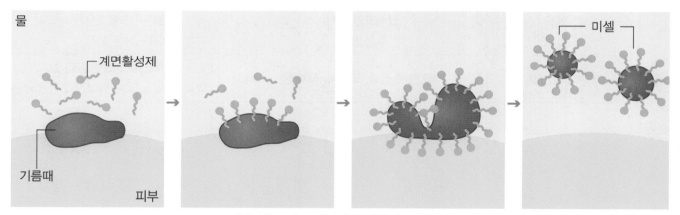

〈계면활성제가 기름때를 씻어내는 과정〉

1 비누나 세제에 포함된 계면활성제의 역할을 서술하시오.

2 비누나 세제와 같이 기름때나 오염 물질을 제거하는 용도 외에 생활 속에서 계면활성제를 이용하는 예를 2가지 서술하시오.

 과학용어

▶ 친수성: 물에 대한 친화력이 강한 성질로 물 분자와 쉽게 결합한다.
▶ 소수성: 물에 대한 친화력이 약한 성질로 친수성에 반대되는 성질이다.

40 드라이클리닝의 원리

물과 기름은 서로 섞이지 않는 대표적인 예로, '물과 기름 같다'라는 말은 서로 다른 성질을 가지고 있어서 잘 섞이지 않는 관계를 말할 때 사용한다.

물과 기름이 잘 섞이지 않는 이유는 무엇일까?

물은 대표적인 극성 물질이고, 기름은 대표적인 무극성 물질로, 서로의 성질이 완전히 다르기 때문이다. 극성 물질은 극성 물질끼리, 무극성 물질은 무극성 물질끼리 서로 잘 섞인다.

가정에서 물빨래를 할 때는 극성 물질인 물로 무극성 물질인 기름때를 제거하기 위해 계면활성제인 세탁용 세제를 이용하지만, 세탁소에서 드라이클리닝을 할 때는 물을 이용하지 않고 드라이클리닝 용제를 이용한다. 물을 이용하지 않고 세탁을 한다고 하여 드라이클리닝이라고 하며, 드라이클리닝 용제가 물빨래에서의 물과 같은 역할을 한다. 드라이클리닝 용제는 무극성 물질로 기름때를 쉽게 지울 수 있지만, 땀이나 악취 등 수용성 때는 제거할 수 없다. 그래서 드라이클리닝을 시작하기 전에 솔로 두드리거나 가볍게 씻어내는 전처리를 하며, 세탁 시에는 수용성 때를 제거하기 위해 드라이소프라 하는 드라이클리닝 세제를 사용한다. 드라이클리닝 세제 또한 세탁용 세제와 같은 계면활성제이다. 하지만 물빨래에서 세탁용 세제의 작용과는 반대로 친수성인 머리 부분이 수용성 때를 향하고, 소수성인 꼬리 부분이 드라이클리닝 용제 방향으로 배열되어 계면활성제가 수용성 때를 품고 있는 역(逆)미셀을 형성한다.

즉, 물빨래는 물과 세탁용 세제를 사용하고 드라이클리닝은 드라이클링 용제와 드라이클리닝 세제를 사용해 세탁을 하는데, 이때 사용하는 세탁용 세제와 드라이클리닝 세제 모두 물과 기름을 잘 섞이게 하는 역할을 한다.

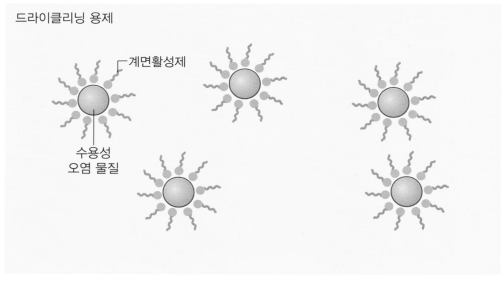

〈드라이클리닝 세탁 원리〉

1 드라이클리닝에서 역미셀이 형성되는 이유를 서술하시오.

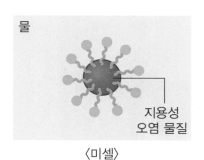

물

지용성
오염 물질

〈미셀〉

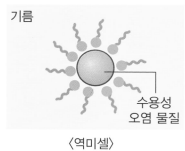

기름

수용성
오염 물질

〈역미셀〉

2 드라이클리닝의 장점과 단점을 각각 2가지씩 서술하시오.

① 장점

② 단점

 과학용어

▶ 극성 물질: 전자의 분포가 고르지 않아 분자의 한쪽 끝이 (+)전하를 띠고, 다른 한쪽은 (−)전하를 띨 때 극성 분자라고 하며, 극성 분자로 구성된 물질을 극성 물질이라고 한다. 물은 대표적인 극성 물질이고, 극성 물질은 물에 잘 용해된다.

▶ 무극성 물질: 전기적으로 극성을 갖지 않는 분자로 이루어진 물질이다. 기름은 대표적인 무극성 물질이고, 무극성 물질은 기름에 잘 용해된다.

▶ 계면활성제: 극성 부분과 무극성 부분을 모두 가지고 있어 극성 물질과 무극성 물질을 섞이게 한다.

Ⅲ

생명과학

41 여름철 불청객 해파리

해파리는 자포동물에 속하는 젤라틴성 몸체를 가진 부유생물이다. 우산 모양의 몸통과 먹이를 잡아 입으로 이동시키는 구완과 촉수로 이루어져 있으며, 촉수에는 물체와 접촉 시 발사되는 자세포가 있다. 자세포는 화살 모양의 독침으로, 해파리는 독을 발사해 먹이를 잡거나 천적으로부터 자신을 보호한다. 주로 바다에서 서식하는 해파리는 동물성 플랑크톤이나 어류의 알, 치어 등을 먹이로 하고 있으며, 일부 종은 작은 물고기까지도 먹을 수 있다.

최근 들어 우리나라 연안에 독성이 강한 대형 해파리가 다량으로 유입되면서 초여름부터 늦가을까지 수산업은 물론 여름철 피서객까지 피해를 입는 사례가 증가하고 있다. 해파리가 다량 유입될 경우 그물망과 같은 어구에 함께 잡혀 어구를 파손시키거나 어획물의 상품성을 떨어뜨린다. 또한, 사람이 촉수에 있는 독침과 접촉할 경우 발열과 호흡 곤란, 쇼크, 피부 손상, 통증 등의 피해를 입을 수 있다.

해파리로 인한 문제가 심각해짐에 따라 국립수산과학원에서는 지난 2004년부터 해파리 출현 및 이동 경로를 모니터링해 왔으며, 해파리 정보 센터(http://www.nifs.go.kr)를 운영하여 국민과 정부 기관이 협력하는 모니터링 체계와 해파리와 관련된 정보를 연계 · 공유하는 종합적인 대응 체계를 구축하고 있다.

몸통
촉수
구완

1 최근 우리나라 연안에 해파리가 급증한 원인을 추리하여 서술하시오.

2 여러 가지 피해를 주는 해파리를 퇴치할 수 있는 방법을 서술하시오.

 **과학용어**

▶ **자포동물**: 해수와 담수와 같은 수중 환경에 서식하는 동물 중 하나로 먹이를 잡을 때 사용하는 자세포가 있어 자포동물로 부른다. 히드라, 산호, 말미잘, 해파리 등이 포함된다.
▶ **자세포**: 방어와 포식 기능을 수행하는 특별한 세포 조직으로, 물리-화학적 자극을 받으면 침이 있는 세포가 발사되며, 독이 있기도 하다.

42 상어 비늘에 숨겨진 비밀

상어는 몸의 골격이 부드러운 물렁뼈로 이루어져 있어 분류상 연골어류에 속한다. 경골어류에 비해 뼈가 부드럽고 가볍기 때문에 부력과 운동성이 우수하다. 또한, 연골어류는 부레가 없으며, 부드러운 골격을 보충이라도 하듯이 피부가 질기고 강하다.

매끄러워 보이는 상어의 피부는 리블렛(riblet)이라고 하는 미세한 돌기 모양의 비늘로 이루어져 있다. 리블렛은 크기가 매우 작아 눈으로 볼 수는 없지만, 상어를 꼬리에서 머리 방향으로 만져보면 사포처럼 거칠거칠한 촉감을 느낄 수 있다고 한다. 일반적으로 돌출 구조는 물의 저항을 증가시키지만, 상어 비늘의 돌출 구조는 상어가 헤엄을 칠 때 물속에서의 저항을 감소시킨다. 상어 비늘의 미세 돌기는 물과 충돌하여 작은 소용돌이를 만들고, 이 작은 소용돌이들이 코팅제 역할을 하여 표면 마찰력을 줄여 주기 때문에 물속에서의 저항이 감소한다. 또한, 상어가 헤엄칠 때 비늘이 흔들리면서 표면이 불안정해지므로 상어의 몸 표면에는 따개비, 조류, 박테리아 등 기생 생물이 자리를 잡을 수 없게 된다.

상어 비늘이 지니는 특성은 생체 모방 기술을 통해 다양한 분야에서 응용되고 있다. 미국의 한 기업에서 상어 비늘을 모방한 필름을 개발했는데, 이 필름을 선박 표면에 붙이면 각종 해양 생물이 선박에 달라붙는 것을 막을 수 있다. 선박에 해양 생물이 달라 붙으면 바닷물과 부딪히는 저항력이 커져 속도가 느려지기 때문에 원하는 속도를 유지하기 위해서는 더 많은 연료를 써야 한다. 하지만 상어 비늘을 모방한 필름을 선박 표면에 붙이면 해양 생물 때문에 소모되는 연료비뿐만 아니라 매년 선박을 청소하는 비용까지도 절감할 수 있다.

상어

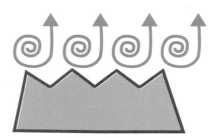

소용돌이가 표면에 닿지 않고 돌기 끝에서 밀려나므로 물속에서의 저항이 감소한다.

1 상어 비늘은 전신 수영복에도 적용되어 선수들의 기록을 단축하는 데 영향을 준다. 상어 비늘을 모방하여 만든 전신 수영복이 수영 선수들의 기록을 단축할 수 있는 이유를 서술하시오.

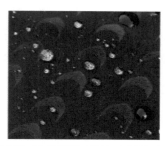

〈상어 비늘을 모방한 전신 수영복의 표면〉

2 선박과 수영복 외에 상어 비늘을 모방한 기술을 생활 속에서 응용할 수 있는 방법을 서술하시오.

 과학용어

▶ **연골어류**: 딱딱한 뼈 대신에 질긴 피부와 가벼운 물렁뼈를 가지고 있으며, 상어, 홍어, 은상어, 가오리 등이 포함되어 있다. 뼈가 단단한 경골어류는 기체로 채워진 부레로 물속에서 떠오르거나 가라앉지만, 연골어류는 부레가 없어 계속 물에 떠 있기 위해서 쉬지 않고 몸을 움직여야 한다.

▶ **생체 모방 기술**: 식물이나 동물에서 아이디어를 얻어 새로운 제품을 만드는 기술이다.

43 생물종 보호를 위한 국제적인 노력

1900년대 이후 생물종의 멸종 속도는 이전에 비해 50~100배 정도 빨라졌으며, 이에 따른 위기 의식이 세계적으로 확산되었다. 또한, 식품, 의약품 등 생물 자원을 기반으로 한 산업이 발전하면서 생물 다양성 보전의 필요성과 생물 자원의 이용 가치에 대한 인식이 높아졌다. 특히, 생물 다양성을 풍부하게 보유한 개발도상국들은 그들이 보유한 생물 자원 채취와 개발에 따른 이익을 선진국들이 대부분 가져가는 것을 비판하고 생물 다양성에 대한 주권적 권리 및 의무 설정의 필요성을 제기했다.

1970년대부터 국제사회에서는 생물종 보호의 중요성을 인식해 '멸종위기에 처한 야생동식물종의 국제거래에 관한 협약(CITES)' 등의 국제협약을 체결하여 생물종을 보전하기 위한 노력을 기울였다. 이러한 노력에도 불구하고 1980년대 중반 열대우림을 보유하고 있는 개발도상국에서 산림 벌목, 지하자원 채굴, 농경지 확장, 도시와 도로 건설 등 경제 개발을 이유로 넓은 면적의 산림을 훼손하면서 생물종의 멸종 속도는 더욱 빨라졌다.

이에 유엔환경계획(UNEP)은 1987년 생물 다양성 보전에 관한 국제적 행동 계획을 수립하기로 결정했고, 1992년 5월 '생물다양성협약(CBD)'이 채택되었으며, 1993년 12월 29일 국제적으로 발효되었다. 이 협약은 생물 다양성 보전 및 생물 자원의 지속 가능한 이용, 선진국의 생물 자원 채취 및 개발에 따른 이익을 자원 제공 국가와 공평하게 공유하는 것을 목적으로 한다. 우리나라는 1994년 154번째 회원국으로 가입했으며, 1994년 강원도 평창에서 제12차 생물다양성협약 당사국 총회를 개최해 생물 다양성 보전을 위한 주요 정책과 이행 방안 등을 논의했다.

〈출처: 대한민국정책브리핑 누리집〉

〈제12차 생물다양성협약 당사국총회 공식 로고〉

1 생태계에 사는 생물의 다양한 정도를 생물 다양성이라고 하는데, 생물 다양성에는 생물종뿐만 아니라 생태계와 유전자의 다양함이 포함된다. 생태계 다양성과 종 다양성의 관계와 종 다양성과 유전자 다양성의 관계를 각각 서술하시오.

① 생태계 다양성과 종 다양성의 관계

② 종 다양성과 유전자 다양성의 관계

2 공룡과 같이 멸종된 생물이 있는 것처럼 생물의 멸종은 지구 역사의 한 부분이라고 할 수 있다. 그런데 오늘날 생물의 멸종이 사회적으로 큰 문제가 되는 이유를 서술하시오.

과학용어

- ▶ 종: 생물을 구분하는 가장 작은 단계로, 자손을 낳을 수 있는 생물 무리이다.
- ▶ 생물 다양성: 생물종이 다양하다는 의미도 포함하지만, 이뿐만 아니라 생태계의 다양함과 하나의 종이 가지는 유전적인 다양함도 모두 포함하는 개념이다.
- ▶ 생태계 다양성: 한 지역에 존재하는 생태계가 다양하다는 것을 의미한다.
- ▶ 종 다양성: 한 생태계에 살고 있는 생물의 종류가 다양한 것을 의미한다.
- ▶ 유전적 다양성: 같은 종류의 생물이라도 유전자의 차이에 의해 생김새나 특성이 다양한 것을 의미한다.

44 알레르기를 유발하는 집먼지진드기

집먼지진드기는 눈에 보이지는 않지만 건강을 위협하는 존재이다. 실제로 한국인의 가장 많은 알레르기 유발 물질은 집먼지진드기이다.

집먼지진드기란 집 먼지에서 발견되는 모든 진드기를 총칭하는데 대부분 거미류에 속한다. 약 0.1 mm의 작은 크기로 사람의 눈으로는 확인할 수 없으며, 보통 집 먼지 1 mg에 수백 마리 정도의 집먼지진드기가 발견되는 것으로 알려져 있다. 집먼지진드기는 알에서 부화하여 성충이 되기까지 약 1개월 정도의 시간이 걸리며, 평균 수명은 보통 3개월로, 살아있는 동안 자기 몸의 200배에 달하는 배설물을 남긴다. 집먼지진드기가 번식하기 가장 좋은 조건은 25 ℃ 정도의 온도와 80 % 정도의 상대습도이다. 즉, 난방이 가동되고 두터운 이부자리 등이 깔려 보온이 잘 되며, 가습기를 사용하여 적당한 습도를 유지하는 일반 가정집은 집먼지진드기가 서식하기 가장 좋은 환경이다.

집먼지진드기는 사람이나 동물의 피부에서 떨어진 얇은 피부 조각을 먹은 후 배설물을 만들어 낸다. 사람은 집먼지진드기나 그 배설물을 접촉하거나 들이마시면 알레르기가 발생하며, 아토피 피부염, 알레르기성 비염, 천식, 재채기, 콧물 등의 증상이 나타나기도 한다. 특히, 아토피 피부염과 같은 알레르기 질환 환자는 집먼지진드기에 의해 악화되는 경우가 있으므로 꾸준히 관리하는 것이 중요하다.

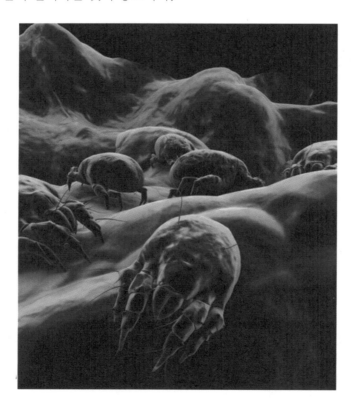

1   집먼지진드기가 주로 발견되는 곳과 그 이유를 서술하시오.

  ① 주로 발견되는 곳

  ② 이유

2   집먼지진드기를 줄일 수 있는 방법을 3가지 서술하시오.

 **과학용어**

▶ 알레르기: 대부분의 사람에게서 특별한 문제가 되지 않는 물질에 대한 면역계의 과민 반응에 의해 나타나는 증상으로, 꽃가루병, 아토피성 피부염 등을 포함하고, 피부 발진, 콧물 등의 증상이 나타난다.
▶ 거미류: 절지동물에 속하는 동물로, 몸통은 머리가슴과 배 두 부분으로 나뉘며, 8개의 다리가 있다.

김치 맛의 비밀은 유산균

우리나라의 전통 발효식품인 김치를 겨울 동안 먹기 위해 담가두는 것을 김장이라고 한다. 김장 김치를 담글 때 가장 먼저 하는 일은 배추를 소금으로 절이는 것이다. 뻣뻣했던 배추를 소금에 절이면 삼투 현상으로 인해 배추 조직 속의 수분이 빠져나와 숨이 죽는다. 이 때문에 배추를 소금에 절이는 것을 '배추의 숨을 죽인다'라고 말하기도 한다. 배추를 절이는 동안에는 김치 안에 넣을 양념을 준비하는데 김치 한 포기에는 무채와 마늘, 고춧가루, 젓갈, 설탕 등 다양한 재료가 들어간다. 김장 김치의 맛은 양념을 하는 이의 손맛이라고도 하지만, 실제 김치 맛의 비밀은 유산균이다. 김치에 유산균이 없으면 발효가 일어나지 않으므로 익지도 않고, 김치 특유의 맛도 나지 않는다.

김장 김치를 담근 시점에는 산소를 좋아하는 잡균과 산소를 좋아하지 않는 유산균이 김치 안에 섞여 있다. 이 김장 김치를 김장독 안에 넣어 보관하면, 처음에는 산소를 좋아하는 잡균의 수가 증가하지만 김장독 안의 산소가 없어지기 시작할 때부터는 유산균의 수가 점점 증가한다. 이때부터 산소가 없는 상태로 김치가 발효되며 익는다. 김치가 익을 때 유산균 발효는 −1~15 ℃ 사이의 온도에서 가장 활발하게 일어난다.

김치의 맛을 내는 유산균의 먹이는 배추, 무, 고춧가루 속에 들어 있는 포도당과 과당뿐만 아니라 양념으로 들어간 설탕 등이다. 유산균은 이들을 먹고 젖산, 초산, 주정, 덱스트란, 만니톨, 이산화 탄소 등의 여러 가지 발효 부산물을 만든다. 젖산은 신맛을, 초산은 신맛과 냄새를, 주정은 술 냄새를, 덱스트란은 감칠맛을, 만니톨은 단맛을, 이산화 탄소는 톡 쏘는 탄산을 만들고, 이들이 어우러져 김치의 깊은 맛을 낸다.

김치 속 유산균은 김치의 맛을 낼 뿐만 아니라 배추의 잎과 물관 등에 깊숙이 파고들어 간다. 따라서 우리가 김치를 먹었을 때 유산균이 장까지 생균 상태로 도달할 수 있으므로 장내 유해균을 억제하고 장 건강에 좋은 영향을 준다.

[김치 속 미생물 수의 변화]

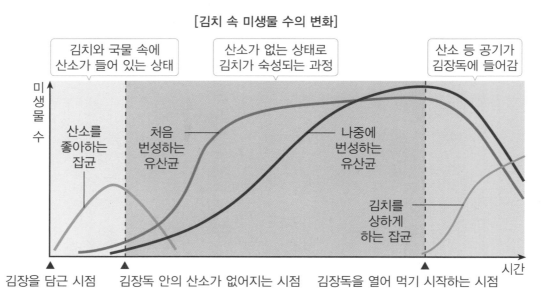

1 고기나 생선, 야채 등을 소금에 절이면 삼투 현상으로 인해 물이 빠져 나온다. 식품을 소금에 절일 때 동물세포보다 식물세포에서 더 많은 물이 빠져나오는 이유를 세포의 구조를 이용하여 서술하시오.

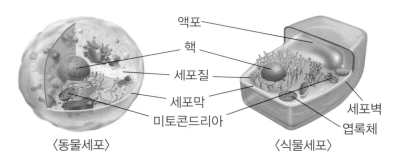

〈동물세포〉　　　　　　　　　　〈식물세포〉

2 김치는 김치찌개, 김치볶음밥 등 여러 가지 요리 재료로 사용되기도 한다. 김치를 끓이거나 볶는 조리를 하면 김치 속 유산균은 어떻게 되는지 서술하시오.

 과학용어

▶ 발효: 미생물이 무산소 조건에서 유기물을 분해해 사람에게 유용한 유기물을 만드는 과정이다.
▶ 삼투 현상: 반투막을 경계로 하여 용액의 농도가 낮은 쪽에서 높은 쪽으로 물이 이동하는 현상이다.
▶ 유산균(젖산균): 당을 분해하여 젖산을 만드는 균의 하나이다.

46 단백질이 풍부한 식용 곤충

우리가 생명을 유지하기 위해서는 끊임없이 음식물을 통해 영양소를 섭취해야 한다. 지구의 인구가 늘어나면서 식량 문제가 대두되고 있으며, 이에 많은 과학자들은 미래의 식량 문제를 해결할 방안으로 곤충을 지목했다. 식용 곤충이라고 하면 거부감부터 드는 사람들도 있겠지만, 사실 곤충은 오래전부터 먹거리나 약재로 사용되었다. 과거 수렵과 채집이 이루어지던 시대에 곤충의 애벌레는 중요한 단백질 공급원이었으며, 한의학서 『동의보감』에는 굼벵이, 누에 등 95종의 약용 곤충이 소개되어 있다. 또한, 중국이나 동남아시아 여러 국가에서는 곤충 튀김이나 꼬치를 먹기도 하고, 요즘에는 식용 곤충을 이용한 에너지바, 쿠키 등이 판매되기도 한다.

이처럼 식용 곤충이 주목받는 이유는 저지방 고단백 식품이기 때문이다. 대표적인 식용 곤충인 벼메뚜기, 고소애(갈색거저리 유충, 밀웜), 꽃뱅이(흰점박이 꽃무지 유충, 굼벵이) 등에 포함된 단백질의 양은 같은 양의 돼지고기보다 많으며, 소고기와 비슷하다. 또한, 식용 곤충의 지방은 동물성 기름과 식물성 기름의 중간적인 성질을 띠며 올레산과 리놀레산과 같은 건강에 좋은 불포화 지방산이 많다.

[식용 곤충과 육고기에 포함된 3대 영양소]

(단위: g/100 g)

구분	벼메뚜기	고소애	꽃뱅이	돼지고기	소고기
탄수화물	1	9	17	0.22	3.36
지방	2.4	31	18	65	21
단백질	64.2	53	58	33	65

식용 곤충이 주목받는 또 다른 이유는 생산의 효율성 때문이다. 식용 곤충을 사육할 때 사용되는 물과 사료의 양은 같은 양의 소고기를 얻기 위해 사용되는 양보다 매우 적다. 또한, 크기가 매우 작아 좁은 공간에서도 사육이 가능하고 곤충을 사육하면서 나오는 온실 기체의 양도 매우 적은 편이다.

[소고기와 식용 곤충 사육 비교]

구분	소고기	식용 곤충
사육 시 사용되는 물(1 kg당)	22,000 L	매우 적음
사육 시 사용되는 곡물(1 kg당)	9.3 kg	1.3 kg
이산화 탄소의 배출량	세계 온실 기체 배출량의 17 %	매우 적음

1 식용 곤충의 가치를 영양학적인 측면, 환경적인 측면, 경제적인 측면에서 각각 서술하시오.

① 영양학적인 측면

② 환경적인 측면

③ 경제적인 측면

2 우리 몸에서 단백질이 부족할 경우 나타나는 변화를 서술하시오.

 과학용어

▶ **영양소**: 탄수화물, 지방, 단백질, 무기 염류, 바이타민, 물 등을 영양소라고 한다. 에너지원으로 이용하거나 몸을 구성하고, 생명 활동을 조절하는 역할을 한다.
▶ **단백질** 생명 유지에 꼭 필요한 필수 영양소로 효소, 호르몬, 항체 등을 구성해 생명 활동을 조절하고, 근육 등의 조직을 만들어 몸을 구성한다.

47 화분에 물을 주는 방법

식집사, 반려 식물, 식테크 등 신조어가 생기는 것을 보면 최근에 식물을 키우는 사람들이 늘어나는 것을 알 수 있다. 사람들이 식물을 키울 때 어려워하는 것 중 한 가지가 '물 주기'이다. 물을 너무 많이 주거나 너무 적게 주면 식물이 잘 자라지 않기 때문이다.

식물에 물 주기의 기본은 화분의 흙이 마르면 물을 주는 것인데, 일주일에 한 번처럼 기간을 정해서 물을 주는 것보다 화분의 흙이 마른 정도를 확인하여 물을 주는 것이 좋다. 흙이 젖어 있는 상태에서 물을 주면 흙 속으로 공기가 통하지 않아 뿌리가 썩을 수 있기 때문이다. 또한, 화분에 물을 조금씩 자주 주는 것보다 한번에 흠뻑 주는 것이 좋다. 물을 조금씩 줄 경우, 위쪽에 있는 흙만 젖고 뿌리가 흡수하지 못할 수 있지만, 물이 화분 바닥으로 콸콸 흘러 나오도록 충분히 주면 물길을 따라 공기가 잘 통해 뿌리가 호흡하기 좋은 상태가 된다.

화분에 물은 하루 중 언제 주는 것이 좋을까? 물 주기는 온도가 너무 높거나 낮은 시간대를 피하는 것이 좋다. 해뜨기 시작하는 선선한 아침에 화분에 물을 주면 광합성을 하면서 물을 흡수하고, 햇빛이 비치는 낮에는 증산 작용이 활발하게 일어나 식물 체내의 부족한 물을 보충하기 위해 계속 물을 흡수한다. 하지만 저녁에는 광합성과 증산 작용이 거의 일어나지 않으므로 저녁에 화분에 물을 주면 식물이 물을 거의 흡수하지 않는다. 또, 햇빛이 뜨겁게 내리쬐는 낮에 화분에 물을 주면 물의 온도가 높아지면서 흙 속의 온도가 높아지기 때문에 뿌리가 상할 수 있으며, 잎 위의 물방울이 돋보기 역할을 해 잎을 타게 할 수도 있다.

화분에 물을 준 후에는 통풍이 잘 되도록 하는 것도 중요하다. 통풍이 잘 되지 않으면 물에 젖은 흙이 잘 마르지 않아 과습으로 식물이 죽기 쉽다. 특히, 실내에서 화분에 식물을 키운다면 물을 흠뻑 준 후에 창문을 열어 통풍이 잘 되도록 하고, 서큘레이터 등으로 공기 순환을 도와주는 것이 좋다.

1 다음은 실내에 설치하는 수직 정원의 모식도와 지하철역에 설치된 수직 정원의 모습이다. 수직 정원 모식도를
바탕으로 수직 정원 화분에 물을 주는 원리를 서술하시오.

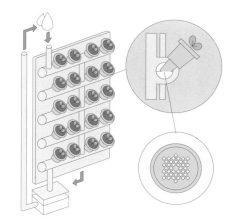

〈출처: 강남구청 누리집〉

2 식물의 뿌리를 물에 담그고 그 물에 직접 영양분을 주면서 재배하는 방식을 수경재배라고 한다. 수경재배의 장
점과 단점을 각각 서술하시오.

① 장점

② 단점

 **과학용어**

▶ 광합성: 식물이 빛에너지를 이용하여 스스로 양분을 만드는 과정으로, 물과 이산화 탄소를 이용해서 포도당과 산소를 만
든다.
▶ 증산 작용: 식물체 내의 물이 잎의 기공을 통해 수증기 형태로 빠져나가는 것으로 낮에 활발하게 일어난다.

48 건강한 물 마시기

세계보건기구(WHO)에서 권고하는 성인의 하루 물 섭취량은 물 8컵(1.6 L) 이상이다. 물은 체온 유지, 피부 노화 방지, 노폐물 제거 등의 기능뿐만 아니라 신진대사를 돕는 역할을 하므로 체내에 물이 부족하면 인체 기능에 문제가 생길 수 있다.

최근 건강에 대한 관심이 많은 사람들을 중심으로 무기 염류가 풍부한 '경수'로 만든 생수가 인기를 얻고 있는데, 이 생수는 일반 생수보다 칼슘과 마그네슘 등 무기 염류 함량이 높다. 물 1 L에 녹아 있는 칼슘과 마그네슘의 함량에 따라 물의 경도를 구분하는데, 한국수자원공사에서는 75 mg/L 이하이면 연수, 75~150 mg/L이면 중경수, 150~300 mg/L이면 경수, 300 mg/L 이상이면 초경수로 구분한다. 물에 녹아 있는 칼슘은 단맛을, 마그네슘은 쓴맛을 내기 때문에 경수는 연수보다 물의 맛이 강하게 느껴진다.

그렇다면 물속에 무기 염류의 함량이 높을수록 건강에 좋을까? 무기 염류는 철분, 칼슘, 칼륨, 인, 나트륨, 아연 등 인체에 필요한 미량의 영양소이다. 영양 불균형, 약물 복용, 음주 등이 잦은 현대인들에게 무기 염류는 부족해지기 쉬운 영양소이므로 무기 염류의 함량이 높은 물을 마시면 건강에 도움이 될 수 있다. 하지만 물속에 무기 염류가 너무 많이 함유된 경우, 신장이 좋지 않은 사람들에겐 독이 될 수 있다. 또한, 체내에 무기 염류가 지나치게 많아도 문제를 일으킬 수 있으므로 균형을 이루는 것이 중요하다. 특히, 지하에서 솟아오른 약수는 무기 염류가 풍부해 몸에 좋다고 알려져 있지만, 무기 염류의 농도가 높거나 오염되었을 가능성이 있으므로 성분이 확인된 약수를 마시는 것이 좋다.

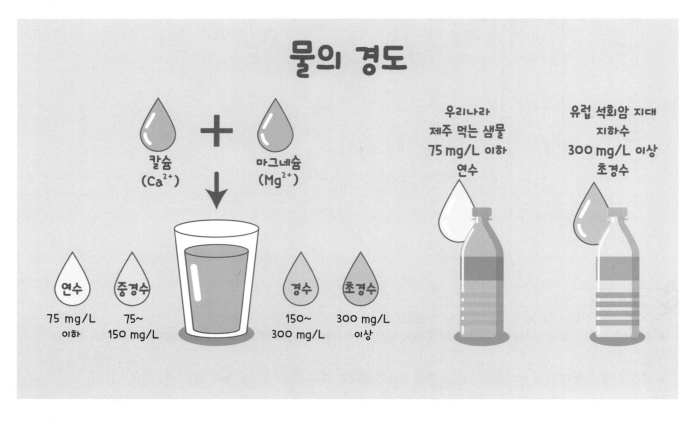

1 우리 몸에 무기 염류가 필요한 이유를 우리 몸에서의 역할을 이용하여 서술하시오.

2 우리나라의 먹는 물은 대부분 연수 또는 중경수이지만, 유럽과 북미는 석회암층이 많아 초경수가 많다. 초경수를 일상생활에 사용할 때 불편한 점을 서술하시오.

 과학용어

▶ 무기 염류: 탄소와 수소, 산소, 질소 외 인체에 필요한 미량의 영양소로, 미네랄이라고도 한다. 물에 포함된 무기 염류의 함량에 따라 경수와 연수로 구분한다.

▶ 물의 경도: 물에 포함된 칼슘염(Ca^{2+})과 마그네슘염(Mg^{2+})의 양을 이에 대응하는 탄산 칼슘($CaCO_3$)의 양으로 환산하여 나타낸 값이다.

49 달콤 살벌한 설탕

단맛을 내는 데 사용되는 재료인 설탕은 사탕수수나 사탕무와 같이 단맛을 내는 식물에서 추출해 만드는 천연 감미료이다. 과거에 설탕은 매우 귀한 사치품이었으며 약으로도 활용되었지만, 산업혁명 이후 대량 생산이 가능해지면서 대중화되었다. 우리나라에서는 1950년대 중반 제당 공장이 설립되면서 설탕이 대중 식품으로 보급되었다. 설탕은 단맛 외에도 여러 가지 기능을 가지고 있어 식품에 다양하게 이용된다.

설탕은 단당류인 포도당과 과당이 결합한 이당류로, 우리가 설탕을 섭취하면 소장에서 나오는 장액 속의 수크레이스라는 소화 효소에 의해 포도당과 과당으로 분해된다. 분해된 포도당은 혈액을 통해 이동하며 필요한 곳에서 에너지원으로 사용되지만, 과당은 에너지원으로 사용되지 않으므로 바로 간으로 이동한다. 간은 과당을 포도당과 글리코젠으로 전환해 간이나 근육에 저장하는데 그 양이 너무 많으면 지방으로 저장되므로 비만의 원인이 될 수 있다.

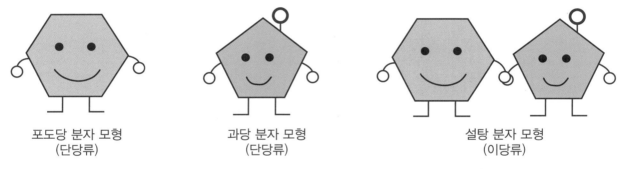

포도당 분자 모형 (단당류)　　과당 분자 모형 (단당류)　　설탕 분자 모형 (이당류)

설탕을 과잉 섭취하면 지방이 간에 쌓여 지방간이 될 수 있으며, 기분과 행동을 좌우하는 신경 전달 물질을 교란시키기도 한다. 또, 기억력 감퇴를 유발하며, 암세포의 성장과 진행을 촉진시킬 수도 있다. 따라서 해외에서는 국민들의 설탕의 과잉 섭취를 막기 위해 '설탕세'를 도입하고 있다. 설탕세란 설탕이 일정 비율 이상 포함된 음료에 세금을 부과하는 제도로, 설탕세가 도입되면 과세 대상의 식품 소비가 감소되어 국민들의 식습관 개선을 유도할 수 있고, 기업이 대체 식품을 개발하도록 유도할 수 있다. 실제로 영국에서는 설탕세가 도입된 후 유통되는 음료의 절반 이상이 설탕 함유량을 조절했다. 또한, 제로슈거나 저당 제품이 많아지면서 알룰로스, 아스파탐, 에리트리톨, 스테비아 등 설탕을 대체한 감미료(대체당)를 활용하는 사례가 증가하고 있다.

1 설탕은 단맛뿐만 아니라 여러 가지 기능을 가지고 있기 때문에 식품에 다양하게 이용된다. 식품 속에서 설탕의
기능을 서술하시오.

2 알룰로스, 아스파탐, 에리트리톨, 스테비아 등과 같이 설탕을 대신하여 단맛을 내는 데 사용할 수 있는 대체당의
장점과 단점을 각각 서술하시오.

① 장점

② 단점

🔬 **과학용어**

▶ **단당류**: 더 간단한 화합물로 분해되지 않는 가장 기본적인 탄수화물 단위체이다.
▶ **이당류**: 두 개의 단당류 분자가 연결되어 있는 탄수화물 단위체이다.
▶ **소화 효소**: 영양소를 세포가 흡수할 수 있도록 매우 작은 크기로 분해하는 물질이다.
▶ **글리코젠**: 포도당으로 이루어진 다당류로, 주로 간과 근육에서 생성된다.

50 합격을 기원하는 식품 엿

우리나라에서 엿은 전통적으로 합격을 기원하는 식품이었다. 끈적끈적한 엿처럼 찰싹 붙으라는 의미를 가지고 있기도 하지만, 엿이라는 글자 속에 기쁨을 누린다는 의미를 담고 있다. 엿은 한자로 '이(飴)'라고도 쓴다. 이 한자는 먹을 '식(食)'과 별 '태(台)' 자가 합쳐진 것으로, 기쁠 '이'로 읽기도 하는 '台'자는 좋아서 입(口)이 방실거리는 모습을 표현한 한자로 너무 기뻐서 희열을 느끼는 것을 나타낸다. 즉, 설탕이나 꿀처럼 단맛이 귀했던 옛날에 엿은 희열을 느낄 정도로 기쁜(台) 음식이었다.

전통 방식으로 엿을 만들 때는 곡류 등의 녹말을 엿기름으로 삭힌 후 고아서 만들며, 이 과정에서 설탕은 들어가지 않는다. 설탕이 없어도 단맛이 나는 이유는 엿기름 속의 아밀레이스가 녹말을 엿당으로 가수분해하기 때문이다. 이것은 밥을 오래 씹을수록 단맛이 나는 것과 같은 이유이다.

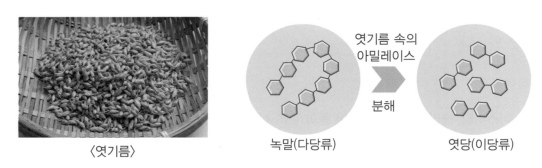

〈엿기름〉 녹말(다당류) 엿기름 속의 아밀레이스 분해 엿당(이당류)

요즘에는 곡류 대신 값싼 옥수수나 고구마로부터 얻은 녹말을 사용하고, 엿기름 대신 미생물로부터 얻은 당화 효소를 사용하여 엿을 만들기도 한다. 이 과정은 전통 방식과 크게 다르지 않다. 먼저 녹말에 물을 넣고 가열하여 녹말을 호화시킨 다음, 당화 효소를 넣어 녹말을 분해한다. 이 과정을 당화라고 하며, 당화가 끝난 후에는 90 ℃ 이상으로 가열하여 당화 효소의 활성을 낮추고, 농축하여 엿을 만든다. 이렇게 만들어진 엿은 사탕처럼 간식으로 먹을 수도 있지만, 음식을 할 때 단맛을 내는 감미료로도 사용할 수 있다. 엿을 감미료로 사용하면 설탕과는 달리 물에 쉽게 녹지 않고, 단맛이 강하지 않아 설탕의 단점을 보완할 수도 있다.

실제로 엿은 뇌에도 좋은 영향을 미친다. 조선시대 궁중에서는 왕세자에게 공부 시간 전 조청(물엿)을 두 숟가락 먹였고, 한양으로 과거 시험을 보러 가는 선비들은 허리춤에 엿을 매달고 걸었다고 전해진다. 엿을 먹어 혈당이 떨어지는 것을 막고, 두뇌 회전을 빠르게 하기 위한 방법이었던 것이다.

1 엿을 만들 때 사용하는 엿기름 속 아밀레이스의 역할을 서술하시오.

2 밥을 먹는 것보다 엿을 먹는 것이 빠른 시간 내에 뇌에 더 충분한 에너지를 공급할 수 있다. 그 이유를 서술하시오.

 과학용어

▶ **엿기름**: 보리에 물을 부어 싹이 트게 한 후 말린 것으로 식혜나 엿을 만들 때 쓴다.
▶ **엿당**: 탄수화물의 일종으로 포도당 두 개가 결합한 이당류이다.
▶ **가수분해**: 물과 반응하여 원래 하나였던 큰 분자가 몇 개의 이온이나 분자로 분해되는 반응이다.
▶ **호화**: 녹말에 물을 가하여 가열하면 팽윤하고 점성도가 증가하여 전체가 반투명해지는 현상이다.

51 카페인이 우리 몸에 미치는 영향

시험을 앞두고 밤 늦게까지 공부를 하는 학생들이나 야근이 잦은 직장인들은 커피나 에너지 드링크를 마시는 경우가 많다. 식품의약품안전평가원 조사에 따르면 음료 100 mL당 커피전문점 커피는 평균 33 mg, 에너지 드링크는 평균 32 mg의 카페인을 함유하고 있다. 음료 100 mL당 카페인 15 mg 이상을 함유한 음료를 고카페인 음료라고 하는데 대부분의 에너지 드링크와 커피는 고카페인 음료에 속한다.

[카페인 1일 섭취 기준량]

구분	1일 섭취 기준
성인	400 mg 이하
임신부	300 mg 이하
청소년 및 어린이	체중 1 kg에 2.5 mg 이하

[식품 100 mL 당 카페인 함유량]

식품	카페인 함유량(mg)
커피 음료	41.2
커피전문점 커피	33.0
커피 우유	23.5
에너지 드링크	32.0
콜라	10.8

카페인은 식물이 해충으로부터 자신을 지키기 위해 분비하는 성분으로, 커피콩, 차나무의 잎, 코코아, 콜라나무 열매 등에서 분비되고, 이 식물들을 원료로 만든 식품 속에는 카페인이 들어 있다. 적당량의 카페인이 체내에 흡수되면 중추 신경계와 반응하여 졸음을 줄이는 효과가 있고 피로를 잊게 해 주며 신진대사를 촉진해 운동 능력이 향상된다. 이를 카페인의 각성 효과라고 한다. 카페인이 졸음을 줄이는 이유는 신경 전달 물질 중 하나인 아데노신의 작용을 방해하기 때문이다. 아데노신은 뇌에서 발생하는 수면 유도 물질로, 아데노신의 농도가 증가하면 피곤함을 느끼게 되고, 아데노신이 뇌세포와 결합하면 졸음이 온다. 카페인은 아데노신의 작용을 방해하여 피곤함과 졸음을 덜 느끼게 하므로 일시적으로 각성 효과를 주고 집중력을 높이는 데 도움을 준다. 그러나 이미 생성된 아데노신이 사라지는 것은 아니므로 체내에서 카페인이 분해되고 나면 피로감을 더 크게 느낄 수 있으며, 과도한 카페인 섭취는 여러 가지 문제를 일으킬 수 있다.

1 카페인은 적당량을 섭취하면 일시적으로 각성 효과를 느낄 수 있다. 카페인을 과다 섭취했을 때의 단점을 서술하시오.

2 다음은 어떤 신문 기사의 일부이다. 에너지 드링크에 피로 회복에 좋다고 알려진 여러 가지 물질을 섞어 만든 붕붕주스의 문제점을 서술하시오.

> 학생들 사이에서 에너지 드링크에 피로 회복에 좋다고 알려진 여러 가지 물질을 섞어서 마시는 붕붕주스 제조법이 유행하고 있다. 붕붕주스는 시험 기간 동안 집중력을 발휘해서 공부해야 하는 학생들에게 도움을 준다고 알려져 있으나, 주스를 마시고 나서 20여 분이 지나면 숨이 가빠지고, 심박수가 증가하는 등 부작용이 심각하다.
>
> ⋮

 과학용어

▶ **중추 신경계**: 뇌와 척수, 우리 몸에서 느끼는 감각을 수용하고 조절하며 운동, 생체 기능을 조절하는 중요한 기능을 수행한다.
▶ **신경 전달 물질**: 신경 세포에서 분비되는 신호 물질을 말한다.

52 겨울에 햇볕을 쬐어야 하는 이유

1년을 24개로 구분한 24절기 중에서 22번째 절기인 동지는 1년 중 밤이 가장 긴 날로, 보통 양력 12월 21~22일경이다. 동지를 기점으로 해가 다시 길어지므로 '작은설'이라고 하며, 나이 수만큼 새알심을 넣고 끓인 동지 팥죽을 먹어야 한 살 더 먹는다는 풍습이 전해져 온다. 동지에 붉은색 팥죽을 먹는 것에는 또 다른 의미가 있다. 태양과 같은 붉은색의 팥죽이 음(陰)의 기운을 물리치고 양(陽)의 기운을 북돋아 준다는 의미이다.

실제로 동지를 전후한 겨울철에는 일조량이 줄어들어 계절성 우울증이 나타날 수 있으므로 특히 주의해야 한다. 일조량은 지면에 비치는 햇빛의 양을 말하는데, 긍정적인 감정을 느끼게 하는 호르몬인 세로토닌과 의욕을 떨어뜨리는 멜라토닌의 분비에 영향을 준다. 겨울철에 일조량이 적어지면 세로토닌의 양은 줄고 멜라토닌은 더 많이 분비되어 활력이 떨어지고 기분이 가라앉는 등 신체 균형이 깨져 우울감이 증가할 수 있다. 이를 극복하는 방법으로는 일조량을 늘리는 것이다. 햇빛을 받으면 세로토닌이 합성되고, 멜라토닌의 분비량은 줄어들기 때문이다. 겨울철에는 추위로 인해 외부 활동이 줄어들겠지만, 잠깐이라도 산책하면서 햇볕을 쬐어 세로토닌을 합성하는 것이 좋다.

만약 햇볕을 직접 쬐기 어렵다면 음식물을 통해 바이타민 D의 섭취량을 늘리는 것도 좋다. 바이타민 D가 세로토닌의 합성에 관여하기 때문에 우울감을 감소시킬 수 있다. 바이타민 D는 햇빛 속 자외선을 통해 우리 몸에서 자연적으로 합성되는데, 햇볕을 직접 쬐기 어렵다면 등푸른 생선이라고 불리는 고등어, 꽁치, 삼치, 참치 등을 통해 섭취할 수 있다. 바이타민 D는 뼈 건강에도 관여하므로 우리 몸에 적은 양이지만 꼭 필요한 영양소이다.

1 겨울에 햇볕을 쬐어야 하는 이유를 서술하시오.

2 적도 주변의 나라에서는 계절성 우울증의 발생률이 낮지만, 위도가 높은 나라에서는 계절성 우울증의 발생률이 높게 나타난다. 그 이유를 서술하시오.

 과학용어

▶ 호르몬: 세포나 기관으로 신호를 전달하는 화학 물질로, 혈액을 따라 온몸을 순환하면서 몸의 여러 부위에 신호를 전달하고 각 기관의 활동을 조절한다.
▶ 바이타민: 적은 양으로 생명 현상을 조절하는 영양소로, 음식물을 통해 섭취해야 한다. 섭취량이 부족하면 결핍증이 생긴다.

우리 눈의 조리개, 홍채

눈은 광원이나 물체에서 나오는 빛을 받아들여 물체의 모양, 크기, 색깔, 거리 등을 구별하는데, 이러한 감각을 시각이라고 한다. 성인의 눈은 탁구공만 한 크기로 각막, 홍채, 수정체, 망막 등으로 이루어져 있다. 이중 홍채는 납작한 도넛 모양으로 각막과 수정체 사이에 있으며, 홍채의 비어 있는 공간을 동공이라고 한다. 우리 눈으로 들어오는 빛은 각막을 거쳐 동공을 통해 들어오는데, 동공의 크기에 따라 눈으로 들어오는 빛의 양이 달라진다. 동공의 크기는 홍채의 수축과 이완에 의해 조절되기 때문에 홍채는 우리 눈의 조리개라고 할 수 있다.

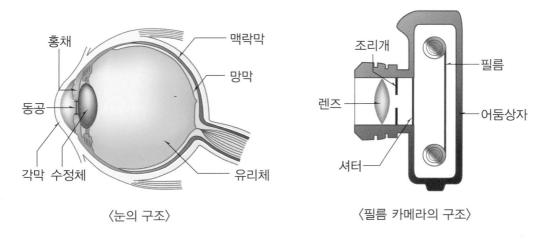

〈눈의 구조〉 〈필름 카메라의 구조〉

홍채와 동공을 포함한 부분을 눈동자라고 하는데, 눈동자의 색깔은 홍채가 가진 멜라닌 색소의 양에 따라 결정된다. 멜라닌 색소의 양이 많으면 검은색이나 갈색을 띠고, 멜라닌 색소의 양이 적으면 파란색을 띤다. 일반적으로 피부색이 어두운 황인종의 눈동자는 갈색이나 검은색을 띠고, 피부색이 밝은 백인종의 눈동자는 푸른색을 띤다. 피부색이 어두울수록 햇빛에 손상을 적게 받는 것과 같이 어두운 색의 눈동자도 햇빛의 피해를 덜 받지만, 푸른색의 눈동자는 햇빛에 약하기 때문에 피부색이 밝은 백인종은 선글라스를 착용하여 눈을 보호하는 경우가 많다.

색깔뿐만 아니라 홍채에는 사람마다 다른 무늬가 있다. 이 무늬는 생후 6개월경부터 만들어지기 시작해 18개월에 완성된 후 평생 변하지 않으며, 같은 사람이라도 왼쪽 눈과 오른쪽 눈의 무늬가 다르다. 이를 이용해 홍채를 인식하는 생체 인식 기술이 개발되어 스마트폰이나 태블릿에 적용되고 있다. 홍채 인식 기술은 개인의 고유한 생체 정보를 이용하며, 모방이나 복제가 어렵기 때문에 보안성이 높다.

1 밝을 때와 어두울 때 홍채와 동공의 변화를 각각 서술하시오.

① 밝을 때

② 어두울 때

2 다음 사진과 같이 사람의 동공은 원형이지만 고양이의 동공은 세로로 길쭉하고, 염소의 동공은 가로로 길쭉하다.
고양이의 세로 동공과 염소의 가로 동공의 좋은 점을 각각 서술하시오.

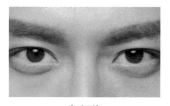  

〈사람〉 〈고양이〉 〈염소〉

① 고양이의 세로 동공

② 염소의 가로 동공

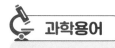 **과학용어**

▶ **홍채**: 동공의 크기를 변화시켜 눈으로 들어오는 빛의 양을 조절한다.
▶ **동공**: 홍채 사이에 뚫려 있는 구멍으로 빛이 눈으로 들어가는 통로이다.

귀는 공기의 진동을 자극으로 받아들여 소리로 인식하는데, 이러한 감각을 청각이라고 한다. 공기의 진동은 귓바퀴에 모여 귓구멍을 지나 고막을 진동시킨다. 이 진동은 귓속뼈에서 증폭되어 달팽이관으로 전달되고, 달팽이관에 있는 청각 세포를 흥분시킨다. 청각 세포의 흥분은 청각 신경을 지나 대뇌로 전달되어 소리로 인식된다. 귀의 안쪽인 내이에는 반고리관과 전정 기관이 있으며, 이것은 소리의 전달에 직접 관여하지 않는다. 반고리관은 몸의 회전을 감지하고, 전정 기관은 몸의 기울어짐을 감지한다. 이처럼 몸이 회전하거나 기울어짐 등을 감지하는 감각을 평형 감각이라고 한다.

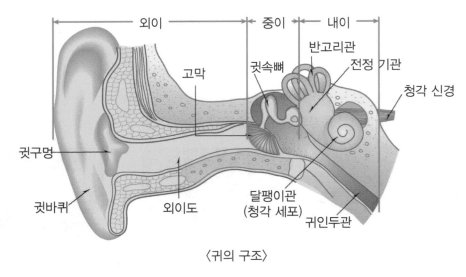

〈귀의 구조〉

청력의 저하는 건강의 위험 신호라고 할 수 있다. 청력과 평형 감각은 서로 긴밀하게 연결되어 있기 때문에 청력이 저하되면 평형 감각 기능도 자연스레 감소할 수 있다. 청각 세포는 한번 손상되면 다시 회복되지 않으므로 소음 노출을 줄여 최대한 청력을 보호해야 한다.

또한, 청력의 저하는 뇌 기능도 떨어뜨린다. 그 중에서 치매와 연관 있는 인지 기능이 제일 많은 영향을 받는다. 일상에서 끝없이 발생하는 소리는 뇌를 계속 자극하는데, 청력이 저하되면 이 과정이 사라져 인지 기능이 저하되므로 청력이 저하되지 않게 하는 것이 중요하다.

1 공기의 진동부터 뇌까지의 청각의 전달 경로를 순서대로 쓰시오.

공기의 진동 →   →   →   →   →   →   → 뇌

2 골전도 이어폰은 일반적인 이어폰과 달리 귀를 막지 않아 청력이 손상될 위험이 적고, 주위 소리를 함께 들을 수 있어 안전하다. 골전도 이어폰의 원리를 서술하시오.

 과학용어

▶ **청각**: 물이나 공기 등을 통해 전해지는 음파를 자극으로 받아들여 소리를 듣는 감각이다. 척추동물이 청각을 느끼는 감각 기관은 귀이다.
▶ **청력**: 귀로 소리를 듣고 인식하는 능력으로, 한번 나빠지면 원래대로 좋아지기 어렵다.

55 겨울철 한파로 인한 한랭질환

한파에 장시간 노출되면 저체온증, 동상, 동창 등의 한랭질환이 발생할 수 있으며, 이러한 질환에 걸렸을 때는 신속한 조치가 필요하다.

저체온증은 중심체온이 35 ℃ 미만으로 떨어지는 것이다. 중심체온은 신체 내부 장기나 주요 조직의 온도로, 의료기관에서는 식도나 직장의 체온을 측정한다. 중심체온이 35 ℃ 미만으로 내려가면 심장, 폐, 뇌 등 생명을 유지하는 중요한 장기 기능이 저하되어 생명이 위태로울 수 있다. 저체온증이 되면 오한과 피로, 때로는 언어 장애가 나타나기도 하므로 만약 체온이 35 ℃ 미만이거나 의식을 잃었다면 119에 신고해 구조 요청을 해야 한다.

동상은 심한 추위에 노출된 피부 및 피하 조직이 얼어 혈액 공급이 중단된 것이다. 주로 코, 귀, 뺨, 턱, 손가락, 발가락 등 말단 부위에서 나타나며, 심한 경우 손상 부위를 절단해야 하는 상황이 발생할 수 있는 질환이다. 동상에 걸리면 피부색이 점차 창백해지고, 피부가 비정상적으로 단단해지며 피부 감각이 저하된다.

동창은 습하고 차가운 공기에 피부가 지속적으로 노출되면서 모세 혈관이 수축하여 염증이 생기는 것이다. 흔히 추위에 노출된 후 피부가 가려울 때 동상에 걸렸다고 하는데, 실제로는 동창인 경우가 많다. 동창의 주요 증상은 피부가 가렵고 빨갛게 붓거나 트며 심하면 물집이 생길 수 있다. 심하지 않은 경우 별다른 치료 없이 저절로 호전되는 경우가 많지만 심해지면 동상으로 번질 수 있다.

한랭질환이 발생하면 가장 먼저 따뜻한 장소로 이동해야 하고, 젖은 옷을 입고 있다면 옷을 벗고 마른 담요 등으로 감싸주어야 한다. 저체온증이라면 배 위에 핫팩이나 더운 물통 등을 올려서 중심체온을 올려주는 것이 좋고, 동상이라면 동상 부위에 38~42 ℃ 정도의 따뜻한 물에 20~40분간 담가 피부를 녹이는 것이 좋다. 얼굴, 귀 등이 얼었다면 언 부위에 따뜻한 물수건을 대주고 자주 갈아주는 것이 좋으며, 손과 발이 얼었다면 습기를 제거하고 서로 달라붙지 않게 해야 한다. 동창도 발생 부위를 따뜻하게 하거나 동창 부위를 마사지하여 혈액 순환을 유도하고, 간지럽더라도 긁지 않는 것이 좋다.

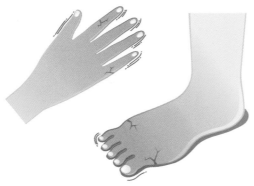

〈동상: 심한 추위에 노출됐을 때 피부 조직이 얼어 혈액 공급이 중단된 상태〉

〈동창: 비교적 가벼운 추위에 장시간 노출됐을 때 모세 혈관의 수축으로 염증이 생긴 상태〉

1 음주는 저체온증을 일으키는 흔한 원인 중 하나이다. 술을 마시면 저체온증이 쉽게 되는 이유를 열 손실과 관련하여 서술하시오.

2 동상이나 동창이 인체의 여러 부위 중에서 손과 발 등에 잘 생기는 이유를 서술하시오.

 과학용어

▶ **체온:** 사람은 항상 일정한 체온을 유지하는 정온동물로, 정상 체온은 36.5~37.5 ℃이다. 학술적으로 직장의 온도를 표준 체온으로 측정하지만, 일상에서는 입 안이나 겨드랑이의 온도로 체온을 측정한다.
▶ **피하 조직:** 피부의 가장 깊은 층으로 결합 조직과 지방으로 구성되어 있다.

56 체온 조절의 비밀

여름은 땀을 많이 흘리는 계절로, 땀이 나는 현상은 자연스러운 인체 반응이다. 땀은 몸의 열을 발산시키고 체온을 조절하며, 나쁜 물질을 밖으로 내보내는 역할을 하기 때문에 운동을 할 때나 더울 때 땀이 많이 난다고 해서 걱정할 필요는 없다. 이처럼 사람의 몸은 외부 환경이 변하더라도 그 상태를 일정하게 유지하려는 특성이 있는데, 이를 항상성이라고 한다.

사람의 체온은 겨드랑이나 입안의 온도를 기준으로 36.5~37.5 ℃를 유지해야 한다. 그 이유는 체온 변화는 인체에서 일어나는 물질대사의 속도를 변화시키고 효소 활동에 큰 영향을 주기 때문이다. 체온이 너무 낮아지면 효소 활동이 감소하고 신체 여러 기관에서 만들어지는 효소의 양도 크게 줄어든다. 반대로 체온이 너무 높아지면 세포가 손상될 수 있고, 면역 체계가 과도하게 활성화되어 면역 질환이 발생할 수도 있다.

[체온 조절 과정]

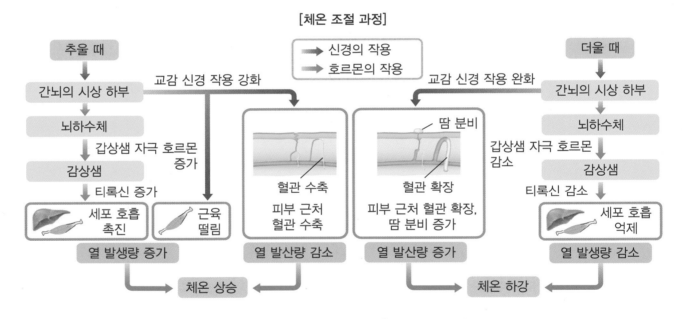

체온이 정상보다 낮아지면 우리 몸에서는 신경계의 조절 작용으로 피부 근처 혈관이 수축하여 몸 밖으로 빠져나가는 열이 줄어들고, 근육이 떨리면서 몸에서 발생하는 열은 증가한다. 또한, 호르몬에 의한 조절 작용으로 세포 호흡이 촉진되어 열 발생량이 증가하면서 체온이 정상 수준으로 회복된다. 이와 같이 우리 몸은 주변의 온도에 따라 열 방출과 열 발생을 조절함으로써 체온을 일정하게 유지한다.

1 음식을 먹으면 체온이 조금 높아지고, 체온이 높아지면 땀이 난다. 음식을 먹으면 체온이 높아지는 이유와 땀이 난 후 체온이 원래대로 조절되는 이유를 각각 서술하시오.

① 음식을 먹으면 체온이 높아지는 이유

② 땀이 난 후 체온이 원래대로 조절되는 이유

2 변온 동물은 스스로 체내에서 체온을 조절할 수 없어 체온이 환경의 변화에 따라 변한다. 물질대사에는 효소가 관여하고, 효소가 잘 작용하기 위해서는 일정한 온도가 필요한데, 이 온도는 동물마다 다르다. 변온동물이 체온을 조절하는 방법을 서술하시오.

 과학용어

▶ **항상성**: 우리 몸이 환경 변화에 적절히 반응하여 몸의 상태를 일정하게 유지하려는 성질이다. 우리 몸은 호르몬과 신경계의 조절 작용으로 항상성이 유지된다.

▶ **물질대사**: 생물의 체내에서 일어나는 모든 화학 반응으로, 생물은 물질대사를 통해 필요한 물질과 에너지를 얻음으로써 생명을 유지한다. 물질대사가 일어날 때 에너지가 흡수되거나 방출되며, 효소가 관여한다.

▶ **세포 호흡**: 포도당을 분해하여 에너지를 얻는 과정이다.

57 초파리와 유전학의 발전

초파리가 과학계에 처음 등장한 것은 1900년 하버드대 윌리엄 캐슬 교수의 실험인 것으로 알려져 있다. 이후 컬럼비아대 토마스 헌트 모건이 초파리 연구를 통해 유전과 관련된 현상을 실험으로 증명했다.

모건은 1908년부터 초파리를 이용하여 실험을 했다. 우리가 가장 흔히 볼 수 있는 붉은 눈을 가진 노랑초파리를 몇 세대가 지나도록 교배를 계속하며 관찰했는데, 초반에는 특이사항이 없었지만 70세대에 흰 눈을 가진 초파리 한 마리가 태어났다. 이 초파리가 유전학의 역사를 바꾸었다고 할 수 있다. 모건은 흰 눈을 가진 초파리로 다양한 교배 실험을 계속하여 멘델 법칙을 확인했다. 또한, 흰 눈을 가진 초파리와 붉은색 눈을 가진 초파리를 교배시킨 결과, 수컷에게 흰 눈이 빈번하게 나타나는 결과를 바탕으로 반성 유전을 발견했다.

〈붉은 눈 초파리 암컷〉

〈흰 눈 초파리 수컷〉

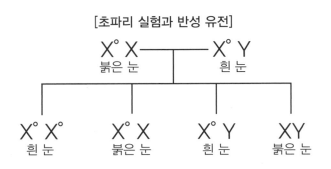

모건의 초파리 연구는 염색체 속에 유전 물질이 있다는 것을 입증했고, 생식 과정에서 염색체가 재배열되면서 새로운 유전자의 조합이 나타난다는 것도 알아냈다. 초파리에서 발견된 이 새로운 사실은 인간을 포함해 다른 동물들에게도 성립된다는 것이 밝혀지면서 초파리는 모든 유전학자들이 가장 선호하는 실험 동물이 되었다.

1 초파리를 유전학 실험에 사용할 때의 좋은 점을 서술하시오.

2 다음 그림은 어느 집안의 적록 색맹에 대한 가계도를 나타낸 것이다. A~F의 유전자형을 나타내고, 적록 색맹 유전자를 갖고 있지 않은 사람을 모두 찾으시오.

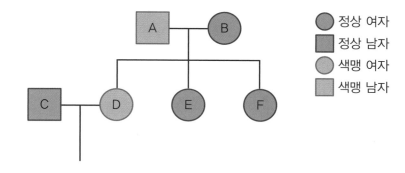

정상 여자
정상 남자
색맹 여자
색맹 남자

① A~F의 유전자형

구분	A	B	C	D	E	F
유전자형						

② 적록 색맹 유전자를 가지고 있지 않은 사람

 과학용어

▶ 유전: 부모가 가지고 있는 특성이 자식에게 전해지는 현상이다. 유전에 의해 자식은 부모와 같은 형질을 갖는 개체가 되고, 생물은 자신과 같은 종류의 자손을 만든다.
▶ 멘델 법칙: 멘델이 완두콩을 이용한 교배 실험을 통해 밝힌 법칙으로, 분리 법칙과 독립 법칙이 있다. 분리 법칙은 생식세포를 만들 때 대립 유전자가 분리되어 서로 다른 생식세포로 들어가는 현상이고, 독립 법칙은 두 쌍 이상의 대립 형질이 함께 유전될 때 각각의 형질을 나타내는 유전자가 분리 법칙에 따라 서로 영향을 주지 않고 독립적으로 유전되는 현상이다.
▶ 반성 유전: 유전자가 성염색체에 있어 유전 형질이 나타나는 빈도가 성별에 따라 차이가 나는 유전 현상이다.

58 돌연변이 유전자를 가진 토마토

다양한 요리의 식재료로 사용되는 토마토는 과일일까? 채소일까? 이에 대해 답하기 위해서는 과일과 채소의 차이점을 먼저 알아야 한다. 식물학적으로는 과일은 식물의 열매인 반면, 채소는 열매를 제외한 식물의 식용 가능한 부분인 잎, 줄기, 뿌리 등을 의미한다. 실생활에서는 주로 맛이나 향으로 구별하는데 과일은 달콤하고 상큼한 향과 맛이 난다면, 채소는 좀 더 담백하거나 쌉쌀한 맛이 난다. 그래서 과일은 디저트로, 채소는 식재료로 사용되는 경우가 많다. 즉, 토마토는 식물학적으로는 과일이라고 할 수 있지만 실제 쓰임새는 주로 식재료이므로 실생활에서는 채소로 볼 수 있다. 과거 1893년 미국 대법원에서는 수입 과일과 채소의 관세 문제가 있었을 때 토마토는 디저트로 먹지 않고 식재료로 사용하므로 채소라고 판결하기도 했다. 하지만 야생 토마토는 우리가 즐겨 먹는 토마토와 달리 누가 먹어도 과일이라고 생각할 정도로 향이 강하고 달콤하다.

오늘날 시중에서 판매되고 있는 새빨간색을 띠는 토마토의 맛이 싱거운 이유는 돌연변이 유전자가 GLK2라는 단백질의 분비를 억제하기 때문이다. GLK2 단백질은 토마토의 엽록소 생성에 관여한다. 토마토 열매에 GLK2 단백질이 부족하면 열매가 자라는 동안 연두색을 띠고, 한번에 전체적으로 붉게 변하며 익는다.

이러한 특징을 나타내는 토마토를 균질 성숙 품종이라고 하며, 이 품종은 일반 토마토보다 향기도 연하고 당도도 낮다. 균질 성숙 품종은 원래는 자연적인 돌연변이종이었으나, 1930년대 토마토 재배 농부들이 널리 재배하면서 이제는 얼룩덜룩하고 달콤한 토마토가 거의 사라졌다. 최근에는 균질 성숙 품종에 GLK2 단백질의 분비를 억제하는 유전자를 제거하여 당도가 높으며 색도 진한 토마토가 재배되기 시작했다.

〈일반 토마토〉

〈균질 성숙 품종 토마토〉

1 균질 성숙 품종 토마토가 싱거운 이유를 서술하시오.

2 균질 성숙 품종 토마토는 익기 전에는 연두색이었다가, 익기 시작하면 토마토가 균일한 색깔을 띠며 한꺼번에 익는다. 이와 같은 토마토의 좋은 점을 서술하시오.

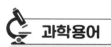 **과학용어**

▶ **유전자**: 부모로부터 자식에게 물려지는 특징을 만들어내는 유전 정보의 기본 단위이다.
▶ **돌연변이**: 유전자나 염색체에 변화가 일어나 유전 정보에 변화가 생기는 현상으로, 기존에 있던 형질이 사라지고 새로운 형질이 나타난다.
▶ **엽록소**: 엽록체 속에 들어 있는 초록색 색소로, 광합성에 필요한 빛에너지를 흡수한다. 식물에서 엽록소가 있는 부분은 초록색을 띤다.

59 유전자 변형 기술의 발전과 논쟁

유전자의 개념과 DNA의 구조가 밝혀지면서 생명공학은 급속도로 발전했다. 과학자들은 원하는 특성을 만드는 유용한 유전자를 선택하여 다른 생물체의 유전자에 결합시키고 증식시키는 유전자 변형(Genetically Modified, GM) 기술을 개발했다. 이 기술을 통해 기존의 자연적인 번식 과정에서는 불가능한 새로운 생물체를 만들어낼 수 있으며 이를 통해 병충해에 강한 작물, 특정 질병을 예방하는 동물, 의약품을 대량으로 생산하는 미생물 등을 만들 수 있게 되었다.

1980년대부터 유전자 변형 기술이 본격적으로 연구되었고, 1994년 미국에서 최초로 유전자 변형 토마토가 식품으로 출시되었다. 이후 제초제 저항성을 가진 콩, 옥수수, 면화 등 다양한 유전자 변형 작물이 개발되었으며, 현재 유전자 변형 작물은 전 세계적으로 널리 재배되며 농업 생산성 향상과 식량 안보에 기여하고 있다. 우리나라에는 1990년대에 유전자 변형 식품이 본격적으로 도입되었다. 당시 국내에서 재배되는 콩이나 옥수수의 양은 수요를 충족시키지 못해 많은 양이 수입되었고, 이 과정에서 유전자 변형 식품들이 식탁에 오르기 시작했다.

유전자 변형 작물을 지지하는 측은 급증하는 세계 인구의 기아 해결과 식량 안보 확보, 지속 가능한 농업을 위해 유전자 변형 작물의 재배가 필수적이라고 주장한다. 2080년에는 세계 인구가 103억 명에 이를 것으로 예상되어 이를 위해 식량 생산성을 현재보다 50~70 % 증가시켜야 하므로 유전자 변형 작물이 필요하다는 입장이다. 반면, 반대하는 측은 유전자 변형 작물 섭취로 인한 건강 문제와 생태계 파괴, 유기농업 쇠퇴를 우려하며, 식량 문제는 생산량 증가보다 분배 문제가 중요하다고 주장하고 있다.

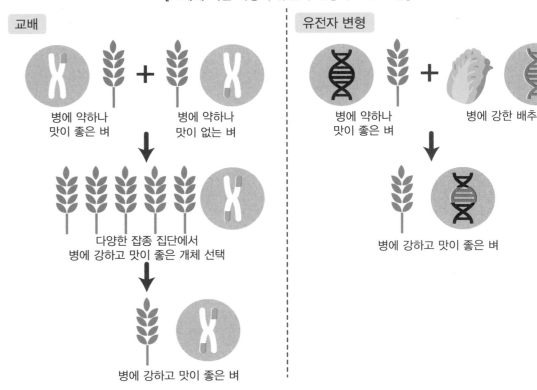

[교배에 의한 육종과 유전자 변형에 의한 육종]

교배

병에 약하나 맛이 좋은 벼 + 병에 약하나 맛이 없는 벼

다양한 잡종 집단에서 병에 강하고 맛이 좋은 개체 선택

병에 강하고 맛이 좋은 벼

유전자 변형

병에 약하나 맛이 좋은 벼 + 병에 강한 배추

병에 강하고 맛이 좋은 벼

1 유전자 변형(GM)을 활용할 수 있는 방법을 3가지 서술하시오.

2 유전자 변형의 장점과 단점을 각각 서술하시오.

① 장점

② 단점

🔬 과학용어

▶ DNA: 우리 몸의 정보를 저장하고 있는 유전 물질로 '디옥시리보핵산'의 줄임말이다. 이중 나선 구조이고, 아데닌(A), 구아닌(G), 사이토신(C), 타이민(T) 4개의 염기가 배열된 순서로 유전 정보를 저장한다.
▶ 육종: 농작물이나 가축이 가진 유전적인 성질을 이용하여 농업에 유익한 새로운 종을 만들어 내거나 기존의 품종을 더욱 좋게 만들어내는 일이다.

60 유전자 가위와 유전자 편집

2020년 노벨 화학상은 유전자 가위 기술에 한 획을 그은 여성 과학자 2명이 수상했는데, 두 수상자는 '크리스퍼 캐스나인(CRISPR/Cas9)'이라는 유전자 가위를 개발했다. 유전자 가위란 유전자의 특정 부위를 가위로 자르는 것처럼 잘라내는 기술이다. 크리스퍼 캐스나인은 특정 DNA를 자르는 데 사용하는 Cas9 효소와 길잡이 역할을 하는 RNA를 붙여서 만든다. 유전자의 목표한 위치에 길잡이 역할을 하는 RNA가 달라 붙으면 Cas9 효소가 목표한 DNA를 잘라 낸다.

[크리스퍼 유전자 가위 원리]

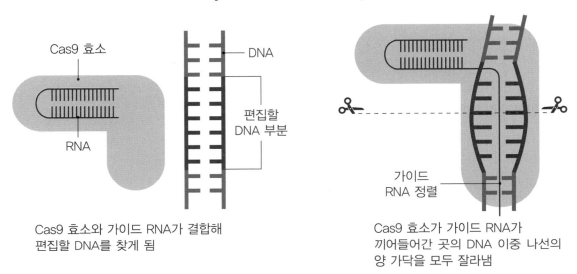

Cas9 효소와 가이드 RNA가 결합해
편집할 DNA를 찾게 됨

Cas9 효소가 가이드 RNA가
끼어들어간 곳의 DNA 이중 나선의
양 가닥을 모두 잘라냄

크리스퍼 캐스나인 유전자 가위가 개발된 이후 유전자 편집 기술을 응용한 생명공학기술이 발전하고 있다. 유전자 편집 기술을 이용한 동식물의 품종 개량뿐만 아니라 선천성 희귀 유전 질환의 치료 등 질병의 예방 및 치료 분야에서도 성과를 보이고 있다. 또한, 인간 유전자 편집 기술에 의해 더 많은 질병 치료의 가능성이 열리고, 생명공학기술의 발전에 따라 그 안전성과 효율성이 높아지면서 적용 범위를 조금씩 넓혀가고 있다. 다만, 인간 유전자 편집은 인간의 유전적 특징을 인위적으로 변형시키는 과정에서 예기치 못한 부작용이 발생할 가능성이 있다. 또한, 난자와 정자 같은 생식 세포나 배아에 대한 유전자 편집 기술의 적용은 변이가 일어난 유전자를 자손에게 전달할 수 있다는 점에서 허용 여부나 범위에 있어서 논란이 되고 있다. 현재 우리나라는 생명윤리 및 안전에 관한 법률(생명윤리법)을 통해 유전자 편집을 포함한 유전자 치료에 관한 연구의 대상 질병과 치료법을 제한하고 있으며, 난자, 정자, 배아 및 태아에 대한 유전자 치료를 금지하고 있다.

1 다음은 유전자 편집(GE)과 유전자 변형(GM)을 나타낸 것이다. 그림에서 나타난 유전자 편집과 유전자 변형의 차이점을 서술하시오.

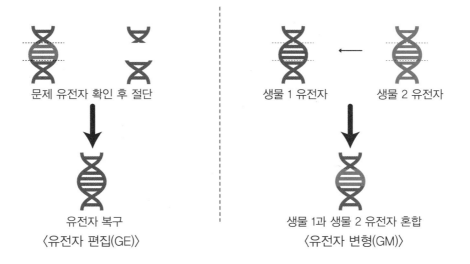

2 유전자 가위를 이용한 유전자 편집의 장점과 단점을 각각 서술하시오.

① 장점

② 단점

 **과학용어**

▶ **RNA:** RNA는 '리보핵산'의 줄임말로, DNA가 가지고 있는 유전 정보에 따라 필요한 단백질을 합성할 때 필요하다. 아데닌(A), 구아닌(G), 사이토신(C), 유라실(U) 4개의 염기로 이루어져 있고, 이중 나선을 만들지 않는다.

IV

지구과학

백악기 공룡의 도시, 대구

대구 · 경북 지역의 하천과 계곡에서는 공룡 발자국 화석이 발견된다. 약 1억 년 전 중생대 백악기 때, 이곳은 공룡의 도시였다. 공룡은 지금으로부터 2억 5천만 년 전인 중생대 후기에 처음 등장했다가 6,600만 년 전에 공룡의 후손이라고 여겨지는 조류를 제외한 계통 전체가 멸종한 동물이다. 공룡은 육상을 걷는 동물 중에서 가장 거대했던 동물로, 공룡보다 거대한 동물은 이전에도 없었고 지금도 없다.

대구 도심을 흐르는 신천 바닥에서는 백악기 시대의 공룡 발자국 화석이 57개 발견되었다. 이 발자국은 네 발로 걷고 목이 길며 몸집이 아주 큰 초식 공룡의 흔적이다. 현재는 신천에 수중보가 들어서면서 공룡 발자국 화석이 수면 아래에 잠겨 있는 상태이다.

대구 욱수천 바닥에서는 백악기 시대의 공룡 발자국 화석이 14개 발견되었다. 이 발자국은 중간 크기 정도의 네 발로 걷는 초식 공룡 두 마리가 걸어간 흔적으로 보인다.

대구 초례산 계곡에서는 쥐라기와 백악기 시대의 공룡 발자국 화석이 8개 발견되었다. 키가 3~4 m 정도 되는 초식 공룡이 두 발로 걸었던 흔적이다.

대구 앞산의 고산골 암반에서는 쥐라기와 백악기 시대의 공룡 발자국 화석이 10여 개 발견되었다. 발자국의 길이는 20~30 cm 정도이고, 네 발로 걷는 초식 공룡과 두 발로 걷는 초식 공룡의 흔적이다. 고산골 암반에서는 공룡 발자국과 함께 연흔과 건열도 발견되었다. 연흔은 모래나 진흙이 쌓인 표면에 물결 모양의 구조가 보이는 것으로 바람이나 물의 파동으로 만들어지고, 건열은 지표면에 퇴적된 점토가 수분이 증발하여 마를 때 표면이 수축하면서 불규칙한 다각형 모양으로 갈라지며 형성된 퇴적 구조로 물속에서도 뚜렷이 보인다.

〈신천의 공룡 발자국〉

〈초례산 계곡의 공룡 발자국〉

〈앞산 고산골 암반의 공룡 발자국〉

1 공룡 발자국은 주로 셰일이나 이암 등 퇴적암에서 발견된다. 공룡 발자국이 화성암에서 발견되지 않는 이유를 공룡 발자국 화석이 만들어지는 과정과 관련지어 서술하시오.

2 공룡 발자국 화석이 발견되는 대구 · 경북 지역에서는 연흔과 건열이 함께 발견된다. 이를 바탕으로 공룡이 살던 시기의 대구의 환경을 서술하시오.

〈대구 고산골 연흔〉

〈대구 고산골 건열〉

 과학용어

▶ **화석**: 지질 시대에 살았던 생물의 유해나 활동 흔적이 지층 속에 보존되어 있는 것이다. 지층 속에 묻힌 생물의 유해가 오랜 시간이 지나면서 화석화 작용을 받으면 화석으로 남는다.

▶ **중생대**: 2억 5천만 년 전부터 6,600만 년 전까지의 시기이다. 중생대는 파충류가 번성한 시기로, 온난한 기후가 지속되었다. 공룡의 시대라고 불릴 정도로 다양한 공룡이 번성했으며, 포유류와 조류도 이 시기에 나타났다. 초기에 판게아가 분리되어 지각 변동과 함께 다양한 서식지가 형성되면서 해양에서는 암모나이트가, 육상에서는 겉씨식물이 번성했다.

▶ **연흔**: 수심이 얕은 물밑에서 퇴적물 표면에 흐르는 물이나 파도의 흔적이 남은 것이다.

▶ **건열**: 수심이 얕은 물밑에 점토질 물질이 쌓인 후 퇴적물의 표면이 대기에 노출되어 건조해지면서 생긴 갈라진 구조이다.

62 자연의 웅장함이 살아 있는 그랜드 캐니언

그랜드 캐니언은 대협곡이란 뜻으로, 미국 남서부 지역에 있는 콜로라도고원을 가로질러 흐르는 콜로라도강과 매서운 바람이 만든 거대한 협곡이다. 협곡의 길이는 446 km이고, 폭은 좁은 곳은 180 m, 넓은 곳은 30 km이며, 깊이는 1.6 km이다. 복잡하게 깎인 협곡과 평지 위에 우뚝 솟아오른 산, 깎아지는 절벽 등이 어우러져 세계 어디에서도 볼 수 없는 자연의 신비감을 그대로 보여 준다. 그랜드 캐니언은 20억 년~2억 년 전 사이의 지구의 역사를 그대로 보여주는 지질학 교과서와 같다.

붉은색을 띠는 협곡의 이미지는 직접 눈으로 보지 않고서는 말로 표현할 수 없을 만큼 신비로운 자연의 색채를 보여 준다. 세월의 흔적이 켜켜이 쌓여 황갈색, 회색, 초록색, 분홍색 등 독특한 지층의 색깔들이 서로 조화와 대립을 이루고 있다. 이런 색깔은 서로 다른 시간대의 퇴적층이 거센 콜로라도 강물에 의해 깎여 나가면서 그 모양과 빛깔이 천차만별로 생성된 것이다.

그랜드 캐니언의 지층은 크게 세 가지로 구분된다. 협곡의 가장 낮은 첫 번째는 20억~17억 년 전의 화성암 또는 변성암으로 이루어져 있으며, 화성암과 변성암은 지하의 깊은 곳에서 뜨거운 지열과 높은 압력으로 형성된 암석이다. 두 번째는 12억 년~7억 4천만 년 전의 선캄브리아 시대에 형성된 암석으로, 화성암과 퇴적암이 경사진 층으로 겹쳐 있다. 세 번째는 5억~2억 년 전의 고생대 지층으로, 퇴적암 지층이 계단 모양으로 쌓여 있으며, 고생대의 얕은 바다 또는 늪지대의 바닥에서 흙이나 모래가 퇴적되어 형성된 것이 대부분이다.

그랜드 캐니언의 지층을 구성하는 암석들은 오래되었으나 협곡은 지질학적 연대로 볼 때 지난 5~6백만 년 동안에 형성된 것으로 보고 있다.

1 그랜드 캐니언은 지질학적 연대로 볼 때 지난 5~6백만 년 동안 콜로라도강이 콜로라도고원의 바위층을 깎아 만든 협곡이다. 이 협곡이 구불구불하게 형성된 과정을 콜로라도강의 곡류 작용과 관련지어 서술하시오.

2 그랜드 캐니언은 20억 년 동안 바닷속에서 퇴적물이 쌓여 만들어진 지층이 지각 변동에 의해 해수면 밖으로 나온 후 침식되어 만들어졌다. 그랜드 캐니언은 모든 시기의 지층이 차곡차곡 쌓여 있는 것은 아니다. 첫 번째와 두 번째 지층 사이에는 17억~12억 년 전 지층이 없고 두 번째와 세 번째 지층 사이에는 약 7억~5억 년 전의 지층이 없다. 이 시기 동안 이 지역에서 일어난 일을 서술하시오.

🔬 **과학용어**

▶ 협곡: 양쪽 계곡의 벽이 매우 급한 경사를 이루어 폭이 좁고 깊은 골짜기이다.
▶ 화성암: 마그마가 지하 깊은 곳에서 식거나 지표로 흘러나와 식어 만들어진 암석이다.
▶ 변성암: 열과 압력에 의한 변성 작용으로 만들어진 암석이다.
▶ 퇴적암: 퇴적물이 쌓여서 오랫동안 다져지고 굳어져 만들어진 암석이다.
▶ 지각 변동: 지구 내부의 원인으로 일어나는 조산 운동, 조륙 운동, 화산 활동, 지진 등의 지각의 움직임이다.
▶ 부정합: 지층이 형성된 후 융기하고 침식 작용을 받은 후에 다시 침강하여 그 위에 새로운 지층이 퇴적되는 경우에 나타난다. 부정합면을 경계로 상하의 지층 사이에는 오랜 퇴적 시간 차이가 있다.

63 100년마다 분화하는 백두산

946년 분화되었다는 기록이 있는 백두산은 분화 당시 화산재와 화산 가스 기둥이 대기 상층 25 km까지 치솟았고, 45 Mt(메가톤)의 황과 100 km³ 이상의 화산재를 분출했다. 당시 방출된 화산재는 남한 면적 전체를 1 m 두께로 덮을 수 있는 양이었고, 화산 분출로 인해 산꼭대기가 무너져 지름 5 km의 거대한 호수인 천지가 만들어졌다. 946년 백두산 분화는 베수비오산 분화 규모의 100배 정도로 컸으며, 기원후부터 지금까지 발생한 화산의 분화 중 규모가 가장 컸다. 이후 기록에 의하면 백두산은 1014년, 1124년, 1199년, 1265년, 1373년, 1401년, 1573년, 1597년, 1654년, 1668년, 1673년, 1702년, 1903년, 1925년에 크고 작은 분화를 했고, 세기(100년)마다 분화했던 백두산은 1925년을 기점으로 화산 활동을 멈추었다.

〈백두산〉

〈백두산 천지〉

하지만 백두산 천지 아래에 수직으로 깊이 10 km, 20 km, 27 km, 32 km에 4개의 마그마방이 존재한다는 사실이 밝혀지면서 화산 분출이 임박했다는 분석이 나오기도 했다. 2002년~2005년 사이에 새로운 마그마가 공급되어 지진이 한 달 평균 7회에서 72회까지 일어났다. 특히, 2003년 11월에는 지진이 243회 발생했고, 화산체가 팽창하여 20 cm 정도 융기하는 등 화산 불안전 현상이 일어났다. 다행히 현재까지 분화는 일어나지 않았고, 백두산은 안정적인 상태로 보인다. 2018년 이후, 백두산의 지표는 변화가 없고, 지진, 천지 주변 지표의 융기, 화산 가스 양의 증가, 온천수와 지하수 온도의 증가 등 화산 활동을 나타내는 조짐이 보이지 않는 상태이므로 현재로써는 분화할 확률이 아주 낮다고 볼 수 있다. 그러나 다시 불안정한 상태가 된다면 백두산은 분화 가능성이 매우 높은 위험한 활화산이 될 수 있다.

1 백두산 천지에는 약 20억 톤의 물이 저장되어 있고, 천지 아래에는 이산화 탄소가 액체 상태로 가라앉아 있는 것으로 추정된다. 만약 백두산에서 대규모 화산 활동이 일어난다면 어떤 일이 발생할지 백두산의 특징을 바탕으로 3가지 서술하시오.

2 화산 활동이 일어나면 화산재, 화산 가스, 용암, 화산 암석 조각 등이 분출되고 지진이 발생하여 우리 생활에 큰 피해를 준다. 화산 활동은 큰 재앙이지만 사람들의 생활에 혜택을 주기도 한다. 화산 활동으로 인한 이로운 점을 3가지 서술하시오.

 과학용어

▶ 마그마방: 마그마가 저장되어 있는 곳으로, 마그마방이 확인되면 화산 분화 가능성이 있다.
▶ 화산재: 화산 활동으로 방출되는 암석 조각 중 입자 크기가 0.06~2 mm인 것으로, 상공으로 올라가 전 세계로 퍼지며 햇빛을 가려 지구의 온도를 떨어뜨린다. 식물의 성장에 필요한 성분이 포함되어 있어 화산재로 뒤덮인 땅은 오랜 시간이 지난 후에 식물이 자라기에 좋은 토양으로 변한다.
▶ 화산 가스: 화산이 분출할 때 압력이 감소하여 마그마에 녹아 있던 가스가 분출하는 것으로, 수증기가 대부분이고 그 밖에 이산화 탄소, 이산화 황, 수소, 질소, 황화 수소 등이 포함되어 있다.

64 미래를 위한 약속, 탄소중립

2023년 전 세계 연평균 이산화 탄소 농도는 419.3 ppm으로, 역대 최고치를 기록했다. 산업혁명 이전의 이산화 탄소 농도는 280 ppm이었는데, 이후 50 % 가까이 급증한 것이다.

지구는 태양에서 에너지를 받은 후 다시 에너지를 방출하여 복사 평형을 유지한다. 이때 대기 중에 있는 수증기, 이산화 탄소, 메테인 등의 온실 기체는 지구가 방출하는 적외선을 흡수하고 일부를 지표면으로 방출하여 지표면의 온도를 높이는데, 이를 온실 효과라고 한다. 온실 효과 때문에 지구는 생물이 살 수 있는 온도가 유지되고 있다. 그런데 인류의 산업 활동으로 인해 대기 중으로 배출되는 온실 기체의 양이 점점 많아지면 온실 효과가 증가하여 지구의 평균 기온이 상승하게 되는데, 이를 지구 온난화라고 한다.

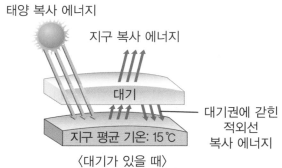

지구의 평균 기온은 산업화 이전(1850~1900년)에서 산업화 이후(2011~2020년)까지 1.09 ℃ 상승했으며, 이는 석탄, 석유 등 화석 연료 연소로 인한 이산화 탄소 배출량이 급격하게 증가한 것이 원인이다. 우리나라는 에너지 다소비 국가이자 온실 기체 다배출 국가이다. 2023년 우리나라의 연평균 이산화 탄소 농도는 427.6 ppm으로, 전 세계 평균보다 높았다. 우리나라

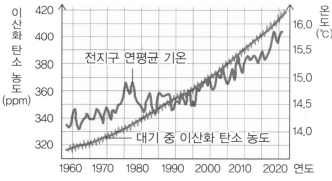

의 이산화 탄소 배출량은 1990년에는 세계 29위였으나 2021년에는 세계 7위가 되었다.

위기를 직감한 세계 주요국들은 지구 온난화의 원인이 되는 이산화 탄소 배출량을 0으로 만드는 탄소중립에 동참하기 시작했다. 탄소중립은 인간의 활동에 의한 온실 기체 배출을 최대한 줄이고, 남은 온실 기체는 흡수·제거하여 이산화 탄소 배출량(+)과 흡수량(−)을 같게 하여 실질적인 배출량은 0이 되도록 하는 것이다.

1 지구의 평균 온도 상승으로 인해 나타나는 현상을 5가지 서술하시오.

2 2023년에 우리 정부는 2030년까지 이산화 탄소 배출량을 2018년 대비 40 % 줄이고, 2050년에는 순 배출량을 0으로 만드는 탄소중립 계획 목표를 발표했다. 이산화 탄소 배출량을 줄이고, 대기 중 이산화 탄소량을 줄이는 방법을 각각 2가지씩 서술하시오.

① 이산화 탄소 배출량을 줄이는 방법

② 대기 중 이산화 탄소량을 줄이는 방법

 과학용어

▶ 온실 효과: 지구 대기가 흡수한 에너지 일부를 지표면으로 다시 방출하여 지표면의 온도를 높이는 것으로, 지구의 평균 기온을 약 15 ℃로 유지한다.
▶ 온실 기체: 온실 효과를 일으키는 대기 성분으로, 이산화 탄소, 메테인, 아산화 질소, 수소불화탄소, 과불화탄소, 육불화황이 있다.
▶ 지구 온난화: 온실 효과의 증가로 지구의 평균 기온이 점점 상승하는 현상이다.

65 지구 온난화를 일으키는 소 트림과 방귀

여름에는 폭염과 가뭄, 겨울에는 살인적 한파로 전 지구적 기후 위기가 눈앞의 현실이 되자 세계 곳곳에서는 지구 온난화를 막기 위한 여러 가지 방안을 마련하고 있다. 그동안 온실 기체 감축은 이산화 탄소에 집중해 왔는데, 메테인도 지구 온난화에 큰 영향을 미친다. 메테인은 에너지원부터 화학 원료까지 다양한 용도로 활용되어 인류 발전의 큰 희망이었으나, 2021년 국제메테인협약을 통해 2030년까지 메테인 배출량을 2020년 대비 최소 30 %를 줄이기로 했다.

메테인(CH_4)은 탄소 원자 1개와 수소 원자 4개가 결합된 분자로, 불이 붙는 기체이다. 메테인은 자연적으로는 습지, 해저, 화산, 자연 산불, 미생물이 유기물을 분해할 때 발생하고, 인간의 활동으로는 농업, 에너지 생산, 쓰레기 매립장에서 발생한다. 석유와 천연가스를 이용하기 시작하면서 많은 양의 메테인이 누출되고 있으며, 최근 20년간 메테인 배출량은 80배 이상 급증했고 2020년에는 가장 빠르게 증가했다.

초식 동물인 소는 인류에게 우유와 고기 등을 제공하는 고마운 존재인 동시에 지구 온난화를 가속화하는 주범으로 꼽힌다. 소는 4개의 위를 가지고 있는데, 풀을 먹으면 반쯤 씹어 삼킨 후 첫 번째 위와 두 번째 위에 있는 미생물을 통해 풀의 섬유질을 분해한다. 소는 음식물을 토해 내 다시 씹고 삼키는 것을 반복하며, 이 과정에서 미생물의 작용으로 대량의 메테인이 발생하여 트림이나 방귀로 방출된다. 한 마리의 소가 트림이나 방귀로 배출하는 메테인은 매일 160~320 L 정도로, 자동차 한 대보다 더 많은 온실 기체를 만든다. 세계 곳곳에서 살아가고 있는 18억 마리가 넘는 소를 포함한 가축이 배출하는 메테인은 전체 메테인의 약 32 %, 전 세계 온실 기체의 약 18 %를 차지한다. 즉, 가축이 배출하는 메테인은 지구상의 모든 자동차와 거의 동일하게 기후에 악영향을 미친다. 소는 온실 기체의 주범이기도 하지만 축산업을 통해 인간에게 양질의 고기를 제공하고 있으므로 우리 생활에 없어서는 안 되는 동물이다. 그러므로 소에게서 배출되는 메테인을 줄이는 기술이 중요하다.

1 2023년 우리나라 대기 중의 온실 기체 농도는 다음 표와 같다. 메테인은 이산화 탄소와 함께 지구 온난화의 주범으로, 전체 온실 효과의 15~20 % 이상 영향을 주고 있다. 대기 중 농도가 낮은 메테인이 지구 온난화에 미치는 영향이 큰 이유를 서술하시오.

구분	이산화 탄소	메테인	아산화 질소	수소불화 탄소	과불화 탄소	육불화 황
대기 중 농도(ppm)	427.6	2.025	0.03387	극미량	극미량	극미량
지구 온난화 지수	1	21	310	1,300	7,000	23,900

※ 지구 온난화 지수: 지구 온난화에 미치는 영향을 이산화 탄소를 기준으로 나타낸 것

2 초식 동물의 트림과 방귀로 배출되는 메테인이 지구 온난화를 일으키지 못하게 하는 방법을 3가지 서술하시오.

과학용어

▶ 메테인(CH_4): 천연가스의 주요 성분으로 발전·난방·교통 수단으로 활용하는 에너지 자원이지만, 이산화 탄소보다 강력한 온실 기체이다.
▶ 메테인 세균: 메테인 발효 세균이라고도 하며, 진흙, 호수, 하천, 늪, 포유동물의 소화관 등에 분포하여 대사 생산물로 메테인 기체를 발생시킨다.

66 빠르게 녹고 있는 서남극 빙하

기후변화를 이야기할 때 북극곰이나 빙하가 자주 등장하는 이유는 지구상에서 가장 눈에 띄는 기후변화가 극지방에서 일어나기 때문이다. 몇 년 뒤에는 한여름에 북극해의 얼음을 볼 수 없게 될지도 모른다. 최근 남극 대륙의 빙하의 녹는 속도가 40년 전보다 6배 빨라졌다. 한반도 크기의 61배인 남극 대륙에는 거대한 얼음이 2,000~3,000 m 높이로 쌓여 있는데 지구 온난화로 매년 수천억 톤의 빙하가 녹고 있다. 특히, 서남극에서는 한 해 평균 약 2천억 톤의 빙하가 사라지고 있으며, 이는 동남극보다 4배 빠른 속도다. 남극의 얼음이 모두 녹으면 지구 해수면은 58 m 상승하여 전 세계의 많은 문화 유적이 물속으로 사라지게 될 수도 있다.

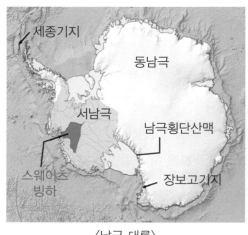

〈남극 대륙〉

〈스웨이츠 빙하의 빙붕〉

최근 지구 온난화로 인해 남한 면적의 1.5배 정도 되는 크기인 서남극 스웨이츠 빙하는 해마다 두께가 200 m씩 줄어들고, 2 km 이상 바다 쪽으로 이동하는 등 남극 전체에서 가장 빠르게 녹고 있다.

빙하는 빙상과 빙붕으로 나누어진다. 빙상은 대륙 위에 두껍게 쌓여 있는 얼음 덩어리이고, 빙붕은 빙상이 바다까지 이어져 있는 부분으로 바다 위에 떠 있는 얼음이다. 빙붕은 빙상이 녹아 바다로 흘러내리는 것을 막아 주고 따뜻한 바닷물을 차단하는 얼음벽 역할을 한다. 만약 스웨이츠 빙하의 빙붕이 녹으면 스웨이츠 빙하의 빙상과 주변 서남극 빙하의 연쇄 붕괴로 이어질 수 있다. 스웨이츠 빙하가 모두 녹으면 지구 해수면의 높이가 약 65 cm 상승하고, 서남극 빙하가 모두 녹으면 지구 해수면의 높이는 약 5.2 m 상승할 것으로 추정된다.

1 다음은 스웨이츠 빙하의 해저 지형을 나타낸 그림이다. 이 그림을 보고 스웨이츠 빙하의 빙붕이 빠르게 녹는 이유를 서술하시오.

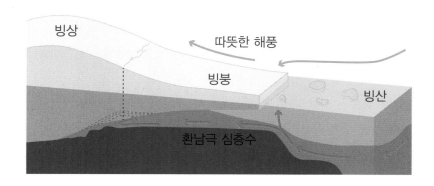

2 바다 위를 떠다니는 얼음덩어리인 빙산과 바다 위에 떠 있는 빙붕은 녹아도 해수면 상승에 직접적인 영향을 주지 않는다. 스웨이츠 빙하의 빙붕이 녹을 때 발생할 수 있는 일을 3가지 서술하시오.

과학용어

▶ 북극해: 북극점을 중심으로 유라시아와 북아메리카로 둘러싸인 바다이다.
▶ 빙하: 녹지 않고 쌓인 눈이 단단하게 다져져 생긴 얼음덩어리가 중력에 의해 지형이 낮은 곳으로 이동하는 것이다. 남극 대륙의 내륙 고원 지대의 빙하는 1년에 수 cm~수 m 이동하지만, 낮은 곳으로 내려와 모일수록 빨라져 해안 가까이에서는 1년에 1 km 넘게 이동한다.
▶ 빙산: 빙하에서 깨어져 나와 떠도는 얼음 중에 높이가 5 m를 넘는 얼음덩어리이다.
▶ 환남극 심층수: 수온이 1~2 ℃이고, 염분이 34.62~34.73 ‰로, 상대적으로 온도가 높고 염분이 높은 해수이다. 수심 300 m 아래에서 남극 대륙 주변의 대륙붕으로 흐른다.

67 지구 온난화에 의한 겨울철 한파

기상청에 따르면 우리나라는 중부 산간, 도서 지방을 제외하고 연평균 기온이 10~15 ℃이며, 가장 무더운 달인 8월은 23~27 ℃, 가장 추운 달인 1월은 −6~3 ℃이다. 최근 12월인데도 10 ℃의 포근한 날씨가 이어지더니 장마철 수준의 겨울비가 내리고 곧이어 −10 ℃의 매서운 강추위인 한파가 찾아왔다. 가장 더운 날에서 가장 추운 날로 오기까지 일주일 정도 밖에 걸리지 않았다.

한파는 저온의 한랭기단이 위도가 낮은 지방으로 이동하여 기온이 급격히 내려가는 현상으로, 한반도에 한파가 몰아치는 것은 겨울철 시베리아 기단 때문이다. 시베리아 기단은 겨울 동안 지표층 공기의 냉각에 의해 만들어지며, 남쪽으로 내려와 유럽 대륙 일부와 동아시아 지역에 추위를 가져온다. 겨울철 한파의 원인은 다양하지만, 최근 발생하는 한파의 주된 원인 중 하나는 지구 온난화 때문이다.

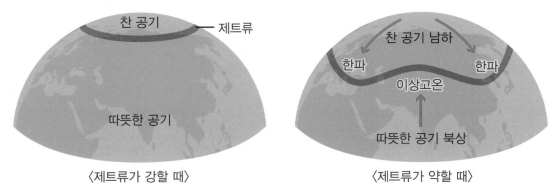

〈제트류가 강할 때〉　　　　　〈제트류가 약할 때〉

최근 우리나라 겨울철 한파는 북극 5 km 상공에 머무는 −40 ℃ 이하의 찬 공기가 러시아와 중국 등을 거쳐 우리나라까지 내려왔기 때문이다. 해수면으로부터 10 km 상공에는 서쪽에서 동쪽으로 매우 빠르게 흐르는 공기의 흐름이 있는데, 이 흐름을 제트류라고 하며 기온 차가 클수록 강하다. 제트류는 북극의 찬 공기를 감싸고 있어 중위도 아래로 내려가는 것을 막고, 더운 공기를 열대에 묶어 두는 병풍 역할을 한다. 제트류가 강할수록 찬 공기가 잘 내려오지 않고, 제트류가 약해지면 천천히 흐르면서 흐름이 구불구불해져 찬 공기가 잘 내려온다. 제트류가 아래로 내려온 지역은 찬 공기로 인해 한파가 나타나고, 제트류가 위쪽으로 올라간 지역은 상대적으로 따뜻한 이상고온 현상이 나타난다.

1 지구 온난화로 지구 평균 기온이 상승하고 있지만 겨울철 한파는 더 자주 발생한다. 그 이유를 서술하시오.

2 제트류가 우리 생활에 미치는 영향을 2가지 서술하시오.

 과학용어

▶ **시베리아 기단:** 시베리아에서 형성되는 기단으로, 고위도 내륙에 위치하여 한랭하고 건조하다. 겨울철 우리나라에 불어
오는 북서계절풍의 원인으로, 12월에서 이듬해 2월까지 매우 추운 날씨를 가져온다.

▶ **제트류:** 대류권의 상부 또는 성층권의 하부 영역에 좁고 수평으로 부는 강한 공기의 흐름이다. 북반구를 기준으로 서쪽
에서 동쪽으로 흐르고, 속도는 계절에 따라 다르지만 100~200 km/h 정도로 매우 빠르다. 북반구에서 겨울철에는 북위
35° 부근에서, 여름철에는 북위 50° 부근에서 형성된다.

68 라니냐가 만든 가을 장마

장마는 따뜻한 기단과 찬 기단이 만나는 경계에서 상승 기류가 생겨 구름이 발생하고 비가 내리는 현상으로, 두 기단의 세력이 비슷해 경계면이 빠르게 이동하지 않고 머물러 있으면서 많은 비를 내린다.

가을 장마는 요즘 일어나는 기상 현상이 아니라 『고려사』에 '1026년 가을 장마로 인해 민가 80여 호가 떠내려 갔다.'는 기록이 있을 정도로 예전부터 있던 기상 현상이다. 가을 장마는 여름 장마처럼 매년 규칙적으로 발생하지 않고, 강수량도 변동이 크다.

그러나 최근 들어 여름 장마보다 가을 장마 때 비가 더 많이 오는 현상으로 인해 문제가 되고 있다.

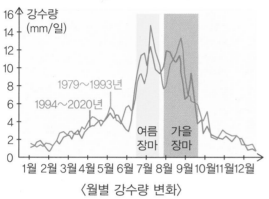

〈월별 강수량 변화〉

〈여름 장마〉

〈가을 장마〉

여름 장마는 봄 공기와 여름 공기의 경계에서 발생한다. 6월 말경 북쪽의 오호츠크해 기단과 남쪽의 북태평양 기단이 만나 장마 전선이 만들어지고, 여름이 되어 북태평양 기단의 세력이 강해지면 여름 장마 전선은 남쪽의 따뜻한 공기에 밀려 점점 올라가고 무더위가 시작된다. 여름 장마는 중부지방과 강원도에 많은 비를 내린다.

가을 장마는 가을 공기와 여름 공기의 경계에서 발생한다. 8월 말경 중국 대륙에서 발생하는 차갑고 건조한 기단과 북태평양 기단이 만나 장마 전선이 만들어지고, 가을이 되어 북태평양 기단의 세력이 약해지면 가을 장마 전선은 북쪽의 차가운 공기에 밀려 점점 내려가고 선선한 날씨가 시작된다. 보통 초가을이 되면 북태평양 기단의 세력이 약해지는데, 지구 온난화와 라니냐의 영향으로 이 기단의 세력이 약해지지 않아 가을 장마 전선이 오래 유지되어 많은 비가 내린다. 가을 장마는 남부지방과 제주도에 많은 비를 내린다.

라니냐는 동태평양의 적도 지역에서 해수면의 온도가 평년보다 0.5 ℃ 이상 낮은 저수온 현상이 5개월 이상 지속되는 이상 현상으로, 동태평양의 수온이 낮아지는 대신에 서태평양의 수온은 높아진다. 초가을에 라니냐가 발생하면 서태평양에 위치한 우리나라는 상대적으로 수온이 높아지기 때문에 북태평양 기단의 세력이 약해지지 않는다.

1 일반적으로 적도 부근은 서쪽으로 무역풍이 불어 동태평양의 따뜻한 표층 해수를 서쪽으로 밀어내고 그 자리에 차가운 심층 해수가 올라오기 때문에 서태평양의 해수 온도는 높고 동태평양의 해수 온도는 상대적으로 낮다. 그런데 라니냐가 발생하는 동안에는 무역풍의 세기가 강해져 서태평양의 온수층이 두꺼워지고 동태평양의 해수 온도가 0.5 ℃ 이상 낮아진다. 라니냐가 우리나라의 가을 장마 기간에 많은 비를 내리게 하는 이유를 서술하시오.

〈평상시〉   〈라니냐 발생〉

2 가을 장마가 여름 장마보다 위험한 이유를 서술하시오.

🔬 **과학용어**

▶ **오호츠크해 기단**: 5월과 6월에 걸쳐 추위가 풀리지 않은 차가운 오호츠크해 위에서 발달한 해양성 기단이다. 장마가 시작되기 전 봄철에 우리나라 기후에 영향을 미치며, 북태평양 기단과 만나면 장마 전선이 형성된다.

▶ **북태평양 기단**: 여름철에 북태평양 아열대 해상에서 발달하는 기단으로, 온도가 높고 습하다. 북태평양 기단이 일찍 발달하면 초여름 더위가 기승을 부리고, 북태평양 기단의 힘이 약하면 벼농사의 냉해가 우려될 만큼 선선한 여름이 된다.

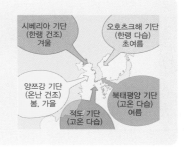

69 열섬 현상의 해결 방법

지난 10년간 서울의 연평균 기온은 약 1 ℃ 올랐다. 농촌, 산촌과 같은 교외보다 도심에서 연평균 기온이 높아지고 폭염이 심해지는 이유는 열섬 현상 때문이다. 열섬 현상은 도시 중심부의 기온이 주변 교외 지역의 기온보다 현저하게 높게 나타나는 현상으로, 20세기 중반 이후 산업화와 도시화가 급속히 진행되면서 발생하기 시작했다.

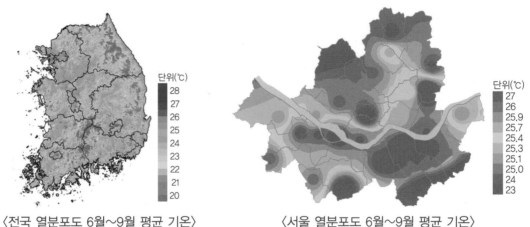

〈전국 열분포도 6월~9월 평균 기온〉   〈서울 열분포도 6월~9월 평균 기온〉

열섬 현상이 나타나는 이유는 다음과 같다.

첫째, 도심을 가득 채운 검은색 아스팔트와 회색 콘크리트와 같은 각종 인공 시설물들은 태양열을 흡수하여 지표면의 온도를 높인다. 또, 달리는 자동차 바퀴와 도로 사이 마찰열은 아스팔트의 온도를 높이며, 여름철에는 한낮 아스팔트 온도가 60 ℃를 넘기도 한다.

둘째, 고층 빌딩이 바람을 막아 대류 현상에 따른 냉각 효과를 방해하기 때문에 도심의 온도를 높인다.

셋째, 건물의 냉난방기의 배출열, 자동차의 연소열 등 인공열이 도심의 온도를 높인다.

넷째, 공장을 가동할 때 나오는 연기, 자동차 배기 가스 등 대기 오염 물질에 의한 온실 효과 때문에 열섬 현상이 더욱 심해지고 있다.

다섯째, 풀, 꽃, 나무와 같은 각종 식물, 즉 녹지의 부족을 들 수 있다. 식물은 태양 에너지가 지표면을 가열하는 것을 막고, 증산 작용으로 대기의 온도를 낮추기 때문이다.

도시화가 진행되면서 없애버린 녹지를 다시 만든다면 열섬 현상을 완화할 수 있지만 현실적으로 쉽지 않다. 그래서 각 지자체와 기업들은 건물의 옥상과 벽면을 활용해 풀과 나무를 심는 옥상 및 벽면 녹화를 진행하고 있다.

1 열섬 현상이 지속될 때 일어날 수 있는 일을 서술하시오.

2 열섬 현상을 줄이는 방법을 서술하시오.

과학용어

▶ 녹지: 도시의 자연환경 보전과 공해 방지를 위해 풀이나 나무를 일부러 심은 곳이다.

▶ 옥상 녹화: 건물 위의 지붕이나 옥상에 인공적으로 토양층을 만들고 식물을 심어 녹지 공간을 조성하는 것이다.

동해안 지역의 산불을 키우는 양간지풍

- 2000년 4월 7일 강원도 고성: 쓰레기 소각장에서 불씨가 날려 8일 동안 산림 23,448 ha를 태우고 850여 명의 이재민을 발생시켰다. 대한민국 정부 수립 이래 가장 큰 규모인 산불이었다.
- 2005년 4월 4일 강원도 양양: 원인을 알 수 없는 화재가 발생해 2일 동안 산림 973 ha를 태우고 낙산사가 소실되었으며 낙산사 동종이 녹아내렸다.
- 2017년 5월 6일 강원도 강릉과 삼척: 원인을 알 수 없는 화재가 발생해 3일 동안 산림 1,017 ha를 태우고 310여 명의 이재민을 발생시켰다.
- 2019년 4월 4일 강원도 고성: 주유소 앞 도로변 전선에서 불꽃이 일어나 2일 동안 고성군에서 속초시 지역의 산림 1,266 ha를 태우고 4,000여 명이 대피했다.
- 2022년 3월 4일 경북 울진, 강원도 삼척: 울진군에서 시작된 산불이 강원도 삼척까지 확산되어 9일 동안 산림 20,923 ha를 태웠다. 두 번째로 큰 규모의 산불이었다.
- 2023년 4월 11일 강원도 강릉: 나무가 전신주를 덮쳐 화재가 발생해 산림 120 ha를 태웠다. 민가 지역에서 난 산불이라 인명·재산 피해가 심했다.

해마다 동해안 지역은 산불이 발생했다 하면 대형 산불로 번지는 상황이 되풀이되고 있는데, 그 원인은 바람이다. 봄철 태백산맥 동쪽 지역은 지형적 특성으로 양간지풍이라고 불리는 국지성 강풍이 분다. 양간지풍은 양양과 고성군 간성 사이에 부는 바람으로, 순간 최대 풍속이 30 m/s 정도이다. 태풍의 최소 풍속이 17.2 m/s 이상이므로 양간지풍은 태풍급의 바람이라고 할 수 있다. 양간지풍은 속도가 빠르고 고온 건조하여 산불의 초동 진화가 힘들고, 동시에 방대한 지역으로 산불을 확산시킨다. 또한, 동해안에는 불에 잘 타는 소나무가 많아서 한번 산불이 발생하면 대형 산불로 이어지기 쉽다. 양간지풍은 봄철 남고북저 형태의 기압 배치에서 강원도에 남서풍이 불 때 자주 발생한다.

1 봄철 동해안 지역에서 산불을 키우는 양간지풍은 속도가 빠르고 고온 건조하다. 그 이유를 다음 그림을 보고 서술하시오.

2 산불이 나면 애써 가꿔 놓은 산림이 한순간에 잿더미로 변하고, 이를 다시 복구하려면 최소 40년에서 100년 정도의 시간과 막대한 노력·비용이 필요하다. 동해안 지역에서 자주 발생하는 산불을 막기 위한 대책을 3가지 서술하시오.

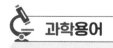

과학용어

▶ ha(헥타르): 면적을 나타내는 단위의 한 종류로, 1 ha=10,000 m²이다. 보통 농장, 토지 등의 광대한 면적을 표시하는 데에 쓴다. 독도의 면적은 18.7 ha 정도이고, 한라산국립공원의 면적은 15,333 ha 정도이다.
▶ 단열압축: 외부와 열교환 없이 공기덩어리가 압축되어 부피가 줄어들고, 압축 과정에서 외부의 힘이 공기덩어리에 일을 해 주었기 때문에 기온이 상승한다.

71 산불을 예방하는 인공강우

지구촌 곳곳에서 이상기후 현상으로 극심한 폭염이나 가뭄이 잇따르고 있으며, 이에 대응하기 위해 세계 각국이 앞다퉈 인공강우 기술을 개발하고 있다. 기온이 1.5 ℃ 상승하면 산불 발생 위험이 8.6 % 증가하고, 기온이 2 ℃ 상승하면 산불 발생 위험이 13.5 %가 증가한다. 기후 변화로 우리나라도 평균 기온이 점점 상승하고 있어, 산불 발생 위험이 점점 증가하고 있다. 특히, 가을부터 이듬해 봄까지 매우 건조하여 산불이 자주 발생하는 영동 지방에서는 산불을 예방하기 위해 인공강우 기술을 활용하기도 한다. 이는 건조한 지역에 구름이 있을 때 구름씨를 뿌려 비를 내리게 해 지상에 수분을 축적하거나 겨울철에 눈을 미리 쌓아 두어 산림 건조도를 완화하고 산불 발생 가능성을 낮추는 방식이다.

최근 기상청은 인공강우로 서울의 약 1.5배 면적에 평균 1.3 mm의 비를 내리게 하는 데 성공했다. 하지만 계속되는 실험에도 불구하고 빗물 양이 크게 늘지 않고 미세 먼지 저감 효과도 크지 않아 적은 양의 비로 습도를 높여 산불을 예방하는 데 초점을 맞췄다.

〈비행기로 응결핵 살포〉

〈드론으로 응결핵 살포〉

구름은 지름 20 μm 지름의 아주 작은 물방울로 이루어져 있다. 구름 입자 100만 개 이상이 합쳐져 지름 2 mm의 빗방울이 되면 비가 내리고, 1~10 mm의 눈송이가 되면 눈이 내린다. 인공강우의 핵심은 구름 입자들이 자연 상태에서 서로 뭉쳐지지 않을 때, 드론이나 비행기로 구름에 응결핵 역할을 하는 물질을 뿌려 구름 입자들을 뭉쳐 땅에 떨어지도록 돕는 것이다. 응결핵으로는 구름의 상태에 따라 드라이아이스, 염화 나트륨, 염화 칼륨, 요오드화 은 등을 사용한다.

인공강우는 구름이 없는 하늘에서 비를 내리게 하는 것이 아니다. 구름은 있지만 빗방울을 만들지 못하는 경우에 수증기를 뭉쳐지게 하는 응결핵을 뿌려 인위적으로 비를 내리게 하는 기술이며, 구름이 머금고 있는 수분의 양 이상으로 비를 내리게 할 수는 없다. 따라서 큰불이 났을 때 비를 내리게 하여 불을 끄는 경우, 가뭄이 심한 지역에 물을 공급하는 경우, 대기 중 미세 먼지를 씻어 내는 경우 등은 인공강우로 실현하기 어렵다.

1 인공강우로 가뭄을 해소하기 힘든 이유를 서술하시오.

2 인공강우의 장점과 단점을 3가지씩 서술하시오.

① 장점

② 단점

 **과학용어**

▶ μm(마이크로미터): 1 μm＝백만분의 1 m
▶ 응결핵: 대기 중의 수증기가 응결할 때 중심이 되는 작은 고체나 액체의 입자이다. 바닷물의 물보라가 증발하고 남은 해염 입자, 연소에 의해서 생긴 미세한 입자나 연기 입자, 지면에서 바람에 날려서 올라간 토양의 미세입자 등이 있다.

72 우리나라는 물 스트레스 국가

물은 누구나 쉽게 이용할 수 있는 자원이다. 실제로 전 세계의 담수 공급량은 향후 세계 인구가 아무리 늘어난다 해도 그 수요를 충당하고도 남는 양이지만, 문제는 분배에 있다. 미국의 많은 지역에서 물은 사실상 무료나 다름없지만, 캘리포니아 남부 지역은 그렇지 않다. 또, 중동 지역과 중국 일부 지역, 인도에서는 물이 절대적으로 부족하다. 전 세계 약 10억 명의 사람들이 충분한 식수 공급에 어려움을 겪고 있다.

1년 동안 한 사람이 일반적인 영양 섭취를 하기 위해서 약 1,100톤의 물이 필요하다. 국제인구행동연구소는 이것을 기준으로 1인당 연간 물 사용 가능량이 1,000 m^3 이하이면 물 기근 국가, 1,700 m^3 이하이면 물 스트레스 국가, 1,700 m^3 이상이면 물 풍요 국가로 분류한다. 우리나라의 1인당 연간 물 사용 가능량은 전체 수자원량(강수량)에서 증발과 증산 같은 손실을 제외하면, 1993년에는 1,470 m^3, 2000년에는 1,488 m^{3}였고, 2025년에는 1,327 m^{3}로 예측되어 물 스트레스 지수가 40 %인 물 스트레스 국가로 분류되었다.

〈물 스트레스 지수〉
- >70 %, 물 기근
- 25~70 %, 물 스트레스
- 10~25 %, 물 풍요
- 0~10 %, 물 풍요
- 해당 없음
- 데이터 부족

우리나라는 물 스트레스 국가로 분류되었음에도 불구하고 물 사용량이 높은 수준이다. 1인당 하루 평균 물 사용량은 365 L로, 미국과 일본에 이어 세계에서 세 번째로 물을 많이 사용한다. 우리가 물이 부족하다고 느끼지 못하는 이유는 강과 하천에 큰 피해를 줄 만큼 많은 양의 물을 끌어서 사용하고 있으며, 가뭄이 들어 물 공급을 줄여야 하면 환경 유지 용수, 농업용수, 생활용수의 순서로 줄이므로 웬만한 가뭄에도 수돗물이 잘 나오기 때문이다.

1 우리나라의 강수량은 세계 평균인 813 mm보다 많은 1,300 mm이다. 우리나라의 강수량이 세계 강수량보다 더 많지만 물 스트레스 국가로 분류된 이유를 기후와 지리적인 특성을 이용하여 서술하시오.

2 세계기상기구(WMO)의 물에 관한 보고서에 따르면 인구 증가, 기후 변화, 불균형한 물 사용 등으로 2050년이 되면 50억 명의 사람들이 물 부족에 시달릴 것으로 예상한다. 기업과 국가 차원에서 물 부족 문제를 해결할 방법을 3가지 서술하시오.

 과학용어

▶ 담수: 지구 표면의 70 %가 물로 덮여 있지만 97.5 %를 차지하는 해수는 염화 나트륨 등의 광물이 포함되어 있어 사람이 사용하기에 적합하지 않다. 담수는 사람이 사용할 수 있는 물로, 지구에 있는 물의 약 2.5 %인데 대부분은 극지방과 고산 지역에 얼음이나 눈의 형태로 분포하므로 쉽게 이용하기 힘들다. 지하수, 토양의 수분 등을 제외하고 사람이 사용할 수 있는 하천과 담수호의 물은 전체 물의 양의 0.03 %에 불과하다.
▶ 수자원: 지구상에 있는 물 중에서 사람이 자원으로 이용 가능한 물로, 주로 호수, 하천수, 지하수를 이용한다.

73 러버덕의 세계 일주

러버덕은 1940년대 조각가 피터 가닌이 만든 것으로, 물에 뜨는 오리 모양의 노란색 장난감이다. 처음에는 고무로 만들었지만 지금은 욕실용 러버덕 장난감은 PVC 비닐로 만든다.

1992년 1월 10일 러버덕 장난감 29,000개를 실은 화물선이 홍콩을 출발해 미국으로 향하던 중 북위 45°, 동경 178° 해상에서 폭풍우를 만나 컨테이너를 바다에 떨어뜨리는 사고가 발생했다. 이 사고로 화물선에 적재되어 있던 러버덕은 바다를 따라 표류하기 시작했다. 그런데 놀라운 일이 벌어졌다. 북태평양을 표류하던 러버덕이 알래스카, 캐나다, 영국, 스페인, 호주, 인도네시아 등 세계 곳곳의 해안에서 발견되기 시작한 것이다. 사람들은 해안에서 러버덕을 발견할 때마다 신기해 하며 사진을 찍기 시작했고, 이때부터 러버덕이 유명해지기 시작했다. 미국의 한 해양학자는 러버덕 사건을 흥미롭게 지켜보고 지난 10여 년 동안 러버덕의 여정을 추적해 왔다.

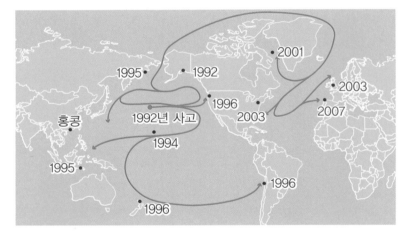

1992년 11월 알래스카에서 발견
1994년 북태평양 가운데에서 발견
1995년 인도네시아, 러시아 동쪽에서 발견
1996년 칠레, 뉴질랜드, 미국 서부에서 발견
2001년 그린란드 서쪽에서 발견
2003년 미국 동부, 영국에서 발견
2007년 스페인에서 발견

러버덕은 약 20년간 바다를 떠돌며 국경 없는 여행을 했다. 러버덕의 여행은 해양학자들에게는 해류를 연구하는 자료로 이용되었고, 일반인들에게는 즐거움을 선사했으며 사랑과 평화의 의미를 전해 주었다.

1 러버덕이 북태평양에서 세계 곳곳을 돌아다닐 수 있었던 이유를 서술하시오.

2 해류는 표층 해류와 심층 해류로 나누어진다. 바닷물은 표층과 심층을 오가며 지구 전체를 순환하면서 열과 염분을 운반하고 주변 날씨와 기후에 영향을 미친다. 북위 51°에 위치한 런던이 북위 40°에 위치한 뉴욕보다 겨울에 더 따뜻한 이유를 서술하시오.

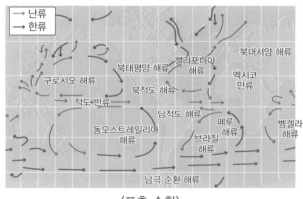
〈표층 순환〉

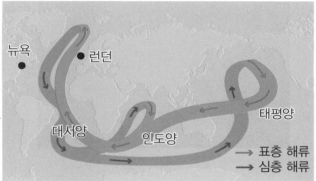
〈심층 순환〉

 **과학용어**

▶ 해류: 바닷물이 일정한 방향으로 움직이는 것으로, 해수면 표층을 따라 일정하게 흐르는 표층 해류와 바다 깊은 곳에서 천천히 일정하게 흐르는 심층 해류로 나누어진다. 표층 해류는 바람, 강수, 지형 등에 의해 발생하고, 심층 해류는 수온 또는 염분 차이에 의해 움직인다.

▶ 난류: 저위도에서 고위도로 흐르는 따뜻한 해류로, 수온과 염분이 높다. 산소와 영양 염류가 적어서 맑고 검푸른색을 띤다.

▶ 한류: 고위도에서 저위도로 흐르는 차가운 해류로, 수온과 염분이 낮다. 산소와 영양 염류가 풍부하여 플랑크톤이 많으므로 청록색을 띤다.

바다 위 쓰레기로 만들어진 국가

1997년 미국 요트 선수가 미국 LA에서 하와이까지 요트로 횡단하는 도중 지도에 없는 섬을 발견했다. 이 섬은 1조 8천억 개, 8만 톤이 넘는 플라스틱으로 만들어진 쓰레기 섬이다. 쓰레기 섬의 면적은 2011년경에는 우리나라 면적의 절반 정도였지만, 점점 쓰레기양이 늘어나 지금은 총면적 160 km²로, 우리나라 면적의 약 16배가 되었다. 1950년대 이후 전 세계적으로 83억 톤의 플라스틱이 생산되었고, 이중 50억 톤은 매립장으로 가거나 바다로 배출되었다. 현재도 전 세계에서 매년 3억 톤의 플라스틱 제품이 생산되고, 이중 1,000만 톤이 바다로 흘러 들어가는 중이다. 바다로 흘러간 플라스틱은 대부분 물보다 밀도가 낮아 바다 위에 둥둥 떠서 이동하다가 시간이 지나면서 6개의 거대한 쓰레기 섬을 만들었다. 특정 지역에서는 플라스틱병과 같은 쓰레기가 많이 모여 있어 섬을 이루는 곳도 있지만 대부분은 0.5 cm보다 작은 미세 플라스틱 조각들이 모여 있어 눈으로 봐서는 일반 바다와 차이를 알 수 없다.

〈쓰레기 섬〉

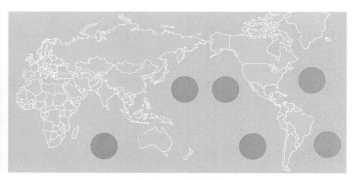
〈쓰레기 섬 위치〉

2018년 유엔(UN)은 해양 쓰레기 문제의 심각성을 알리기 위해 쓰레기 섬을 정식 국가로 임명했다. 정식 국가가 되면 유엔법에 따라 주변국이 청소해야 할 의무가 생기기 때문이다. 쓰레기로 이루어진 섬이지만, 여권, 화폐, 우표, 국기가 있고 약 24만 명 이상의 시민이 있는 하나의 나라이다.

플라스틱으로 오염된 바다는 해양 동물뿐 아니라 인간의 안전과 건강에도 직접적인 영향을 미친다. 해양 생물들은 플라스틱을 먹이로 착각해 섭취하거나 플라스틱 어망에 걸려 빠져나오지 못해 죽는다. 해마다 100만 마리의 바닷새와 10만 마리의 해양 포유류가 바다의 플라스틱 때문에 목숨을 잃는다. 해양 생물의 몸에 축적된 미세 플라스틱은 먹이 사슬을 통해 해양 생물을 먹는 동물과 인간의 몸에도 유해 물질이 축적된다. 결국 해양 쓰레기 문제는 환경 문제를 넘어 인류의 생존과 직결된 문제임을 명심해야 한다.

1 해양 쓰레기 섬이 특정 위치에 생기는 이유를 서술하시오.

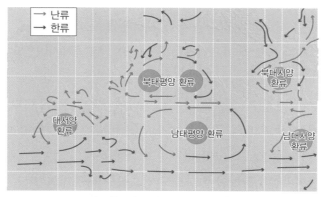

〈표층 해류의 순환과 환류〉

2 해양 쓰레기를 해결하는 방안을 3가지 서술하시오.

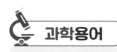 **과학용어**

▶ 환류: 표층 해류는 각 대양에서 서로 연결되어 큰 규모의 표층 순환을 만든다. 표층 순환은 북반구에서는 시계 방향으로, 남반구에서는 반시계 방향으로 흐르며 크게 순환하는데, 이를 환류라고 한다.

75 악마의 바다, 무풍지대

대항해 시대는 서유럽 나라들이 새로운 바닷길을 통해 새로운 땅을 찾아 나서던 시대로, 15세기부터 17세기까지이다. 이 시기에는 아메리카로 가는 항로와 아프리카를 돌아 인도, 동남아시아, 동아시아로 가는 항로가 발견되었고, 최초로 세계를 일주하는 등 다양한 지리상의 발견이 이루어졌다.

항해자들은 범선에 수십 또는 수백 명의 선원을 태우고 바람에 의존해 세계 바다를 누볐다. 당시 범선 항해에서 선원들이 가장 무서워했던 것은 거센 파도와 궂은 날씨가 아닌 바람이 매우 약하게 불거나 거의 불지 않는 무풍지대였다. 나침반이 고장나거나 태풍 등으로 사고가 나거나 또는 항해사의 실수로 무풍지대에 들어가게 되면 그때부터 목숨이 위험해진다. 사고나 실수 없이 항해를 한다해도 적도를 지나가려면 적도 무풍지대를 통과해야 한다. 역풍이 불면 범선을 지그재그로 움직이면서 항해를 할 수 있었지만, 무풍지대로 들어가면 바람이 불기를 간절히 바라면서 망망대해를 떠돌아야만 했다. 선원들은 무풍지대를 악마의 바다, 배의 무덤이라고 불렀다. 무풍지대에서 몇 주나 몇 달까지 표류하는 경우도 있었는데, 이때 식량이 다 떨어지게 되면 선원들은 모두 굶어 죽고 배는 유령선이 되기도 했다.

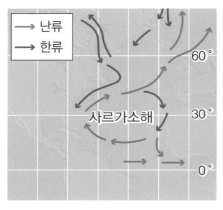

〈사르가소해〉

아메리카 대륙을 간 콜럼버스도 돌아오는 도중 사르가소해의 무풍지대로 들어가 약 20일을 표류하다 빠져나왔다. 북대서양 북위 25°~35°, 서경 40°~70° 사이에 있는 사르가소해는 남북으로 1,100 km, 동서로 3,200 km 정도의 어마어마한 크기이며, 각종 사건 사고로 유명한 버뮤다 삼각지대를 포함하고 있다. 사르가소해에는 바닷물이 움직이지 않고 파도도 없어 호수처럼 잔잔하며 모자반 계열의 해조류들만 둥둥 떠다닌다. 범선 항해 시대에는 무풍지대를 만나는 것은 선원들에게 엄청난 위협이었지만, 19세기 증기 기관이 등장하면서 무풍지대의 공포는 사라졌다.

1 콜럼버스는 아메리카로 갈 때는 먼저 남쪽으로 내려간 후 서쪽으로 이동했고, 유럽으로 돌아올 때는 북동쪽으로 올라간 후 동쪽으로 이동했다. 지금도 대서양을 횡단할 때 이 항로를 이용한다. 대서양을 횡단할 때 이 항로를 이용하는 이유를 서술하시오.

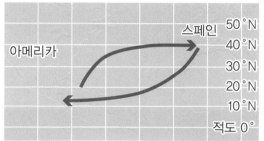
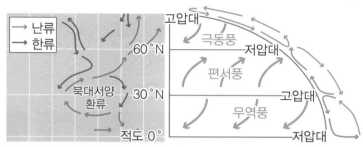

2 무풍지대는 적도, 북위 30° 지점, 남위 30° 지점에서만 생기고 그 외 다른 바다에서는 며칠씩 바람이 불지 않는 경우는 없다. 범선이 무풍지대를 벗어나는 방법을 2가지 서술하시오.

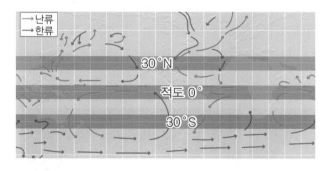

🔬 **과학용어**

▶ 무풍지대: 적도 지역에서는 공기가 수직으로 상승하고 위도 30° 부근에서는 공기가 수직으로 하강하므로 지표면에서는 바람이 거의 불지 않아 무풍지대가 생긴다.

▶ 무역풍: 위도 30° 부근에서 적도 지방으로 부는 바람이다. 북반구에서는 북동쪽으로 불고 남반구에서는 남동쪽으로 분다.

▶ 편서풍: 위도 30°~60° 부근의 중위도 지역에서 부는 바람으로, 서쪽에서 동쪽으로 분다.

강원도 하늘에 나타난 오로라

오로라는 태양에서 날아온 높은 에너지를 가진 입자가 지구 자기장에 이끌려 대기 중의 기체와 충돌하여 다양한 색깔의 빛을 내는 현상이다. 2024년 5월 지구 전역에서 밤하늘을 넘실거리는 알록달록 신비한 빛인 오로라에 열광했다. 오로라는 주로 고위도 지역에서만 관측되는 천문 현상인데, 약 21년 만에 발생한 강력한 태양 폭풍으로 인하여 오로라를 쉽게 관측할 수 없었던 저위도 지역에서도 그 모습을 볼 수 있었다. 2024년 5월 12일에는 강원도에서도 오로라가 어렴풋하게 관측되었다.

〈강원도 오로라〉

〈캐나다 오로라〉

태양 표면을 관측하면 주변보다 온도가 낮아서 상대적으로 어둡게 보이는 부분이 있는데, 이곳을 흑점이라고 한다. 흑점이 폭발하면서 태양 표면에 있던 높은 에너지를 가진 입자가 우주로 방출되는 현상을 태양 플레어라고 하고, 태양 플레어가 지구에 영향을 미치면 태양 폭풍이 발생한다. 태양 활동이 활발해지면 흑점의 수가 늘어나고 태양 플레어의 규모가 커져 태양 폭풍이 강력해진다.

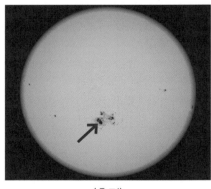
〈흑점〉

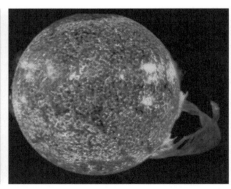
〈플레어〉

〈지구를 향한 플레어〉

태양 활동은 흑점의 수와 면적에 따라 극대기와 극소기로 구분하며, 평균 11년을 주기로 반복된다. 태양 활동은 2019년~2020년에 극소기였다가 이후 점점 강해지고 있다.

1 오로라가 북극이나 남극과 같은 극지방이나 캐나다나 아이슬란드처럼 위도 70° 이상의 고위도 지역에서만 주로 나타나는 이유를 서술하시오.

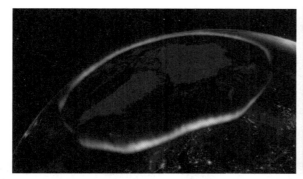
〈우주에서 본 북극 지방 오로라〉

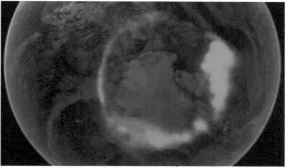
〈우주에서 본 남극 지방 오로라〉

2 태양 활동이 활발해져 태양 폭풍이 발생할 때 지구에서 나타나는 현상을 3가지 서술하시오.

 과학용어

▶ **지구 자기장**: 지구가 가진 자기력에 의해 지구 주변에 형성된 자기장으로, 태양으로부터 오는 높은 에너지를 가진 입자가 대기권 안으로 들어오는 것을 막아준다.
▶ **태양 폭풍**: 태양 표면에서 발생하는 강력한 폭발 현상으로, 태양에서 방출된 에너지가 전자기파와 입자 형태로 우주 공간을 통해 지구로 전파되는 현상이다.

77 남반구에서 보는 달의 모양은?

밤이 되면 둥실 떠오르는 달은 약 28일을 주기로 매일 조금씩 모양을 바꾼다. 달은 스스로 빛을 내지 못하므로 햇빛을 받은 부분만 빛을 반사하여 밝게 보인다. 달 표면의 절반은 항상 햇빛을 받아 밝지만, 달이 지구 주위를 공전하기 때문에 지구에서 달을 보면 밝은 부분의 모양이 변한다. 달은 보이지 않는 삭을 지나 서쪽에서 동쪽으로 위치를 옮겨 가며 차고 기우는데, 그 모양에 따라 초승달, 상현달, 보름달, 하현달, 그믐달 등으로 서로 다르게 불린다. 달이 차오르면 일정한 달 표면에 있는 무늬가 드러나고, 우리 조상들은 달의 무늬를 보고 계수나무 아래에서 방아를 찧는 토끼 이야기를 만들기도 했다.

〈삭〉 〈초승달〉 〈상현달〉 〈상현망〉 〈보름달, 망〉 〈하현망〉 〈하현달〉 〈그믐달〉

남반구에서 보는 달의 모양은 북반구에서 보는 모양과 반대이다. 그 이유는 북반구와 남반구는 지구의 위아래, 서로 반대쪽에 위치하기 때문에 달의 겉모습은 같아 보이지만 망원경을 이용하여 관찰하면 크고 검게 보이는 달의 바다와 크레이터의 위치가 상하좌우가 뒤집혀 보인다. 또, 북반구에서는 달이 동쪽에서 떠서 남쪽 하늘을 가로질러 서쪽으로 지지만, 남반구에서는 달이 동쪽에서 떠서 북쪽 하늘을 가로질러 서쪽으로 진다.

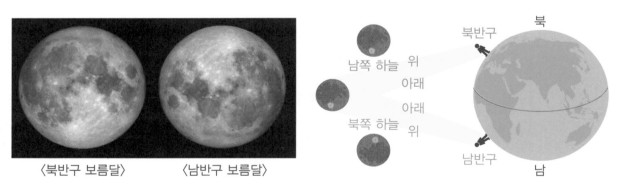

〈북반구 보름달〉 〈남반구 보름달〉

1 달은 모양은 변하지만 항상 같은 면만 볼 수 있다. 지구에서 달의 뒷면을 볼 수 없는 이유를 서술하시오.

〈달의 앞면〉　　　　　〈달의 뒷면〉

2 한 달 동안 북반구에 위치한 우리나라와 남반구에 위치한 호주에서 볼 수 있는 달의 모양을 그리시오.

음력 날짜	1일	2~3일	7~8일	15일	22~23일	27~28일	29일
북반구의 우리나라							
남반구의 호주							

과학용어

▶ **달의 바다**: 달 표면에서 어둡게 보이는 곳으로, 물이 없고 현무암질 암석으로 이루어져 있어서 어두운색을 띤다. 대부분 달의 앞면에 분포하고, 주변보다 지대가 낮고 편평하며, 크레이터가 적다.

▶ **달의 고지**: 달 표면에서 밝게 보이는 곳으로, 칼슘과 알루미늄이 많이 포함된 암석으로 되어 있어 밝게 보인다. 주로 달의 뒷면에 분포하고, 크레이터가 많다.

▶ **크레이터(충돌 구덩이)**: 소행성, 혜성, 유성체 등이 천체 표면에 충돌하여 만들어진 구덩이다. 단단한 표면을 가진 거의 모든 천체에서 발견된다.

78 화성 탐사차, 퍼서비어런스

화성 탐사차인 퍼서비어런스는 2020년 7월 30일 20시 50분에 발사되어 6개월 반 동안 총 4억 7,200만 km를 비행한 후 2021년 2월 19일 화성에 착륙했다. 퍼서비어런스는 2021년 2월 19일 5시 48분에 약 140 km 상공에서 화성 대기에 진입한 후 5시 58분에 예제로 분화구에 착륙했다. 예제로 분화구는 고대 삼각주로 추정되며, 화성에 생명의 흔적이 남아 있을 가능성이 가장 큰 곳 중 하나로 평가되는 곳이다.

퍼시비어런스는 무게가 1톤이고 바퀴 6개로 움직이며, 동력은 원자력 전지이다. 방사성 동위원소 플루토늄−238이 자연 붕괴하는 과정에서 발생하는 열에너지를 전기 에너지로 바꿔 사용한다. 퍼서비어런스는 화성의 1년에 해당하는 687일 동안 화성의 지질 정보와 기후 정보를 수집하고, 고대 생명체 흔적과 화성 암석 표본을 수집했다. 가장 큰 임무는 예제로 분화구에서 고대 화성에 존재했을지 모르는 생명체의 흔적을 찾는 것이었는데, 2023년에 예제로 분화구에서 다양한 유기물의 흔적을 발견했다는 결과가 발표되었다. 퍼서비어런스가 채취해 보관한 토양과 암석 등의 표본은 다른 우주선을 통해 2033년까지 지구로 가지고 올 예정이고, 나사(NASA)는 이 표본으로 화성에 존재했던 생명체의 흔적을 연구할 계획이다.

〈퍼서비어런스〉

〈인저뉴어티〉

퍼서비어런스에는 1.8 kg의 드론인 인저뉴어티가 있다. 화성의 대기는 지구에 비해 매우 희박하여 양력을 발생시키기 어려우므로 인저뉴어티는 동체를 초경량화하고 로터의 회전수를 높여 비행한다. 탐사차 바퀴로 오를 수 없는 지역을 비행하면서 퍼서비어런스를 돕는다. 처음 계획은 고도 3~10 m에서 3분 이내로 최대 5회 정도의 비행을 할 예정이었지만, 실제로는 총 72회, 총 129분 동안 고도 약 12 m 공중에 머물면서, 총 약 17 km의 거리를 비행했다. 2024년 1월 18일 착륙 도중 날개가 손상되어 비행 임무를 종료했다.

1 지구 주변을 돌고 있는 국제우주정거장, 인공위성 등 다양한 우주 시스템은 동력으로 태양 전지를 사용하지만 퍼서비어런스는 동력으로 원자력 전지를 사용한다. 그 이유를 서술하시오.

2 화성은 대기가 희박해 착륙할 때 공기 저항을 거의 받지 않는다. 퍼서비어런스는 20,000 km/h 속도로 화성 대기권에 진입한 후 약 7분 후에 착륙했고, 약 7분 동안 탐사선은 통신이 끊긴 상태에서 1,600 ℃에 이르는 뜨거운 화성 대기 저항을 뚫고 내려가야 했다. 탐사선 착륙 과정 중에서 가장 어렵고 위험한 이 과정을 '공포의 7분'이라고도 부른다. 퍼서비어런스가 화성 표면에 착륙한 방법을 서술하시오.

 과학용어

▶ **화성:** 화성은 지구인들이 이주해 살 수 있는 새로운 장소로 주목받고 있다. 화성 탐사는 물과 유기물을 발견하여 과거 생명체가 존재했던 흔적을 찾는 일에 집중되고 있으며, 지질과 환경을 조사하여 인류의 거주 가능성을 검토해 보고 있다.

▶ **화성 탐사차:** 화성에 도착한 후 화성 표면을 탐사하는 탐사차이다. 성공적으로 운용된 화성 탐사차는 소저너, 스피릿, 오퍼튜니티, 큐리오시티, 퍼서비어런스, 주룽 등 총 6대이다. 주룽은 중국의 화성 탐사차이고, 나머지는 미국 나사(NASA)의 화성 탐사차이다.

79 현실이 된 우주여행

우주여행은 언제쯤 가능할까? 과거에는 우주여행이 과학 소설의 주제로만 존재했을 뿐 현실적인 가능성으로까지 이어지지 않았지만, 기술 발전과 우주 탐사 프로그램의 성공으로 점차 현실이 되고 있다. 2021년부터 버진 갤럭틱, 블루 오리진, 스페이스X 등 민간 우주 기업들이 우주 관광 사업을 진행하고 있다.

버진 갤럭틱과 블루 오리진의 우주여행은 우주선에 탑승객을 태우고 고도 80~100 km 높이로 올라간다. 탑승객은 약 3~4분 동안 창밖으로 푸른 지구의 모습을 바라보고 무중력 상태를 경험한 후 다시 지구로 돌아온다. 버진 갤럭틱 우주여행은 비행기 모양의 모선에 매달려 고도 13.6 km에서 분리된 후 고도 88.5 km까지 날아오르고, 출발부터 착륙까지 약 90분 정도 걸린다. 블루 오리진 우주여행은 유인 캡슐을 로켓에 싣고 발사대에서 수직으로 발사하여 고도 100 km까지 날아오르고, 출발부터 착륙까지 약 10분 정도 걸린다.

〈버진 갤럭틱 우주여행 비행기〉　　〈블루 오리진 우주여행 로켓〉　　〈스페이스X 우주여행 로켓〉

2024년 스페이스X의 우주여행 폴라리스 던 프로젝트에서는 고도 540 km에서 3일 동안 지구 궤도를 돌며 우주 과학 실험에 참여했으며, 5일 동안 고도 1,300 km 이상으로 날아가 지구 궤도를 돌면서 밴앨런대를 통과했다. 그리고 약 2시간 동안 최초의 민간인 우주 유영에 성공했는데, 우주 유영은 단순한 놀이가 아니라 우주 환경이 인간 건강에 미치는 영향을 확인하는 실험 목적도 있다.

스페이스X는 인류의 화성 식민지 건설과 행성 간 여행을 목표로 하는 장기 프로젝트인 스타십(starship) 프로젝트의 일환으로, 2024년 6월 6일 우주선 스타십 시험 비행에 성공했다. 우주선 스타십은 여러 번 재사용이 가능한 다목적 우주 발사체로 개발된 인류 역사상 가장 거대한 로켓으로, 총길이 120 m, 지름 9 m이며, 승객 100명을 태우고 화물 150톤까지 실을 수 있다. 우주선 스타십 시험 비행 성공으로 화성 도시 건설과 민간인 달 탐사 가능성이 커지고 있다.

1 고도 80~100 km 높이로 올라가는 우주여행에서 무중력을 체험할 수 있는 이유를 서술하시오.

2 최근 스페이스X에서는 달이나 화성 여행을 위한 유인 우주선 스타십 시험 비행에 성공했으며 우주여행을 항공여행처럼 만드는 것이 목표라고 밝혔다. 만약 화성 여행이 가능해져 화성에서 사람들이 생활할 수 있다면 발생할 수 있는 일을 5가지 서술하시오.

 과학용어

▶ 밴앨런대: 지구는 하나의 거대한 자석으로, 자기력이 미치는 공간을 지구 자기장이라고 한다. 밴앨런대는 지구 자기장에 의해 에너지가 높은 입자가 갇혀 있는 지구 주변 도넛 모양의 구역으로, 태양에서 오는 해로운 입자를 막아 주는 보호막 역할을 한다.

▶ 우주 유영: 우주 비행사가 위성 또는 우주선 밖으로 나와 무중력 상태의 우주 공간을 떠다니는 것이다.

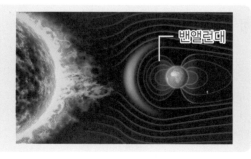

80 인공위성에게 뺏긴 밤하늘의 별빛

최근 밤하늘에서 유난히 밝게 빛나는 별을 많이 볼 수 있는데, 이는 대부분 인공위성이다. 지구에서 보이는 거의 모든 별보다 더 밝게 빛나는 인공위성의 등장으로, 이미 과거에 비해 보기 어려워진 별들을 더 가리게 되었다. 인공위성 가운데 가장 큰 국제우주정거장(ISS)은 겉보기 등급이 최대 −4등급으로, 도심에서도 쉽게 볼 수 있다. 2023년 9월 10일 미국이 쏘아 올린 통신위성 '블루워커 3'는 발사 초기에는 겉보기 등급이 2등급으로 북극성과 같은 밝기였으나, 2023년 11월에 안테나를 펼치면서 겉보기 등급이 0.4급으로 되어 겨울철 밝게 보이는 오리온자리의 별들 중 밝은 별들과 같은 밝기가 되었다. 블루워커 3가 밝게 보이는 이유는 위성 기체에 장착된 거대한 태양 전지판과 흰색의 기체가 지구로 태양 빛을 강하게 반사하기 때문이다.

〈국제우주정거장(ISS)〉

〈블루워커 3 인공위성〉

인공위성은 태양 빛을 반사하기 때문에 아침이나 저녁 무렵에 밝게 보인다. 현재 전 세계에서 운용 중인 위성은 약 9천 개이며, 이 중 60 % 이상은 2020년 이후 발사한 통신용이다. 현재 각국에서 발사를 계획하고 있는 통신 위성은 총 6만 5천 개로, 이 위성들이 모두 발사되면 위도 30~40° 지역에서 봄철과 가을철에 아침저녁으로 밝게 보이는 별의 약 10 %를 인공위성이 차지하게 될 것이다. 인공위성은 인간 생활에 빠질 수 없는 중요한 시설이며, 자율주행 등 지상 통신 기술의 진전과 보급

〈지구 저궤도에 떠 있는 위성 및 우주쓰레기〉

에 따라 의존도는 더욱 높아질 전망이다. 향후 10년 안에 수많은 대형 인공위성들이 발사되면 밤하늘의 모습이 영원히 바뀔 것으로 우려된다.

1 겉보기 등급이 −4등급인 국제우주정거장(ISS)은 겉보기 등급이 2등급인 북극성보다 몇 배 밝은지 계산하시오.

2 국제천문연맹이 권고하는 지구 저궤도 인공위성의 최대 밝기는 겉보기 등급 7등급이다. 위성들이 내는 빛이 천문 망원경에 포착되면 별의 관측을 방해하는 밝은 줄무늬 같은 흔적을 남겨 천체를 관측하고 연구하는 데 방해가 되기 때문이다. 인공위성의 밝기를 낮추는 방법을 3가지 서술하시오.

〈브라질 밤하늘에 찍힌 인공위성 궤적과 유성〉   〈허블 우주망원경에 찍힌 인공위성 궤적〉

 과학용어

▶ **겉보기 등급**: 우리 눈에 보이는 빛의 밝기를 기준으로 정한 등급으로, 우리 눈에 밝게 보이는 별일수록 겉보기 등급이 작다.
▶ **절대 등급**: 별이 10 pc(파섹) 거리에 있다고 가정했을 때 별의 밝기를 나타낸 등급이다. 겉보기 등급이 절대 등급보다 작은 별은 10 pc보다 가까운 거리에 있고, 겉보기 등급이 절대 등급과 같은 별은 10 pc 거리에 있으며, 겉보기 등급이 절대 등급보다 큰 별은 10 pc보다 먼 거리에 있다.

V

융합

불청객 미세 먼지

날씨가 추워지는 겨울에는 미세 먼지와 초미세 먼지로 인해 하늘이 탁한 날이 많다. 미세 먼지는 입자의 지름이 10 μm 이하인 먼지이고, 초미세 먼지는 입자의 지름이 2.5 μm 이하인 먼지이다. 미세 먼지는 대기 오염 물질이 공기 중에서 반응하여 형성된 황산염이나 질산염, 석탄이나 석유 등 화석 연료를 태우는 과정에서 발생하는 탄소류와 검은 가루, 지표면의 흙먼지 등에서 생기는 광물 등의 유해 물질로 구성된다. 초미세 먼지는 미세 먼지와 마찬가지로 유해 물질로 이루어져 있는데, 주로 자동차의 배출 가스에서 발생한다.

〈미세 먼지가 '좋음'〉

〈미세 먼지가 '매우 나쁨'〉

먼지는 대부분 우리의 코를 통해 걸러져 배출되지만, 미세 먼지와 초미세 먼지는 매우 작아 인체 깊숙이 파고들어 흡수될 수 있다. 우리 몸은 미세 먼지로부터 자신을 지키기 위해 면역 반응이 일어나는데, 염증 반응은 천식과 호흡기 질환 등을 유발할 수 있다. 미세 먼지 농도가 높은 날에는 외출 시 황사 전용 마스크를 착용하고, 외출 후에는 손과 발, 얼굴 등을 깨끗이 씻어야 하며, 입었던 옷은 세탁해야 한다. 또한, 창문을 닫아 외부 먼지가 들어오지 않게 하고 환기 횟수를 줄이며, 요리할 때 발생하는 실내 미세 먼지를 제거하기 위해 환풍기를 가동한다. 가습기를 틀어 습도를 높이면 각종 먼지가 물 입자와 만나 바닥으로 가라앉게 되므로, 바닥을 잘 닦아내면 실내 미세 먼지 농도를 낮출 수 있다.

우리나라는 2019년부터 미세 먼지의 발생 빈도와 강도를 줄이기 위해 고농도 미세 먼지가 집중적으로 발생하는 겨울철에 '미세 먼지 계절관리제'를 시행하고 있다. 겨울철이 되면 배출 가스 5등급 차량의 운행을 제한하고 행정 · 공공기관 차량 2부제를 실시하며, 운행하는 차의 배출 가스 및 자동차 공회전을 집중적으로 단속한다. 또, 시민들의 고농도 미세 먼지 노출을 최소화하기 위해 도로 청소를 강화한다.

1 미세 먼지와 초미세 먼지는 봄철에 가장 심할 것으로 예상하지만, 실제로는 겨울철에 미세 먼지와 초미세 먼지의 농도가 가장 높다. 겨울철에 미세 먼지와 초미세 먼지가 심한 이유를 2가지 서술하시오.

2 산림청은 바람길숲을 조성하여 대기 순환을 촉진하면 미세 먼지와 초미세 먼지가 분산되므로 농도를 낮출 수 있다고 한다. 이처럼 미세 먼지와 초미세 먼지를 줄일 수 있는 방법을 3가지 서술하시오.

〈서울 우이천 바람길숲: 북한산의 찬 공기가 흘러 도심의 공기를 순환하고 온도를 낮춘다.〉 〈평택 바람길숲: 숲을 따라 찬 공기가 흘러 도심의 공기를 순환하고 온도를 낮춘다.〉

 과학용어

▶ 미세 먼지: 지름이 10 μm 이하인 먼지를 말하며 PM10으로 표기한다. 주로 연료 연소, 보일러나 자동차, 발전 시설 등의 배출 물질에서 발생하고, 공사장이나 도로에서 흩날리는 먼지도 영향을 준다.
▶ 초미세 먼지: 지름이 2.5 μm 이하인 먼지를 말하며 PM2.5로 표기한다. 주로 자동차 배기가스 등 화석 연료를 태우는 과정에서 발생한다. 크기가 매우 작아 사람이 호흡할 때 폐까지 깊숙이 침투하며, 심장 질환과 호흡기 질환을 불러일으킨다.
▶ 면역 반응: 우리 몸이 바이러스, 세균, 미세 먼지와 같은 외부 침입자로부터 자신을 보호하는 과정으로, 면역 반응으로 인해 질병을 이겨낼 수 있다.

82 매일 먹고 마시는 미세 플라스틱

미세 플라스틱은 일반적으로 크기가 5 mm 미만인 플라스틱 조각이다. 100년 동안 우리에게 편리함을 제공한 플라스틱은 분해되는 데 많은 시간이 걸리므로, 이제는 우리에게 위협을 가하고 있다. 미세 플라스틱은 발생 원인에 따라 1차 미세 플라스틱과 2차 미세 플라스틱으로 나누어진다. 1차 미세 플라스틱은 마이크로 비즈와 같이 의도적으로 5 mm 이하로 만든 플라스틱으로 치약, 세안제, 화장품에 들어가는 플라스틱 알갱이가 대표적이다. 2차 미세 플라스틱은 플라스틱 제품과 파편이 햇빛, 바람, 파도 등에 의해 풍화되어 생긴 것으로, 자연에 존재하는 미세 플라스틱 대부분은 2차 미세 플라스틱이다.

〈미세 플라스틱〉

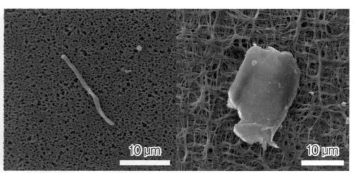
〈현미경으로 관찰한 생수에 포함된 미세 플라스틱〉

세탁 시 합성 섬유에서 만들어진 미세 플라스틱은 해양 미세 플라스틱의 35 %를 차지하고, 타이어 마모로 만들어진 미세 플라스틱은 공기 중 미세 플라스틱의 84 %를 차지한다. 미세 플라스틱은 분해되지 않고 토양, 담수, 해양, 빙하, 대기 등 모든 환경에 존재하고 있다. 전 세계 바다 위를 떠다니는 미세 플라스틱 입자는 약 171조 개로 그 무게는 약 230만 톤으로 추정된다. 미세 플라스틱이 물로 흘러 들어가면서 그 물을 이용하는 미생물과 동물뿐만 아니라 사람의 몸에도 쌓이게 되는데 성인 기준으로 인체에 흡수되는 미세 플라스틱의 양은 일주일에 신용카드 한 장, 한 달에 칫솔 한 개 정도와 같다고 한다. 다행히 이 중에서 90 % 정도는 몸 밖으로 배출되지만, 10 % 정도는 몸에 축적되어 여러 가지 문제를 일으킨다. 인체에 흡수된 미세 플라스틱은 조직에 염증을 일으키거나 세포 증식, 괴사 등의 원인이 된다. 또한, 호흡기에 직접 들어와서 쌓이면 폐 질환을 일으킬 수 있고, 원인 모를 잔기침, 호흡 곤란을 발생할 수 있다. 미세 플라스틱의 입자는 매우 작아 혈관을 돌아다니면서 온몸으로 이동할 수 있기 때문에 심혈관 질환, 소화 문제, 장기에 직접적인 영향을 미칠 수 있다.

1 5 mm 이하로 크기가 아주 작은 미세 플라스틱이 우리 몸속으로 들어오는 경로를 3가지 서술하시오.

2 미세 플라스틱의 피해를 줄이기 위한 방법을 3가지 서술하시오.

 과학용어

▶ 플라스틱: 1907년에 최초의 상업 용도로 개발되었다. 플라스틱은 가볍고 단단하며, 저렴하게 생산할 수 있어 금속, 석재, 나무, 가죽, 유리 등의 고전적인 재료를 빠르게 대체했다. 대부분의 플라스틱은 폐기 후 자연 분해되는 데 오랜 시간이 걸린다. 다시 가열하여 재가공할 수 있는 열가소성 플라스틱 제품은 분리수거를 통하여 회수되어 재활용한다.

83 현실과 가상을 넘나드는 혼합 현실

가상 현실(VR), 증강 현실(AR), 혼합 현실(MR)은 모두 디지털 기술을 통해 현실 세계와 가상 세계를 결합하여 새로운 경험을 제공하는 기술이다.

가상 현실(VR)은 현실 세계와 완전히 차단되어 가상 세계를 체험한다. VR 기기를 착용하고 가상 세계를 360°로 둘러보면서 주인공이 되어 실제 경험할 수 없는 우주 환경, 게임 세계 등을 경험할 수 있다. 현실감은 떨어지지만 시각, 청각, 촉각 등의 감각을 이용하여 완전한 가상 세계에 몰입할 수 있다. 가상 게임, 가상 여행, 가상 안전 교육, 가상 비행 조종 교육 등 현실에서 직접 경험하기 힘든 것을 체험하는 용도로 많이 사용한다.

〈가상 현실(VR)을 이용한 게임〉

증강 현실(AR)은 현실 세계에 가상 세계를 덧붙여서 체험한다. 스마트폰 카메라나 AR 기기를 이용하면, 현실 세계에 가상의 물체나 문자가 표시되거나 현실 세계의 정보를 실시간으로 확인할 수 있다. 증강 현실을 이용하면 카메라로 찍은 화면의 지도에 길을 표시할 수 있고, 가구를 실제 집이나 사무실에 배치해 볼 수 있다. 또, 안경이나 옷을 구매하기 전에 착용해 볼 수 있고, 건축 설계도를 바탕으로 실제 건축물의 예상 모습도 확인해 볼 수 있다.

〈증강 현실(AR)을 이용한 지도〉

혼합 현실(MR)은 가상 현실과 증강 현실의 장점을 합친 기술이다. MR 기기를 이용하면 현실 세계의 물체와 가상의 물체가 자연스럽게 합쳐진 모습을 볼 수 있고, 현실 세계에 아주 정교한 3D 형태의 가상 이미지가 더해져 현실의 일부인 것처럼 느낄 수 있다. 여러 사람이 동시에 체험할 수 있으며, 같은 공간에 있지 않아도 정보를 공유할 수 있어 원격에 있는 사람들이 모여 함께 작업하는 듯한 환경을 만들 수 있다.

〈혼합 현실(MR)을 이용한 수술 실습〉

1 혼합 현실은 가상 현실의 몰입감과 증강 현실의 현실감을 모두 갖추고 있어 사용자와의 상호작용을 더욱 강화한 기술이다. 혼합 현실을 활용할 수 있는 경우를 3가지 서술하시오.

2 혼합 현실을 발전시키기 위해 해결해야 할 과제를 2가지 서술하시오.

과학용어

▶ 디지털 기술: 숫자로 정보를 처리하고 저장 및 전송하는 장치를 연구하고 개발하는 기술이다.
▶ 가상 현실(Virtual Reality, VR): 가상의 세계를 만들어 사용자의 다양한 감각을 자극해 실제로 사용자가 거기에 있는 듯한 느낌을 주는 기술이다.
▶ 증강 현실(Augmented Reality, AR): 현실 세계에 가상의 정보나 사물들을 겹쳐 보이게 하여 실제로 존재하는 듯한 느낌을 주는 기술이다.
▶ 혼합 현실(Mixed Reality, MR): 가상 현실과 증강 현실을 혼합하여 현실과 가상이 잘 어우러지도록 하는 기술이다. 마이크로소프트의 홀로렌즈와 애플 비전 프로가 해당한다.

84 인터넷과 연결된 사물, IoT

거실에서 주차장의 주차 위치를 확인한 후 엘리베이터를 호출하고 외출한다. 집을 떠난지 얼마 후 자동으로 집 안의 조명과 사용하지 않는 전기 제품, 냉난방 시설이 꺼진다. 집으로 돌아오면 차량을 인식하여 주차장 문이 열리고, 도착을 감지하여 자동으로 집 안의 조명과 냉난방 시설이 작동한다. 음성 인식 기능으로 원하는 음악이나 TV 채널을 켤 수 있고, 스마트폰으로 밖에서도 집 안의 모든 기기를 원격으로 제어할 수 있다. 이러한 생활의 핵심은 사물인터넷(Internet of Things, IoT)이다.

〈스마트 홈〉

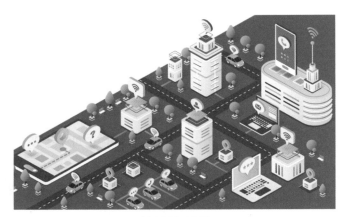

〈스마트 시티〉

사물인터넷은 모든 사물들이 고유한 IP 주소를 가지고 인터넷에 연결되어 서로 정보를 주고받는 기술이다. 각종 사물에 센서와 통신 기능을 내장해 인터넷에 연결하면 사람과 사물, 공간 등 모든 것이 서로 연결되어 상호 소통할 수 있다. 사물인터넷은 스마트 장치 및 가전제품을 와이파이에 연결하여 간단하게 설정하고 제어하는 스마트 홈, 네트워크 제조 공정을 자동화하는 스마트 팩토리, 실시간 교통 데이터와 환경 상태를 모니터링하는 스마트 시티, 토양과 작물의 상태를 실시간으로 관리하는 스마트 팜 등에 많이 사용되고 있다.

사물인터넷을 통해 많은 작업이 자동화되고 원격으로 제어할 수 있으므로 효율성이 크게 향상되고, 일상적인 작업들을 자동화할 수 있으므로 시간을 절약할 수 있다. 또, 실시간으로 데이터를 수집하고 전송할 수 있으므로 의료, 제조, 교통 시스템 등 다양한 분야에서 즉각적인 정보 제공 및 의사 결정에 큰 도움을 줄 수 있으며 상황을 빠르게 인지하여 대응할 수 있다. 사물인터넷은 에너지 사용을 최적화하여 에너지 낭비를 줄이고 비용을 절감하며, 실시간으로 모니터링하고 유지 보수할 수 있게 하므로 기기의 고장률을 줄이고 수리 비용을 낮출 수 있는 장점이 있다.

1 우리 생활 속에서 사물인터넷이 적용된 경우를 3가지 서술하시오.

2 사물인터넷이 실생활에 적용되면서 나타나는 문제점을 해결 방안과 함께 2가지 서술하시오.

 **과학용어**

▶ IP 주소: 인터넷에서 컴퓨터, 스마트폰, 서버 등 다양한 기기들이 서로 통신할 수 있도록 각 장치에 부여되는 고유한 식별
번호로, 인터넷 상에서 각 기기의 주소라고 할 수 있다.

85 생활 속에 스며든 인공지능

제주 도정 정책 영상 뉴스와 경기 광명시 시정 홍보 유튜브에서 인공지능 아나운서가 프로그램을 진행한다. 인공지능 아나운서는 20~30대 젊은 여성의 모습으로 자연스러운 발음, 섬세한 표정과 움직임으로 뉴스를 진행하고 각종 소식을 전하는데, 대본을 입력하면 정해진 문장만을 음성으로 출력하는 가상 인간에 속한다. 인공지능 아나운서 덕분에 시간과 장소에 구애받지 않고 24시간 언제든지 영상을 제작할 수 있으며 제작 비용도 줄일 수 있다.

〈제주 인공지능 아나운서 제이나〉

〈경기 광명시 시정 홍보 유튜브 인공지능 아나운서 써니〉

인공지능(Artificial Intelligence, AI)은 컴퓨터 시스템이 인간처럼 생각하고, 학습하며, 문제를 해결할 수 있도록 하는 기술이다. 점점 발전하는 과학으로 인하여 인공지능 기술이 하루가 다르게 발전하며 일상생활에서도 인공지능의 적용 범위가 넓어지고 있다. 스마트폰의 음성 인식 기능, 내비게이션 시스템, 온라인 쇼핑 플랫폼, 스마트 스피커, 인공지능 채팅, 복잡한 의료 진단 시스템, 금융 분석 및 예측에 이르기까지 인공지능은 우리 일상 곳곳에서 활용되고 있다.

인공지능은 전문가들 사이에서 찬사와 지탄이 극명하게 갈리는 기술 중 하나이다. 인공지능은 데이터 처리 및 분석 능력이 뛰어나 복잡한 문제 해결에 효과적이고, 반복적인 작업을 자동화하여 시간과 비용을 절약할 수 있다. 또한, 인간의 실수를 줄여 업무의 정확성을 높일 수 있고, 개인화된 서비스를 제공할 수 있다. 그러나 인공지능 도입에는 높은 초기 비용이 발생하고, 개인정보 보호와 데이터 보안 등의 문제가 있다. 또한, 일부 일자리를 대체하여 일자리 부족 현상이 생길 수 있고, 인간의 감정을 이해하지 못하므로 특정 상황에서는 인공지능 활용에 한계가 있다.

인공지능은 한쪽에서는 인간의 한계를 뛰어넘게 해 줄 구원의 기술로, 그 반대편에선 인류의 생존을 위협할 치명적 기술로 받아들인다. 인공지능의 장점을 극대화하면서 단점을 최소화할 수 있는 방향으로 기술이 발전하다보면 언젠가는 인공지능이 인간의 지능을 뛰어넘는 싱귤래리티가 올 것이라고 생각하는 학자들도 있다.

1 인공지능 기술로 사람을 대체할 수 있는 일자리를 3가지 서술하시오.

2 인공지능이 인류의 지능을 초월해 스스로 진화해 가는 기점으로, 더 이상 사람이 인공지능을 통제할 수 없게 되는 상황을 싱귤래리티(기술적 특이점)라고 한다. 싱귤래리티가 가져올 미래 사회의 모습을 3가지 서술하시오.

 과학용어

▶ 싱귤래리티(Singularity): 인공지능(AI)이 인간의 지능을 뛰어넘어 인간 수준 이상의 지능을 보유하게 되는 상황으로, 현재로서는 이론적인 개념이다. 싱귤래리티가 도래하면 인공지능은 더 빠르고 더 강력한 인지 능력을 갖게 되어 사람들이 할 수 없는 복잡한 문제를 해결하거나 기존의 사회 · 경제 · 문화 · 과학 · 의료 등의 분야에서 혁신적인 변화를 가져올 수 있다.

86 스스로 움직이는 자율 주행 자동차

2024년 7월 24일부터 제주도에서 노선버스형 자율 주행 버스인 탐라자율차가 시범 운행한다. 자율 주행 자동차는 도로의 제한 속도를 준수하고, 다른 차량을 추월하거나 무리하게 차선을 변경하지 않으며, 스스로 운전하다가 버스 정류장에 도착할 때쯤 차선을 변경한다. 또한, 강아지나 사람과 같은 장애물이 갑자기 불쑥 뛰어나오면 스스로 멈춘다. 자율주행 자동차는 다양한 센서와 인공지능 기술을 활용하여 스스로 주변 환경을 인식하고, 위험을 판단하여 주행 경로를 계획하고 안전한 운행을 할 수 있도록 제어해야 하므로 정교하고 오차 없는 기술 발전이 기반되어야 한다.

〈출처: 제주특별자치도 누리집〉

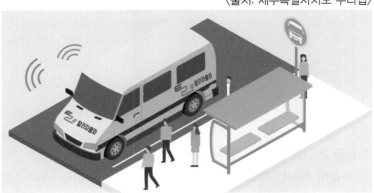

자율 주행 자동차의 주행 단계는 레벨 0에서 레벨 5까지 나뉜다. 현재 레벨 3과 레벨 4의 경계에서 계속해서 발전하고 있으며, 특히 레벨 4와 레벨 5의 상용화가 이루어질 경우 효율성이 크게 향상될 것으로 기대된다. 자율 주행 자동차는 효율적인 경로 선택과 차간거리 유지로 교통 체증을 완화하고, 연비를 줄이는 데 좋은 영향을 끼친다. 주변 환경을 지속적으로 감지하여 예측하고 반응하므로 운전자의 실수로 인한 사고를 줄일 수 있으며 운전 능력에 제약이 있는 노인 및 장애인의 이동에도 도움을 줄 수 있다.

[자율 주행 단계 구분]

레벨	0	1	2	3	4	5
	운전자 보조 기능			자율 주행 기능		
명칭	비자율	운전자 보조	부분 자동화	조건부 자율	고도 자율	완전 자율
운전자 운전 주시	항시 필수	항시 필수	항시 필수	시스템 요청 시	작동 구간 내 불필요	전 구간 불필요
자동화 항목	–	조향 또는 속도	조향과 속도	조향과 속도	조향과 속도	조향과 속도
자동화 구간	–	특정 구간	특정 구간	특정 구간	특정 구간	전 구간
예시	사각지대 경고	차선 유지 또는 크루즈 기능	차선 유지 및 크루즈 기능	혼잡 구간 저속 주행	지역 무인 택시	운전자 없는 완전 자율 주행

1 자율 주행 자동차의 원리는 인지 단계, 판단 단계, 제어 단계의 세 단계로 나눌 수 있다. 각 단계의 역할을 사람의 신체와 비교하여 서술하시오.

① 인지 단계:

② 판단 단계:

③ 제어 단계:

2 자율 주행 자동차는 음주 운전, 졸음운전 등 운전자의 실수로 인한 사고를 줄일 수 있는 장점도 있지만, 문제점도 있다. 자율 주행 자동차가 상용화되었을 때 나타날 수 있는 문제점을 2가지 서술하시오.

 과학용어

▶ **자율 주행 자동차**: 운전자가 차량을 조작하지 않아도 스스로 움직이는 자동차로, 첨단 자동차 기술이 발전하면서 현실이 되어가고 있다.

▶ **라이다(LiDAR)**: 자율 주행 기술을 완성하는 데 필요한 핵심 기술 중 하나로, 자율 주행 자동차의 눈을 담당하는 이미지 센서이다. 600~1,000 nm 파장의 고출력 레이저 펄스를 발사한 후 물체에 반사되어 돌아오는 시간을 측정하여 사물과 사물의 거리를 측정하고, 위험을 감지할 수 있도록 돕는다. 주변이 어둡거나 기상 상황이 좋지 않을 때 인식률이 낮아지는 카메라와 작은 물체를 감지하지 못하는 레이더의 단점을 보완한다.

87 진짜 같은 가짜, 딥페이크

2024년 2월 4일, 홍콩의 한 금융회사 직원이 딥페이크로 재현된 가짜 최고재무책임자(CFO)와의 화상 회의에 속아 홍콩달러 2억(한화 342억 원)을 송금하는 사기를 당했다. 사기꾼은 CFO뿐만 아니라 화상 회의에 참석한 모든 직원의 얼굴을 딥페이크로 재현하여 피해 직원을 속였다.

딥페이크(deepfake)는 딥러닝(deep learning)과 페이크(fake)의 합성어로, 인공지능을 이용하여 얼굴과 목소리를 합성한 후 가상의 영상과 음성을 만들어 내는 기술이다. 다른 사람의 얼굴로 바꿀 수 있고, 목소리도 변조할 수 있어 마치 그 사람이 실제로 그런 행동을 한 것처럼 보이게 할 수 있다.

딥페이크는 인공지능의 한 분야인 딥러닝을 기반으로 하며, 생성적 적대 신경망(Generative Adversarial Network, GAN) 알고리즘을 사용한다. 생성적 적대 신경망은 생성자와 판별자, 두 개의 신경망으로 구성되어 있다. 생성자가 가짜 데이터를 만들면 판별자가 이를 진짜 데이터와 비교하여 평가하고, 이 과정을 반복하면서 생성자는 점점 더 진짜 같은 가짜 데이터를 만든다. 먼 미래에서나 가능할 것 같았던 이 기술이 이젠 완벽한 수준으로 구현이 될 정도로 정교해지고 있다.

딥페이크는 영상 편집의 한계를 극복하고 보다 현실적인 시각 효과를 만들기 위해 연구되었으나, 오늘날에는 다양한 목적으로 활용되고 있다. 딥페이크를 이용하여 영화나 드라마에서는 배우가 연기할 수 없는 특정 장면이나 어린 시절의 모습을 재현할 수 있다. 그러나 딥페이크로 제작된 허위 영상이나 음성은 사실과 매우 유사하기 때문에 이를 악용하여 가짜 뉴스를 퍼뜨릴 수도 있다. 창의적이고 혁신적인 면으로 딥페이크 기술은 다양한 분야에서 새로운 가치를 창출할 수 있지만, 개인의 권리를 침해하고 사회적 혼란을 일으킬 수 있는 위험성을 가지고 있다.

1 딥페이크를 활용할 수 있는 경우를 3가지 서술하시오.

2 딥페이크 기술은 잠재력이 매우 크지만 이로 인한 부작용도 매우 심각하다. 딥페이크의 문제점을 3가지 서술하
시오.

 과학용어

▶ 딥러닝(deep learning): 컴퓨터가 사람처럼 판단하고 학습할 수 있도록 하여 사물이나 데이터를 군집화하거나 분류하는
데 사용하는 기술이다. 학습 자료의 양이 많을수록, 학습의 단계가 세분화될수록 성능이 좋아진다.
▶ 알고리즘: 주어진 문제를 논리적으로 해결하기 위해 필요한 절차, 방법, 명령어들을 모아놓은 것이다.
▶ 생성적 적대 신경망(GAN): 기존의 데이터를 모방해 새로운 데이터를 만드는 알고리즘으로, 두 개의 모델이 서로 목표를
달성하기 위해 적대적으로 겨루는 구조이다.

88 인간과 컴퓨터를 연결하는 뉴럴링크

2024년 1월 28일, 미국의 뇌 연구 스타트업 뉴럴링크에서 실제 사람 머리에 지름 23 mm, 두께 8 mm의 BCI(Brain-Computer Interface) 칩을 삽입하는 수술을 세계 최초로 진행했다. 불의의 사고로 전신 마비가 된 환자는 모든 것을 주변 사람에게 의존해야 했지만, BCI 칩을 삽입한 이후에는 손가락을 움직이지 않고 생각만으로 마우스를 움직여 인터넷 검색 및 게임을 하고 글자를 입력할 수 있게 되었다.

〈출처: 뉴럴링크 공식 유튜브〉

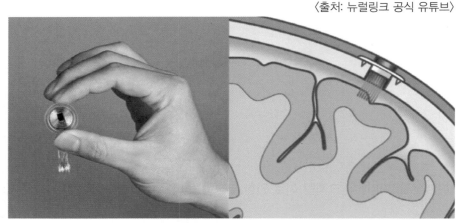

〈뉴럴링크의 BCI 칩과 뇌에 이식한 모습〉

뉴럴링크는 뇌나 척수 손상 등으로 팔다리를 쓰지 못하는 사람이 생각만으로 스마트폰과 컴퓨터와 같은 각종 기기를 제어할 수 있도록 신경계와 컴퓨터 사이의 인터페이스 장치(BCI)를 개발하는 회사이다. BCI 칩은 작은 동전 크기만 하고, 아래에 수십 가닥의 가느다란 전극이 달려 있다. 머리뼈에 BCI 칩을 삽입한 후 굵기가 5 μm 정도로 얇은 전극을 대뇌 피질에 이식한다. 이 전극은 뉴런을 파괴하지 않고 전기 신호를 수집하며, 수집된 전기 신호는 무선으로 컴퓨터에 전송된다. 컴퓨터가 뇌의 전기 신호를 수집해 분석하고 의미를 파악한 후, 컴퓨터가 이해할 수 있는 디지털 신호로 바꾸면 데이터를 읽고 쓰거나 인공지능의 도움을 받을 수 있다.

컴퓨터의 연산 속도는 기하급수적으로 발전하고 있지만, 사람이 키보드나 마우스, 화면 터치로 컴퓨터나 스마트폰에 데이터를 입력하는 속도로는 초당 약 20바이트의 데이터밖에 전송할 수 없다. 따라서 뉴럴링크의 최종 목적은 사람과 인공지능을 연결하여 뇌가 직접 컴퓨터로 명령을 전달하고 뇌가 직접 스마트폰이나 컴퓨터를 제어하며, 인공지능의 판단을 뇌로 직접 전달함으로써 인간의 인지 능력을 향상시키는 것이다.

1 뉴런은 자극을 전달하는 신경계의 기본 단위이다. 뉴런이 신호를 전달하는 방법을 서술하시오.

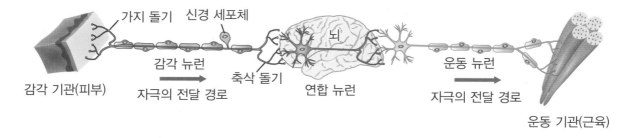

2 뉴럴링크 기술을 활용할 수 있는 경우를 3가지 서술하시오.

과학용어

▶ 뉴럴링크(Neuralink): 신경 세포를 뜻하는 뉴런(neuron)과 연결을 의미하는 링크(link)의 합성어로, 뇌와 컴퓨터를 연결한
다는 의미를 담고 있다.

▶ 뉴런: 감각 기관이 받아들인 자극을 뇌로 전달하거나 자극을 판단하여 적절한 반응이 나타나도록 신호를 전달하는 체계
를 신경계라고 한다. 신경계는 수많은 신경 세포가 모여서 이루어지며, 신경 세포를 뉴런이라고 한다.

친환경 에너지, 바이오매스

과거에는 낙타, 염소, 양 등의 가축 배설물을 말려 땔감으로 사용하거나 향유고래의 기름을 헬리콥터 연료로 사용하기도 했다. 이처럼 목재, 농업 부산물, 음식물 쓰레기, 동물 배설물 등 생물체에서 발생하는 자원을 에너지원으로 하는 것을 바이오매스라고 한다. 지구 온난화와 탄소 중립이라는 전 세계적인 이슈로 인해 신재생 에너지에 대한 관심이 높아지고 있다. 그중에서도 지속 가능한 친환경 에너지로 주목받고 있는 바이오매스는 지구에서 일 년간 생산되는 양이 석유의 전체 매장량과 비슷해 고갈될 염려가 없다.

〈폐목재 나무칩, 직접 태워 사용〉　　〈옥수수로 만든 바이오 에탄올〉　　〈미세 조류로 만든 바이오 디젤〉

바이오매스를 가장 손쉽게 활용하는 방법은 직접 태워 열을 얻는 방법으로, 이 열을 난방에 사용하거나 전기 에너지를 생산하는 데 사용한다. 바이오매스를 가공해 바이오 연료로 만들면 훨씬 폭넓게 이용할 수 있다. 바이오 연료는 바이오 에탄올, 바이오 디젤, 바이오 가스 등이 있으며 기존의 화석 연료를 대체할 수 있고, 자동차 연료로 사용할 수 있다. 바이오 연료는 사용하는 원료에 따라 1세대, 2세대, 3세대로 나뉘는데, 1세대는 콩, 옥수수, 사탕수수, 유채 등 경작지에서 재배된 식용 작물을 사용하고, 2세대는 폐목재, 식물 줄기, 풀, 식용 작물을 수확한 후 남은 부산물 등을 사용하며, 3세대는 바다나 호수에 널리 분포한 미세 조류를 사용한다. 미세 조류는 광합성을 하며 산소를 만드는 단세포 생물로, 클로렐라 같은 녹조류가 대표적이다. 미세 조류는 증식 속도가 매우 빠르고, 단위 면적당 에너지 생산량이 식물 기반 바이오 원료보다 최대 100배가량 높다. 또한, 이산화 탄소를 흡수하여 광합성을 하므로 대기 중의 이산화 탄소 농도를 낮출 수 있고, 생활 하수 속의 질소나 인 등을 영양분으로 하여 성장하므로 폐수나 오염된 바닷물을 정화하는 효과도 있다. 미세 조류는 생체 내에 최대 70 % 정도 지질(기름)을 가지고 있어 바이오 디젤을 생산하는 데 적합하다.

1 식용 작물을 사용하는 1세대 바이오 연료와 폐목재를 사용하는 2세대 바이오 연료의 문제점을 3가지 서술하시오.

2 바이오매스 에너지의 장점을 3가지 서술하시오.

〈바이오 가스 생산 설비〉

〈바이오매스 발전소〉

 과학용어

▶ 바이오매스(biomass): 식물이나 동물, 미생물과 같은 생물체에서 발생하는 자원을 에너지원으로 이용하는 생물체이다. 원래 일정 지역 내에 존재하는 모든 생물의 중량을 나타내는 생태학적 개념이었는데, 에너지 자원으로써의 중요성이 강조되면서 '양적인 생물 자원'이라는 새로운 개념으로 자리잡게 되었다.

▶ 지질: 동물과 식물의 조직에 있는 지방, 왁스, 콜레스테롤 등의 유기화합물로, 생명체 내에서 발견되는 물질 중 소수성 물질을 통틀어서 일컫는다. 지방은 지질의 종류 중 하나이다.

90 지하자원을 탐사하는 두더지 로봇

우리가 살고 있는 지구의 땅속에는 수많은 지하자원이 있지만 지금껏 유용하게 사용한 자원들은 대부분 고갈되어 가고 있으므로 이를 대체할 새로운 자원 개발과 탐사에 힘쓰고 있다. 새로운 지하자원을 찾아 시료를 채취하려면 굴착 작업을 거쳐야 하는데 굴착 작업은 시추기, 파이프라인, 펌프 등의 각종 중장비를 조합해 작업을 진행하므로 방법이 복잡하다. 하지만 일명 두더지 로봇이라고 불리는 '몰봇(Mole-bot)'을 이용하면 이 모든 작업을 원활하게 수행할 수 있다.

〈기존 굴착 작업〉

〈몰봇〉

몰봇은 한국과학기술원(KAIST)에서 두더지를 생체 모방하여 만든 지하 탐사용 로봇으로, 크기는 지름 25 cm, 길이 84 cm, 무게 26 kg으로 비교적 작다. 치젤투스 두더지가 이빨로 토양을 긁어내는 특성을 모방해 땅을 파는 드릴을 만들었고, 휴러멀 로테이션 두더지가 크고 강력한 앞발을 이용해 땅을 파는 것을 모방해 잔해를 제거하며, 두더지의 허리를 모방해 지하에서도 자유롭게 방향 전환을 할 수 있다. 몰봇은 기존의 복잡했던 지하자원 탐사에 큰 도움을 줄 수 있고, 더 나아가 우주 행성의 표면과 같은 극한의 환경을 탐사하고 표본을 채취하는 데에도 활용될 수 있다.

〈출처: 유튜브 KAIST Urban Robotics Lab〉

〈드릴로 땅을 파는 몰봇〉

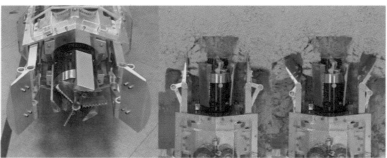
〈앞발로 잔해를 제거하는 몰봇〉

1 생체 모방 로봇의 특징과 역할을 각각 서술하시오.

〈거미 모방 로봇, 마블〉   〈장수풍뎅이 모방 로봇, KU비틀〉

① 거미 모방 로봇:

② 장수풍뎅이 모방 로봇:

2 자연계의 생물을 관찰하고 모방해 효율적인 동작과 기능을 재현했어도 스스로 판단하고 적절한 행동을 하지 못한다면 생체 모방 로봇을 제대로 활용하기 어려울 것이다. 생체 모방 로봇이 주어진 임무를 달성할 수 있도록 함께 연구해야 할 것을 2가지 서술하시오.

 과학용어

▶ 생체 모방: 생물의 행동이나 구조 혹은 생물이 만들어 내는 물질 등을 모방함으로써 새로운 기술을 만드는 것이다. 새의 날개를 모방한 비행기, 엉겅퀴의 갈고리를 흉내 낸 벨크로 등이 대표적인 예이며, 현대에는 로봇, 전자, 기계 등 더 다양하고 전문적인 분야에서 사용하고 있다.

91 우주 탐사의 새로운 지평, 드론

전통적인 우주 탐사 방법은 인간의 존재와 기술적 제약으로 인해 제한되었으나 드론이 발명되면서 우주 탐사의 새로운 가능성이 열렸다. 인저뉴어티는 2021년 4월 19일 사상 최초로 화성 하늘을 비행하는 데 성공했다. 적은 예산을 투자해 만들었지만 안정적으로 50회를 비행했고, 이전에는 불가능했던 다양한 임무를 수행했다.

NASA에서 토성의 위성 타이탄을 탐사하기 위해 2028년 7월 발사하기로 한 드래곤플라이는 6년 동안 항해한 후 2034년 타이탄에 도착한다. 드래곤플라이는 옥토콥터 또는 듀얼 쿼드콥터로불리는 드론으로, 크기는 자동차 정도이고 무게는 450 kg이며 모양은 잠자리와 매우 비슷하다. 화성 탐사에 사용된 인저뉴어티는 화성의 얇은 대기에서 드론 비행을 하기 위해 충분한 양력을 만들어야 했으므로 모터를 고속으로 회전해야 했다. 하지만 타이탄의 대기는 원시 지구와 유사하여 안정적 비행이 가능하다. 드래곤플라이는 8개의 회전 날개로 양력을 만들어 자유롭게 이동할 수 있고, 4 km 이상의 높이까지 비행할 수 있다.

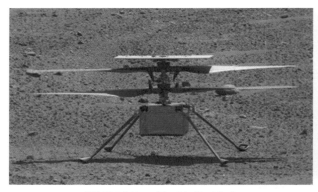
〈화성 탐사 드론, 인저뉴어티〉

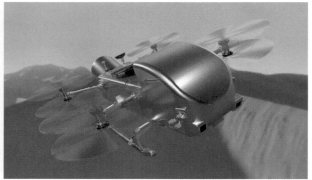
〈타이탄 탐사 드론, 드래곤플라이〉

타이탄은 토성의 위성으로, 태양계에서 생명체가 존재할 수 있는 가능성이 높은 곳 중 하나이다. 드래곤플라이는 약 3년간 타이탄을 탐사하는 임무를 수행할 예정으로, 한 달에 한 번씩 수십 km를 비행하며 타이탄의 환경에서 인간이 거주할 수 있는지 가능성을 검토하고, 지표면에서 샘플을 추출해 분석하며, 탄소와 액체가 풍부한 환경에서의 생명체의 생존 여부, 지형의 구조 등을 탐색하는 것이 목표이다.

1 드론은 크기나 형태가 다양하며 일반적으로 4개의 날개를 가진 쿼드콥터를 가장 많이 사용한다. 쿼드콥터가 제 자리에서 위로 떠오르는 원리를 서술하시오.

2 드론 우주 탐사의 장점을 2가지 서술하시오.

 과학용어

▶ 드론: 무선 전파로 조종할 수 있는 무인 항공기다. 카메라, 센서, 통신 시스템 등이 탑재되어 있으며 25 g부터 1,200 kg까 지 무게와 크기가 다양하다. 군사용으로 처음 개발되었지만, 최근에는 고공 촬영과 배달 등으로 사용 범위가 점차 확대 되고 있다.

▶ 타이탄: 토성의 가장 큰 위성으로, 태양계 위성 가운데 유일하게 두터운 대기와 액체로 된 호수가 있다.

92 착시로 만든 3D 영화

입체 영화라고도 하는 3D 영화는 의외로 오랜 역사를 가지고 있다. 1800년대 중반부터 사진이나 그림을 입체적으로 볼 수 있는 장치를 만들어 즐기기 시작했으며, 1922년에 최초의 상업용 3D 영화가 상영되었다. 1950~60년대 매우 활발하게 제작되었던 3D 영화는 2000년대 컴퓨터 기술의 힘으로 새로운 시대를 열고 있다.

영화관의 스크린에 펼쳐지는 영상은 깊이가 없는 면으로 이루어진 2차원이지만, 3D 영화의 영상은 우리가 마치 실제 상황을 보고 있는 것처럼 3차원인 입체로 느껴진다. 3D 영화를 즐기기 위해서는 좌우 차이가 있는 영상을 만들어야 한다. 두 대의 카메라가 각각 붉은색 필터와 푸른색 필터를 이용해 촬영한 후, 이 영상을 겹쳐 놓고 한쪽은 붉은색 필터, 다른 쪽은 푸른색 필터를 끼운 적청 안경을 쓰고 보면 영상이 입체적으로 느껴진다. 붉은색 필터 안경으로는 붉은색 영상을 볼 수 없고 푸른색 필터 안경으로는 푸른색 영상을 볼 수 없으므로, 두 눈에 각각 다른 영상이 들어오고 뇌에서 합쳐져 3차원 영상으로 느끼게 되는 것이다. 즉, 실제 3차원을 만드는 것이 아니라, 2차원 영상이나 평면 위에서 착시를 일으켜 3차원 영상으로 느끼게 한다.

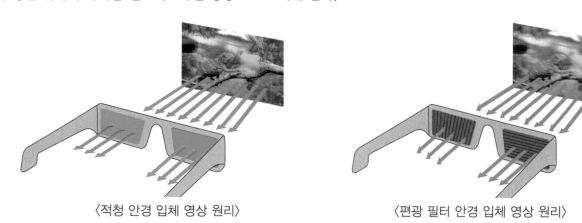

〈적청 안경 입체 영상 원리〉 〈편광 필터 안경 입체 영상 원리〉

최근의 3D 영화는 편광 필터를 이용한다. 빛은 여러 방향으로 진동하며 뻗어 나가지만 편광 필터는 특정한 방향의 빛을 선택해 통과시킨다. 왼쪽 눈에 들어갈 영상은 수직 방향의 편광 영상으로 구성하고, 오른쪽 눈에 들어갈 영상은 수평 방향의 편광 영상으로 구성한다. 이 두 영상을 겹쳐 놓고 그냥 보면 두 영상이 겹쳐서 이상한 모양으로 보이지만, 편광 필터 안경으로 보면 입체적으로 느껴진다. 편광 필터는 다른 방향으로 편광된 빛은 통과시키지 못하므로 오른쪽 눈과 왼쪽 눈으로 차이가 있는 영상을 보게 되고, 뇌에서 합쳐져 3차원 영상으로 느끼게 되는 것이다. 즉, 편광 필터 안경 역시 실제 3차원을 만드는 것이 아니라, 2차원 영상이나 평면 위에서 착시를 일으켜 3차원 영상으로 느끼게 한다.

1 사람이 보는 세상은 모두 3D이다. 사람이 세상을 3D로 인식하는 이유를 서술하시오.

2 홀로그램은 특수한 안경 없이 사물을 실물과 똑같이 3D로 볼 수 있다. 3D 영상 구현이 가능해진다면 활용할 수 있는 곳을 3가지 서술하시오.

▶ 3차원(3D): 3차원은 깊이, 넓이, 높이가 있는 입체이다. 1차원은 직선이나 곡선이고, 2차원은 넓이와 높이만 있는 평면이다.
▶ 편광: 특정한 방향으로만 진동하며 나아가는 빛이다.
▶ 편광 필터: 편광 축과 동일한 방향으로 진동하는 빛만 투과시키고, 그 외에는 흡수 또는 반사하여 특정 방향의 편광을 만든다.

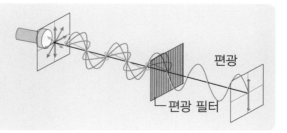

93 정보를 담고 있는 바코드와 QR코드

바코드와 QR코드는 일상에서 흔히 접할 수 있다. 바코드는 대부분의 모든 상품에 부착되어 있는데, 바코드를 스캔하면 상품명과 가격을 확인하고 계산할 수 있으며 실시간으로 판매량과 재고량도 파악할 수 있다. QR코드는 오프라인 간편 결제, 전자 출입 명부, 모바일 탑승권, 본인 인증, 웹사이트 접속, 마케팅, 홍보 등 다양한 영역에서 사용되고 있다. 바코드와 QR코드는 사람이 이해하기 어려운 패턴을 이용해 정보를 담는다는 점에서 비슷하지만, 사용되는 영역이 서로 다르다.

바코드는 막대 모양의 검고 흰 줄무늬 기호이다. 13개의 숫자로 이루어졌으며 컴퓨터가 인식할 수 있도록 막대의 굵기와 개수로 나타내고, 바코드 아래에는 바코드가 내포한 이진수를 십진수로 표현한 숫자가 적혀 있다. 우리나라에서 사용하는 표준형 바코드는 13개의 숫자로 이루어져 있으며, 이 안에 모든 정보를 담아야 하므로 하나의 바코드에 많은 정보를 담기 어렵다. 12개의 숫자로 제조 국가, 제조 회사, 상품 종류를 표기하고, 맨 마지막 숫자는 검증 코드이므로 제품 정보를 담을 수 없다.

제조 국가　제조 회사　상품 종류　체크 숫자
〈표준형 바코드 구조〉

위치 찾기 패턴
타이밍 패턴
정렬 패턴

〈QR코드 구조〉

QR코드는 1994년에 개발되었다. 산업이 고도화되면서 바코드 시스템만으로는 다양한 상품을 분류하는 것이 어려워졌다. 따라서 더 많은 정보를 담을 수 있고 쉽게 인식할 수 있는 2차원 정사각형 모양의 QR코드를 개발했다. QR코드는 Quick Response의 약자로 빠르게 인식한다는 뜻이다. QR코드는 1부터 40까지 다양한 버전이 있는데, 40버전은 최대 7,089자까지의 숫자를 저장할 수 있다. QR코드는 흰색 여백의 정사각형 안에 무수히 많은 검은색 점이 찍혀 있고, 바코드처럼 검은 점과 흰색 여백을 이진법으로 읽는다. QR코드가 활발하게 사용되는 만큼 이를 악용하는 경우도 많아지고 있다. 특히, 악성 QR코드를 인식하도록 유도하여 개인 정보를 탈취하는 큐싱(Qshing)을 주의해야 하는데, 큐싱이란 QR코드와 피싱(phishing)의 합성어로, QR코드를 이용한 해킹을 뜻한다. 검증된 곳이 아닌 곳에서 제공하는 QR코드는 주의하여 접속해야 한다.

1 바코드와 QR코드를 인식하는 원리를 서술하시오.

2 QR코드가 바코드에 비해 좋은 점을 3가지 서술하시오.

 과학용어

▶ 바코드: 검은색 막대와 흰색 여백을 조합하여 문자와 숫자 등을 표현함으로써 데이터를 빠르게 입력할 수 있도록 만든 장치이다. 바코드를 이용하면 물건값을 일일이 입력할 필요가 없어 시간을 절약할 수 있을 뿐 아니라 판매량과 금액 등의 정보를 신속하고 정확하게 집계하기 때문에 관리와 유통 업무를 효율적으로 처리할 수 있다.

▶ QR코드: 바코드보다 훨씬 많은 정보를 담을 수 있는 격자무늬의 2차원 코드이다. 1994년 일본 덴소웨이브사가 개발했으며, 특허권을 행사하지 않겠다고 선언하여 다양한 분야에서 널리 활용되고 있다. 기존 바코드는 전용 스캐너가 있어야 정보를 파악할 수 있지만 QR코드는 스마트폰만 있으면 직접 정보를 파악할 수 있다.

94 꿈의 소재, 상온 초전도체

2023년 7월 22일, 상온 및 상압 조건에서 초전도체라고 주장하는 물질 LK-99를 합성했다는 내용의 논문이 인터 넷에 공개되어 큰 주목을 받았다. 이는 기존 초전도체가 매우 낮은 온도에서만 작동하는 것과 비교했을 때, 혁신적인 발견이다. 이 물질이 실제로 상온에서 초전도성을 가지는지에 대해서는 아직 과학적 검증이 진행 중이다.

초전도체는 물질의 전기 저항이 0이 되는 초전도 현상과 내부 자기장을 밀쳐 내는 마이너스 효과(반자성)를 가진 물질이다. 초전도체는 전기 저항이 0이므로 전력의 손실 없이 전류를 무제한으로 흘려보낼 수 있고, 강한 자기장을 만들 수 있으며, 마이너스 효과를 이용해 물체를 띄울 수 있다.

〈액체 질소를 이용한 초전도 전력 전송 케이블〉

〈초전도체의 마이너스 효과〉

1911년 네덜란드 물리학자 헤이커 카메를링 오너스는 −269 ℃에서 수은의 전기 저항이 극도로 낮아지는 초전도 현상을 처음으로 발견했고, 이 연구로 노벨 물리학상을 받았다. 이후로 많은 물리학자들은 초전도 현상이 일어나는 온도를 점차 높여 왔고, 해당 물질이나 현상이 발견될 때마다 노벨상이 수여됐지만 아직까지 알려진 초전도체는 극단적으로 낮은 온도이거나 극단적으로 높은 압력에서만 작용한다. 고온 초전도체는 −120 ℃에서 작동하며 자기 부상 열차, 전력 전송 케이블, 자기 공명 이미지 등에서 사용된다. 저온 초전도체는 −270 ℃에서 작동하며 초전도 자석, 자기 공명 분광기, 가속기 및 입자 물리학 연구 등에서 사용된다. 현재 초전도체는 매우 낮은 온도를 유지하기 위해서 많은 비용과 장비가 필요하므로 실용적으로 사용하기 어려워 과학자들은 상온에서도 작용 가능한 초전도체를 찾으려고 노력 중이다. 상온 초전도체는 냉각할 필요가 없고 전류가 아주 잘 흐르며 열 손실이 없기 때문에 다양한 분야에서 활용될 수 있다.

1 초전도체는 매우 강한 전자석을 만들 수 있어서 자기 부상 열차에 사용된다. 자기 부상 열차는 열차의 전자석과 레일 사이의 밀어내는 자기력으로 열차를 공중에 띄워 앞으로 간다. 초전도체가 강한 전자석을 만드는 원리를 서술하시오.

2 상온 초전도체를 활용할 수 있는 경우를 3가지 서술하시오.

🔬 **과학용어**

▶ **초전도체 마이너스 효과**: 초전도체 내부로 자기장이 들어갈 수 없고 내부에 있던 자기장도 밖으로 밀어내 자석이 초전도체 위에 뜨거나 초전도체가 자석 위에 뜨는 자기 부상 현상이 나타난다.

▶ **초전도 전력 전송 케이블**: 액체 질소를 이용해 케이블 내부를 −200 ℃의 극저온 상태로 유지하면서 전기 저항을 줄여 기존 구리 케이블보다 낮은 전압으로 5~10배의 전력을 보낸다.

95 열폭주하는 리튬 이온 전지 화재

스마트폰, 노트북, 블루투스 헤드셋, 전동 킥보드, 전동 자전거, 전기차 등 우리 생활 많은 곳에 리튬 이온 전지가 사용되고 있다. 리튬 이온 전지는 충전해서 재사용할 수 있고 에너지 밀도가 높으며, 가볍고 충전 속도가 빨라 휴대용 전자기기 및 산업 장비에 널리 사용된다. 그러나 과충전 및 물리적 손상으로 인한 과열 또는 발화의 위험이 있어 사용 시 주의가 필요하다. 최근 5년간 리튬 이온 전지에 의한 화재는 모두 612건이고, 이 중 절반 이상인 312건이 과충전 상태에서 발생했다.

〈전기차 화재〉

〈전기차 화재 진압 이동식 수조〉

리튬 이온 전지는 에너지 밀도가 높아 작은 크기로도 많은 에너지를 저장할 수 있는 장점이 있지만, 충격이나 손상 시 화재로 이어질 수 있다. 에너지가 집중되어 있을수록 열이 발생할 확률이 높고, 이 열이 축적되면 발화점에 도달하여 화재가 일어난다. 리튬 이온 전지는 양극, 음극, 전해질, 분리막으로 이루어져 있는데, 양극과 음극은 얇은 플라스틱 분리막으로 분리되어 있으며, 분리막이 얇을수록 이온의 이동이 쉽고 빨라 출력이 높아지고 충전 시간이 줄어든다. 얇은 분리막이 충격으로 손상되면 음극과 양극이 만나 과도한 전류가 흘러 열이 발생하여 화재 또는 폭발로 이어진다. 또한, 전해질은 가연성이 높은 유기 용매이므로 고온이나 물리적 손상으로 전해질이 분해되면 가연성 가스가 발생하고, 전지 내부의 압력을 증가시켜 전지가 폭발하거나 화재로 이어진다. 리튬 이온 전지 화재가 위험한 이유는 열폭주 때문이다. 전지 내부에서 열이 발생하면 이 열이 다시 화학 반응을 가속화시켜 더 많은 열을 발생시키는 악순환이 이루어진다. 열 폭주가 시작되면 매우 짧은 시간 내에 전지 온도가 1,000 ℃ 이상으로 급격히 상승하고, 이는 곧바로 화재나 폭발로 이어진다. 전기차는 불이 나면 1차 진화를 한 후 차량을 이동식 수조에 넣어 전지의 온도를 낮춰 추가 화재를 막는다.

1 리튬 이온 전지 화재는 일반 분말 소화기로는 진압이 되지 않고 리튬 이온 전지 화재 전용 소화기를 사용해야 한다. 리튬 이온 전지 화재가 일반 분말 소화기로 진압이 잘 되지 않는 이유를 서술하시오.

〈일반 분말 소화기 사용〉

〈리튬 이온 전지 화재 전용 소화기 사용〉

2 화재를 예방하기 위한 리튬 이온 전지의 올바른 사용법을 3가지 서술하시오.

 **과학용어**

▶ **리튬 이온 전지**: 리튬 이온을 이용하여 충전과 방전을 반복하여 사용할 수 있는 2차 전지이다. 2차 전지 중에서 에너지 용량에 비해 무게가 가장 가벼워 휴대전화, 노트북 등의 휴대용 기기에 널리 사용되고 있다. 리튬 이온 전지는 다른 2차 전지와 비교해 온도에 상대적으로 민감하고, 사용하지 않더라도 노화되는 단점이 있다. 일반적으로 1,000회의 충전-방전 주기를 수명으로 보고 있다.

96 물류 대란을 일으킨 요소수

자동차 엔진을 움직이는 연료는 경유(디젤)와 휘발유(가솔린) 두 가지이다. 경유는 승용차, 버스, 화물차, 청소차, 쓰레기 수거차, 중장비 차, 소방차, 구급차, 경찰차 등의 연료로 사용된다.

경유 엔진은 휘발유 엔진보다 힘이 좋고 저렴하므로 운행 시간이 길고 장거리를 이동할 때는 휘발유 엔진보다 경유 엔진이 훨씬 경제적이다. 휘발유 엔진 차량에는 요소수가 들어가지 않지만, 경유 엔진 차량에는 반드시 요소수가 들어가야 한다. 경유 엔진 차량의 배기가스에는 환경 오염 물질인 질소 산화물이 포함되어 있는데, 질소 산화물은 산성비를 유발하고 식물을 고사시키는 대기 오염 물질이다. 요소수는 질소 산화물을 물, 질소, 이산화 탄소 등으로 바꾸어 오염 물질을 65~85 % 정도 줄인다. 요소수가 부족하면 경고등이 뜨고 속도가 점점 줄어들며, 시동이 꺼지면 다시 켜지지 않아 차량을 운행할 수 없게 된다.

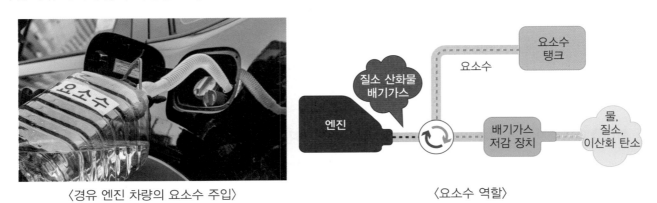

〈경유 엔진 차량의 요소수 주입〉　　　　　　　〈요소수 역할〉

요소수는 증류수에 32~33 %의 요소를 녹여서 만드는데, 요소의 원료는 석탄이다. 우리나라는 가격 경쟁력에 밀려 2011년부터 농업용, 산업용, 경유 차량용으로 쓰는 요소의 국내 생산을 중단하고 97 %를 중국에서 수입해서 사용하고 있다. 2021년 중국은 석탄이 부족해지자 요소의 생산과 수출을 통제해 1차 요소수 품귀 현상이 일어났고, 요소수 가격이 많이 올랐다. 2023년 중국은 다시 한 번 더 요소 수출을 통제해 2차 요소수 품귀 현상이 일어났다. 1차 요소수 품귀 현상 이후, 요소의 중국 수입 의존도를 67 %까지 줄이고 요소 재고를 많이 확보해 두어 큰 문제 없이 지나갈 수 있었다. 요소수 품귀 현상이 지속되면 요소수가 꼭 필요한 화물차의 운행이 불가능해지므로 물류 전체가 마비될 수 있다. 앞으로도 요소수 품귀 현상이 심화될 것으로 예상되므로 확실한 대책을 마련해야 한다.

1 경유 엔진 차량에서 요소수의 역할을 서술하시오.

2 요소수 품귀 현상이 우리 생활에 미치는 영향을 5가지 서술하시오.

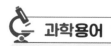 **과학용어**

▶ **경유(디젤)**: 원유를 분별 증류할 때 끓는점 범위가 약 250∼350 ℃ 정도인 혼합물이다. 휘발성이 낮아 불이 쉽게 붙지 않고 폭발 위험이 적다.
▶ **휘발유(가솔린)**: 원유를 분별 증류할 때 끓는점 범위가 약 30∼200 ℃ 정도인 혼합물이다. 증발하기 쉽고 인화성이 좋아 공기와 혼합되면 폭발한다.

우크라이나는 미국 프레리, 아르헨티나 팜파스와 함께 세계 3대 곡창 지대로 불린다. 우크라이나 국토의 상당한 면적이 흑토로 덮여 있는데, 흑토는 영양분이 풍부하고 많은 양의 수분을 머금고 있어 농업 생산에 우수하다. 지난 2021~2022년 기준, 우크라이나는 전 세계 옥수수 수출량의 12 %, 밀 수출량의 9 %를 수출했다. 이는 각각 세계 4위, 5위에 해당하는 높은 수준으로, 우크라이나가 유럽의 빵 바구니로 불려 온 이유기도 하다. 2022년 2월 러시아-우크라이나 전쟁 발발 후 밀 가격은 전년 말 대비 84.9 % 급등했고, 옥수수는 전년 말 대비 28.9 % 상승했다. 이후 식량 가격의 상승세가 전반적으로 둔화되긴 했지만, 여전히 불안정성은 지속되고 있다. 주요 곡창 지대 국가의 전쟁이 장기화되면 국제 곡물 가격 변동은 심해진다.

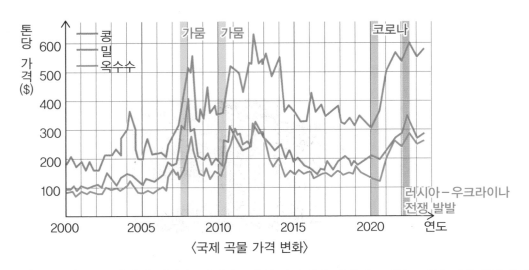

〈국제 곡물 가격 변화〉

이상 기후 현상 문제도 국제 곡물 가격에 영향을 미친다. 세계 곳곳에서 발생하고 있는 이상 기후 현상은 농산물 생산량을 저하시키고, 이로 인해 식료품 가격이 폭등하여 악순환으로 작용한다. 2035년까지 기후 변화로 인해 매년 식료품 가격이 0.92~3.2 %P(퍼센트포인트) 상승하고, 연간 세계 물가 상승률이 최대 1.2 %P 상승할 것이라는 전망이다.

세계 은행은 식량 가격이 1 %P 오를 때마다 1,000만 명이 빈곤에 빠진다고 경고한다. 식량 위기는 식량 해외 의존도가 높은 나라에 먼저 찾아온다. 우리나라는 사료용을 포함한 곡물 자급률을 1990년까지는 43.1 %로 유지했으나, 이후 급격하게 하락하여 2020년에는 20.2 %로 떨어졌다. 우리나라도 우크라이나에서 연간 122만 톤, 러시아에서 61만 톤의 곡물을 수입하고 있으므로 전쟁 장기화는 우리나라의 식량 수입에도 큰 영향을 미친다.

1 러시아−우크라이나 전쟁이 전 세계 식량 위기를 일으키는 이유를 서술하시오.

2 식량 부족과 이에 따른 가격 상승은 민생을 위협하고 경제 성장의 걸림돌이 된다. 2022년 세계 식량 안보지수(GFSI) 순위에서 우리나라는 조사 대상 113개국 중 39위로 평가되었다. 식량 안보를 강화할 수 있는 방법을 3가지 서술하시오.

 과학용어

▶ %P(퍼센트포인트): 두 백분율 간의 차이를 나타낼 때 사용하는 단위이다. %는 백분율을 나타내는 단위이고, %P는 백분율을 뺄셈으로 비교하여 백분율의 증감을 나타낸다. 예를 들어, 전년도 실업률이 2.0 %이고 올해 실업률이 4.0 %인 경우에는 실업률이 2 %P 증가했다고 표현하거나 100 % 상승했다고 표현한다.

98 지구 온난화와 식물의 탄소 배출

영화 인터스텔라에서 2067년 지구는 고온, 건조, 모래바람 등으로 인해 황폐해지고, 주인공은 이곳에서 끝없이 펼쳐진 옥수수밭을 운영한다. 영화 속에서 이상 기후로 인해 동식물은 물론 인류까지 사라질 위기 속에서 옥수수는 최후의 식량으로 등장한다.

식물은 광합성으로 대기 중의 이산화 탄소를 흡수하여 포도당을 만들고 산소를 배출한다. 식물이 광합성을 통해 만드는 포도당은 탄소가 6개인데 식물마다 포도당을 만드는 방식이 다르다. 벼, 콩, 감자 등 대부분의 일반 작물은 탄소가 3개인 화합물로 포도당을 만드는 C3 식물이고, 옥수수나 사탕수수는 탄소가 4개인 화합물로 포도당을 만드는 C4 식물이다. 지구상의 식물 중 C3 식물은 95 %이고 C4 식물은 약 1 % 정도이며, C3 식물은 대부분 온대 작물이고 C4 식물은 대부분 덥고 건조한 지역의 작물이다.

〈벼, C3 식물〉

〈옥수수, C4 식물〉

물이 부족하고 고온 건조한 환경에서 식물은 체내 수분을 유지하기 위해 기공을 닫는데, 기공을 닫으면 이산화 탄소를 흡수하지 못하고 산소를 배출하지 못한다. 이때 C3 식물은 체내에 쌓인 산소를 이산화 탄소로 바꾸는 광호흡을 하므로 포도당 생산이 줄어들어 광합성 효율이 낮아진다. 하지만 고온 건조한 환경에 적응한 C4 식물은 광호흡을 하지 않고도 이산화 탄소를 따로 저장하면서 포도당을 계속 만들므로 광합성

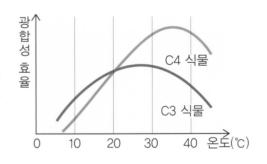

효율이 높다. C4 식물은 광합성 효율이 최고가 되는 온도가 C3 식물보다 높고, 물이 부족해도 거름을 주지 않아도 상대적으로 잘 자란다.

기후 과학자들이 C4 식물에 주목하는 이유는 탄소의 저장성과 광합성 효율 때문이다. 쌀과 밀, 대부분의 과실류인 C3 식물은 이상 기후에서 생산성이 떨어지지만, C4 식물은 C3 식물보다 대기 중의 이산화 탄소를 더 효율적으로 이용한다. 생물학적 탄소 저장 능력이 높고 고온 건조한 환경에서도 잘 자라는 C4 식물을 개발해야 할 필요성이 커지고 있다.

1 지구 온난화가 계속되면 식물의 탄소 흡수는 줄어들고 배출이 늘어나는 이유를 서술하시오.

2 유전자 조작으로 C3 식물인 벼를 C4 식물로 만들 때의 장점과 단점을 각각 2가지씩 서술하시오.

① 장점

② 단점

🔬 **과학용어**

▶ C3 식물: 광합성 과정에서 이산화 탄소를 처음 고정할 때 만들어지는 탄소 화합물이 탄소 3개이다. 지구상의 식물 중 95 %가 C3 식물에 속하며, 벼, 보리, 밀, 콩 등의 대부분의 작물 및 대부분의 나무가 C3 식물이다.

▶ C4 식물: 광합성 과정에서 이산화 탄소를 처음 고정할 때 만들어지는 탄소 화합물이 탄소 4개이다. 강한 빛에서 광합성 효율이 높고, 이산화 탄소가 부족한 환경에서도 광합성이 계속 일어난다. 고온건조한 기후 조건에서 진화한 식물이며, 사탕수수, 옥수수, 수수, 잡초 등이 C4 식물이다.

99 기준 금리가 오르면?

코로나19가 한창이던 2020년 5월, 우리나라 기준 금리가 0.5 %로 떨어졌다. 코로나19로 인해 침체될 우려에 빠진 경기를 부양하기 위해 현금 지원금과 제로 금리를 유지하여 가계와 기업으로 많은 돈이 흘러갔고, 이로 인해 물가가 상승했다. 인플레이션에 대응하기 위해 2021년 8월부터 기준 금리가 지속적으로 상승했고, 2023년 1월 3.5 %에 도달했다. 미국 역시 코로나 이후 물가 상승률이 높아졌고, 인플레이션에 대응하기 위해 기준 금리가 지속적으로 상승하여 2023년 7월 5.5 %에 도달했다.

기준 금리(base rate)는 중앙은행이 다른 금융기관과 거래할 때 기준으로 삼는 정책 금리로, 국내외 경제 상황 변화에 맞춰 유동적으로 조정한다. 중앙은행은 사회에 돈이 적절히 흐르도록 통화량을 조절한다. 돈이 적절히 흐르면 경기가 활성화되고, 돈에 대한 신뢰도가 유지된다.

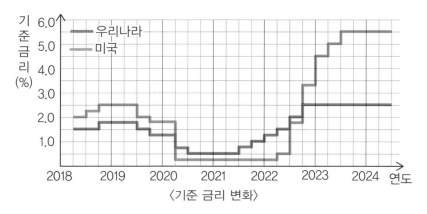

〈기준 금리 변화〉

우리나라 중앙은행은 한국은행이다. 한국은행이 기준 금리를 올리면 시중 은행의 금리도 함께 오르고, 기준 금리를 내리면 시중 은행의 금리도 내린다. 기준 금리가 낮아지면 은행 예금으로 얻을 수 있는 돈이 적어지고 대출 이자가 적어지기 때문에 예금이 줄고 대출이 늘어나 시중의 통화량이 많아지고, 투자 규모가 늘어난다. 반대로 기준 금리가 높아지면 은행 예금으로 얻을 수 있는 돈이 많아지고 대출 이자도 늘어나기 때문에 대출이 줄고 예금이 늘어나므로 시중의 통화량이 적어지고, 투자 규모가 줄어든다.

기준 금리는 환율에도 영향을 미친다. 우리나라의 기준 금리가 미국의 기준 금리보다 높으면 달러보다 원화로 바꿔 예금하는 것이 유리하므로 원화 수요가 많아져 원화 가치가 높아지고 원 달러 환율이 낮아진다. 반대로 우리나라의 기준 금리가 미국의 기준 금리보다 낮으면 달러가 유리하므로 원화 수요가 줄어들어 원화 가치가 낮아지고 원 달러 환율이 높아진다.

1 기준 금리가 오르면 물가 상승률이 낮아지는 이유를 서술하시오.

2 미국이 기준 금리를 올리면 우리나라도 이에 맞춰 기준 금리를 올려야 한다. 그러나 우리나라는 가계부채가 높아 기준 금리가 높아지면 부담해야 하는 이자도 커지기 때문에 무작정 금리 인상을 할 수 없다. 우리나라의 기준 금리가 미국의 기준 금리보다 계속 낮을 때 나타나는 현상을 3가지 서술하시오.

 과학용어

▶ 금리: 원금에 지급되는 기간당 이자를 비율로 표시한 것이다.
▶ 제로 금리: 금리를 사실상 0 %에 가깝게 만드는 정책으로, 소비를 촉진해 경기 침체 가능성을 줄여 준다.
▶ 통화량: 시중에 돌아다니는 돈의 유통이다. 통화량이 너무 많아지면 통화의 가치가 떨어지고 물가가 상승하는 인플레이션이 나타나며, 반대로 통화량이 부족하면 경제 활동이 위축될 우려가 있다.
▶ 인플레이션: 통화량의 증가로 화폐 가치가 하락하고, 모든 상품의 물가가 전반적으로 꾸준히 오르는 현상이다.

100 페르미 추정

주말이 되면 도심 곳곳에서 집회와 축제가 열린다. 집회나 축제에 참가한 인원은 어떻게 알 수 있을까? 가장 정확한 방법은 참가 인원 전부를 한 명씩 세는 방법일 것이다. 이 방식은 입장권이나 관람권을 예매해야 하는 축구장이나 가수 공연에는 사용할 수 있지만 참여가 자유로운 실외 집회나 축제에서는 사용하기 어렵다. 그래서 참가 인원을 여러 가지 방식으로 추산하는데, 대표적인 방식이 페르미 추정이다.

〈서울 서울광장 대규모 집회〉　　　　　　　　　〈부산 광안리 해수욕장 불꽃 축제〉

경찰은 집회 참가 인원을 추산할 때, 3.3 m²(1평)당 몇 명이 있는지 센 다음, 집회에 활용한 공간의 전체 면적을 곱해 전체 인원을 추산한다. 집회 참가자가 빽빽하게 앉아 있는 경우는 3.3 m²당 9~10명, 여유 있게 앉아 있는 경우는 5명으로 계산한다. 이 기준을 얼마로 정하느냐에 따라 결과가 달라진다.

이와 같이 정확한 데이터 없이 기초적인 사실과 합리적인 추론에 기초하여 대략적인 결과를 이끌어 내는 계산 방식을 페르미 추정이라고 한다. 페르미 추정으로 푸는 문제는 출제자도 정답을 원하지 않는다. 사칙연산 같은 간단한 계산과 기본적인 통계와 확률 상식을 이용하여 짧은 시간 안에 논리적인 가설과 가정을 통해 대략적 추정치를 얻어 활용하는 데 의미가 있다. 페르미 추정은 아는 정보를 최대한 활용해서 새로운 정보를 생산하는 것이다.

1 다음 조건을 이용하여 우리나라에서 하루에 팔리는 치킨 수는 몇 마리인지 페르미 추정으로 구하시오.

> • 우리나라 인구: 약 5,000만 명
> • 우리나라 한 가구 구성원 수: 평균 2.5명
> • 가구 당 치킨 주문 횟수: 평균 2주에 1번, 1마리

2 문제 1에서 구한 하루에 팔리는 치킨 수를 바탕으로 우리나라에 있는 치킨 가게의 수를 구하려고 한다. 필요한 조건을 설정하여 페르미 추정으로 구하시오.

① 필요한 조건

② 치킨 가게의 수

 과학용어

▶ 페르미 추정: 제한된 지식과 자신의 추론 능력만을 사용하여 짧은 시간에 여러 가지 조건을 고려하여 결과값에 근사한 추정치를 도출하는 방법이다. 경영학이나 공학 분야에서 어떤 프로젝트를 계획하거나 결과를 예측할 때 대략적인 추정치를 빠르고 간단하게 도출할 목적으로 사용한다.

MEMO

영재성검사
창의적 문제해결력
검사
최신 기출문제

01 아래와 같은 [규칙]에 따라 문제를 풀려고 한다. 다음 물음에 답하시오.

> **[규칙]**
> T → T H
> H → H T

(1) (가)에 들어갈 문자를 쓰시오.

$$TH \rightarrow THHT \rightarrow (가)$$

(2) 다음 문자는 어떤 문자를 [규칙]에 따라 바꾼 결과이다. 처음 시작한 문자의 개수가 최소일 때 그 문자가 무엇인지 구하시오.

$$HTTHTHHT$$

02 〈그림 1〉과 같이 모든 방의 네 벽에는 출입구가 있고, 일부의 방에는 ╱ 또는 ╲ 모양의 가림판이 있다. 로봇은 1번 출입구를 통해 방으로 들어가고, 점선을 따라 [규칙]에 맞게 이동한다. 다음 물음에 답하시오.

[규칙]

❶ 로봇은 가림판을 통과할 수 없다.

❷ 로봇은 가림판을 만났을 때만 좌회전 또는 우회전한다.

❸ 로봇이 각 방의 출입구를 통과하는 순간마다 모든 방의 가림판은 동시에 모양이 바뀐다. ╱ 모양의 가림판은 ╲ 모양으로, ╲ 모양의 가림판은 ╱ 모양으로 바뀐다.

❹ 〈그림 1〉과 같이 가림판이 있을 때, 로봇은 1번 출입구로 들어가서 9번 출입구로 나온다.

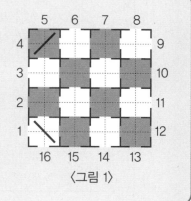

〈그림 1〉

---

(1) 〈그림 2〉와 같이 8개의 가림판이 있을 때 로봇이 나오는 출입구 번호를 찾으시오.

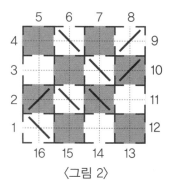

〈그림 2〉

(2) 〈그림 3〉과 같이 2개의 가림판이 있을 때, 4개의 가림판을 추가하여 로봇이 6개의 가림판을 적어도 한 번씩 모두 만난 후 7번 출입구로 나오도록 하려고 한다. 추가로 설치해야 하는 4개의 가림판을 〈그림 3〉에 그리시오. (단, 방 하나에 가림판을 2개 이상 설치할 수 없다.)

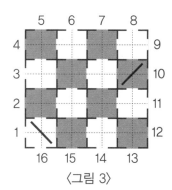

〈그림 3〉

03 다음 탐구 과제를 읽고 주어진 실험 기구 및 재료와 자료를 적절히 이용하여 탐구 과제를 해결할 수 있는 과학적 탐구 방법을 3가지 제시하시오. 또, 그에 따른 실험 결과를 예측하시오.

(가) 탐구 과제: 빈 라벨이 붙여진 두 비커에 담겨 있는 20 ℃의 묽은 염산과 수산화 나트륨 수용액을 구분하기

(나) 실험 기구 및 재료: 빈 라벨이 붙여진 비커 2개, 묽은 염산, 수산화 나트륨 수용액, 전자저울, 냉장고, 피펫, 뷰렛, 스포이트, 식초, 비눗물, 푸른색 리트머스 종이, 페놀프탈레인 지시약, 달걀 껍데기, 온도계

(다) 자료: 1기압에서 물질의 특성

물질	묽은 염산	수산화 나트륨 수용액
얼기 시작하는 온도(℃)	−18	9~10
끓기 시작하는 온도(℃)	103	119~135
20 ℃에서의 밀도(g/mL)	1.05	1.11

04 다음과 같은 조건 ①~③을 만족하는 자연수 n을 모두 구하시오.

① n은 6의 배수이다.

② n은 1부터 9까지 숫자로 이루어진 여섯 자리의 수이다.

③ n의 각 자리 수의 크기는 점점 작아진다. 예 $n=654321$

05 카드가 바닥에서부터 1, 2, 3, ⋯, 10의 순서로 쌓여 있다. 다음과 같은 과정을 몇 번 반복하면 처음과 같은 순서로 카드가 쌓이는지 구하시오.

1부터 10까지의 숫자가 하나씩 적힌 10장의 카드를 바닥에서부터 1, 2, 3, ⋯, 10의 순서로 쌓았다. 위에서부터 5장은 오른손에, 나머지 5장은 왼손에 각각 들고, 오른손을 시작으로 번갈아가며 양손의 아래쪽 카드를 1장씩 바닥에 내려놓는다. 그러면 바닥에서부터 6, 1, 7, 2, 8, 3, 9, 4, 10, 5의 순서로 쌓이게 된다.

10		
9		
8	5	10
7	4	9
6	3	8
5	2	7
4	1	6
3		
2		
1		

5	
10	
4	
9	
3	
8	
2	
7	
1	
6	

→   왼손 ⊕ 오른손 →

바닥

06 수질 오염이나 기후 변화로 인해 앞으로 물 부족 문제는 더욱 심각해질 것이다. 다음 물음에 답하시오.

〈그림 1〉   〈그림 2〉

(1) 〈그림 1〉과 〈그림 2〉는 물을 절약할 수 있는 세면대 아이디어이다. 표를 완성하시오.

구분	아이디어	장점	단점
〈그림 1〉			
〈그림 2〉			

(2) (1)번에서 제시한 단점을 보완하여 창의성·경제성·실용성 측면에서 효과적인 새로운 물을 절약할 수 있는 세면대 아이디어를 설계하시오.

발명품명		
발명품 설명과 그림		
발명품의 평가	창의성	
	경제성	
	실용성	

07 A 지역과 B 지역은 같은 위도에 있지만 해류의 영향을 받기 때문에 서로 기온이 다르다. 만약 지구 온난화로 인해 빙하가 녹으면 A 지역의 기온은 어떻게 변하게 될지 해류와 해수의 순환을 사용하여 서술하시오.

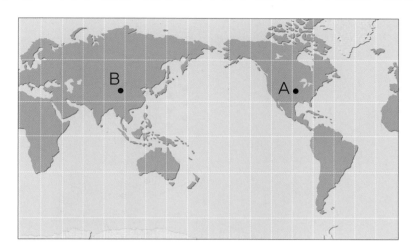

08 A, B, C, D, E 다섯 명의 학생이 10문제의 ○, × 시험을 치른 결과, 각자의 답안을 표로 나타내었더니 다음과 같았다. (단, ○, × 시험은 ○와 × 중에서 반드시 한 개를 선택해야 한다.)

문항번호 / 학생	1	2	3	4	5	6	7	8	9	10	정답 수
A	○	○	×	×	×	×	○	×	○	○	7개
B	○	×	○	×	○	○	×	×	×	○	7개
C	×	○	○	×	×	○	○	○	×	×	7개
D	○	○	×	○	○	×	○	×	×	×	?
E	○	×	×	○	○	○	×	○	○	○	?

A, B, C 세 명이 맞힌 정답의 수는 모두 7개씩이라고 할 때, 아래의 정답표를 완성하고, D, E가 맞힌 문항번호와 정답의 수를 각각 구하시오.

문항번호	1	2	3	4	5	6	7	8	9	10
정답										

09 눈의 배열이 같은 3개의 주사위를 다음 그림과 같이 쌓았다. 주사위끼리 만나는 면에 있는 눈의 수의 합이 모두 8일 때, ①번과 ②번 방향에서 본 주사위 모양을 각각 그리시오.

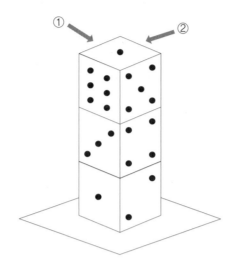

①번 방향	②번 방향

10 다음과 같은 게임을 할 때, 처음 시작하는 사람이 항상 이기기 위한 전략을 설명하시오.

[게임 방법]

❶ 그림과 같이 여덟 개의 사각형 안에 3개의 동전을 놓는다.

❷ 두 명이 순서대로 한 번씩, 사각형 안의 아무 동전이나 왼쪽으로 한 칸을 옮긴다.

❸ 동전은 같은 칸에 두 개 이상 있을 수 있으며, 같은 칸에 있는 동전은 모두 한꺼번에 옮긴다.

❹ 그림 (가)의 상태에서 처음 시작하여 그림 (나)의 상태가 되면 게임이 끝난다.

❺ 마지막에 동전을 옮긴 사람이 승리한다.

(가)

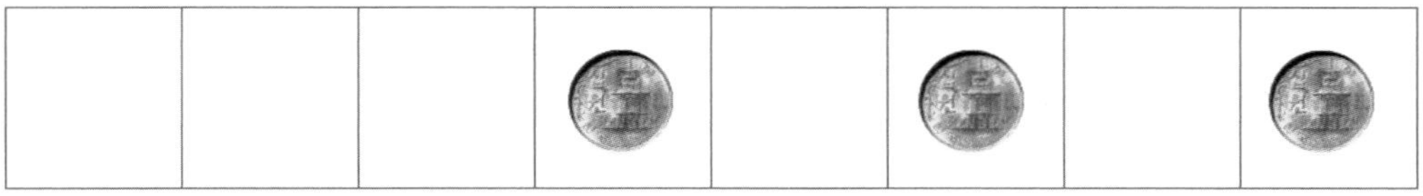

			🪙		🪙		🪙

(나)

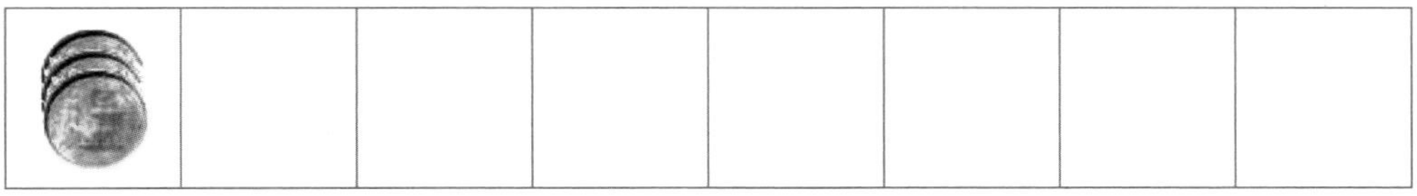

🪙							

11 다음을 읽고 우주쓰레기를 줄일 수 있는 방안을 3가지 서술하시오.

우주쓰레기는 수명을 다한 인공위성과 위성을 쏘아 올리는 데 사용된 로켓, 이들끼리 부딪쳐 발생한 파편 등을 말한다. 유럽우주국(ESA)에서는 지구 주변에 우주쓰레기가 약 2억 개 정도 있을 것으로 추정하고 있다. 인공위성과 우주선이 우주쓰레기로 인한 충돌로 심각한 피해가 예상되고 있다.

12 다음 글을 읽고 기준 (가)와 (나)로 옳은 것을 3가지 제시하시오.

다음은 몇 가지 원소의 성질을 나타낸 카드이다.

원소 카드
이름: 마그네슘
금속 원소
상태(STP): 고체
반지름(pm): 145
전기음성도: 1.31
밀도(g/cm³): 1.74

원소 카드
이름: 베릴륨
금속 원소
상태(STP): 고체
반지름(pm): 125
전기음성도: 1.57
밀도(g/cm³): 1.84

원소 카드
이름: 탄소
비금속 원소
상태(STP): 고체
반지름(pm): 77
전기음성도: 2.55
밀도(g/cm³): 2.25

원소 카드
이름: 플루오린
비금속 원소
상태(STP): 기체
반지름(pm): 71
전기음성도: 3.98
밀도(g/cm³): 0.00171

원소 카드
이름: 나트륨
금속 원소
상태(STP): 고체
반지름(pm): 154
전기음성도: 0.93
밀도(g/cm³): 0.97

원소 카드
이름: 질소
비금속 원소
상태(STP): 기체
반지름(pm): 75
전기음성도: 3.04
밀도(g/cm³): 0.00125

원소 카드
이름: 리튬
금속 원소
상태(STP): 고체
반지름(pm): 134
전기음성도: 0.98
밀도(g/cm³): 0.53

원소 카드
이름: 알루미늄
금속 원소
상태(STP): 고체
반지름(pm): 130
전기음성도: 1.61
밀도(g/cm³): 2.69

원소 카드
이름: 수소
비금속 원소
상태(STP): 기체
반지름(pm): 37
전기음성도: 2.2
밀도(g/cm³): 0.00009

원소 카드
이름: 산소
비금속 원소
상태(STP): 기체
반지름(pm): 73
전기음성도: 3.44
밀도(g/cm³): 0.00143

그림은 제시된 원소를 기준 (가)와 (나)로 분류한 벤다이어그램이다.

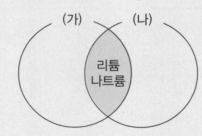

물질	기준 (가)	기준 (나)
1		
2		
3		

13 국내의 한 기업은 '빼는 것이 플러스다.'라는 슬로건을 내세워 가격에 거품은 빼고, 가성비는 더한 다는 전략으로 가격이 저렴하면서도 품질이 좋은 제품을 판매하여 소비자들로부터 큰 인기를 끌었 다. '~ 빼면 ~ 플러스(+)다.'라는 문구를 넣어 사람들에게 긍정적인 영향을 주는 문장을 5가지 서 술하시오.

[예시]
가격에 거품을 빼면 판매량이 플러스다.

14 다음을 읽고 '감내 게줄당기기'에서 이기기 위한 과학적인 방법을 3가지 서술하시오.

감내 게줄당기기*는 양편에 네 명씩 패를 구성한 후, 각자 곁 줄 속에 머리를 넣어 목덜미에 줄을 걸고, 시작 신호와 함께 어깨와 허리에 힘을 주어 마치 소가 논갈이를 하듯 손과 발을 이용하여 땅을 짚고 앞으로 당기면 서 승부를 가리는 놀이이다. 놀이는 1에서 100까지 숫자를 세는 동안 중앙선에서 목표 지점까지 줄을 더 많이 끌어간 편이 이긴다.

*감내 게줄당기기 : 2015년 유네스코 인류무형유산에 등재된 경상남도 밀양에서 정월 대보름에 행하는 놀이

MEMO

영재학교·과학고
최신 기출문제

〈서울과학고등학교 2024년 창의력 · 문제해결력 검사〉

01 공사장에서 벽면과 땅에 굴을 뚫기 위해 질량이 m인 금속 공을 사용하려고 한다. 〈그림 1〉은 금속 공을 높이 h인 레일 위에 가만히 놓아 벽에 부딪히게 하여 수평으로 굴을 뚫는 모습이고, 〈그림 2〉는 높이 h에서 금속 공을 자유 낙하시켜 바닥에 부딪히게 하여 수직으로 굴을 뚫는 모습이다. 벽면과 바닥이 뚫린 깊이는 금속 공의 위치 에너지 감소량과 비례한다고 가정한다. 마찰과 금속 공의 크기를 무시할 때, 다음 물음에 답하시오.

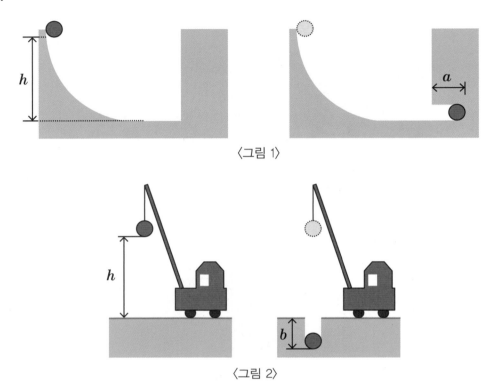

〈그림 1〉

〈그림 2〉

(1) 〈그림 1〉에서 금속 공을 처음 떨어뜨렸을 때 벽면에 깊이 a만큼의 굴이 뚫렸다. 금속 공을 처음 위치로 올린 후 한 번 더 떨어뜨려 굴을 추가로 뚫었을 때, 굴의 총 깊이를 구하고 그 이유를 설명하시오.

(2) 〈그림 2〉에서 금속 공을 처음 떨어뜨렸을 때 바닥에 깊이 b만큼의 굴이 뚫렸다. 금속 공을 처음 위치로 올린 후 한 번 더 떨어뜨려 굴을 추가로 뚫었을 때, 굴의 총 깊이를 구하고 그 이유를 설명하시오.

〈서울과학고등학교 2024년 창의력 · 문제해결력 검사〉

02 물에 넣고 스위치를 켰을 때, 물의 온도를 추정해 줄 수 있는 램프를 제작하려고 한다. 다음 기호를 이용하여 〈조건〉에 따라 램프 회로를 그리고, 작동 원리를 설명하시오.

전자 부품	기호
발광 다이오드	Ⓡ Ⓖ Ⓑ
연결된 회로를 분리하는 바이메탈	( ) ( )
끊어진 회로를 연결하는 바이메탈	( ) ( )
전지	
스위치	
끊어진 도선	

〈조건〉
- 물의 온도가 상온 부근일 때 초록색, 물이 따뜻하면 노란색, 뜨거우면 빨간색으로 빛이 나도록 한다.
- 발광 다이오드의 빛은 합성되어 하나의 색으로 보인다.
- 다음 3가지 금속 막대를 조합하여 바이메탈을 구성하고, 금속 막대의 개수는 제한 없이 활용할 수 있다.

(1)	(2)	(3)

- 온도에 따른 금속 막대 1, 2, 3의 길이는 다음과 같다.

구분	상온	따뜻한 온도	뜨거운 온도
금속 막대 1	10 cm	10.3 cm	10.6 cm
금속 막대 2	10 cm	10.2 cm	10.4 cm
금속 막대 3	10 cm	10.1 cm	10.2 cm

- 두 금속 막대 길이의 늘어난 정도 차이가 0.2 cm 이상일 때 바이메탈이 회로를 분리하거나 연결할 수 있다.
- 회로 내 바이메탈의 온도는 물의 온도와 같아진다.
- 도선은 자유롭게 그릴 수 있다.

〈세종과학예술영재학교 2024년 영재성평가 과학 역량 평가〉

03 영재는 빛의 직진과 관련된 수업 후 점광원, 삼각형 모양의 구멍이 뚫린 가림막, 스크린을 이용하여 두 가지 실험을 진행했다. 그림 (가)와 같이 하나의 점광원 a를 이용한 실험에서는 스크린에 상 a'이 맺혔고, 그림 (나)와 같이 세 개의 점광원 b, c, d를 이용한 실험에서는 스크린에 상 b', c', d'이 맺혔다. 다음 물음에 답하시오. (단, 크기가 매우 작은 광원을 점광원이라고 한다.)

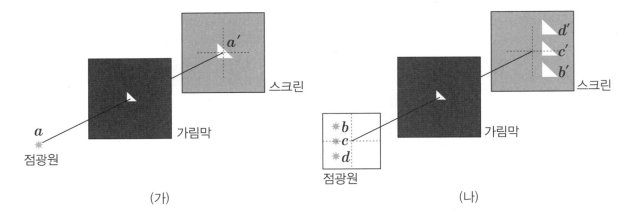

(1) 직선 모양의 광원은 그림 (다)와 같이 연속된 점광원으로 생각할 수 있다. 영재는 직선 모양의 광원 2개를 이용해 그림 (라)의 스크린에 맺힌 상을 얻었다.

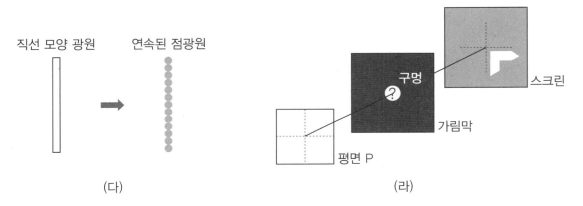

직선 모양의 광원 2개를 평면 P에 어떻게 배치했는지와 가림막의 구멍 모양을 각각 그리시오.

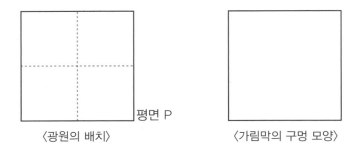

(2) 그림 (라)의 실험 장치를 조정하여 스크린에 맺힌 상의 모양을 (A), (B)와 같이 차례로 변화시키고자 한다. 각각의 방법을 쓰시오. (단, 광원을 다른 것으로 바꾸지 않는다.)

〈상의 본래 모양〉

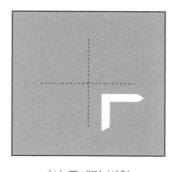

(A) 두께만 변함
• 상의 길이: 변화 없음
• 상의 두께: 가늘어짐

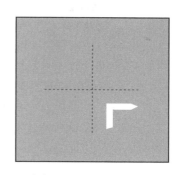

(B) 전체 크기가 작아짐
• 상의 길이: 짧아짐
• 상의 두께: 가늘어짐

〈세종과학예술영재학교 2024년 영재성평가 과학 역량 평가〉

04 다음은 「액체 A와 금속 M의 비열 구하기」 보고서 일부이다. 그런데 보고서에 잉크가 떨어져 있었다.

〈예비 실험〉

열량계에 70 ℃ 액체 A 100 g과 20 ℃ 금속 M 100 g을 넣었다. 일정한 시간이 지난 후 60 ℃에서 열평형이 일어났다. (단, 열량계 안팎으로 열의 출입은 없다.)

〈본 실험〉

• 실험 준비물: 액체 A, 금속 M, 가열 장치, 비커, 온도계

• 실험 방법

① 비커에 20 ℃ 액체 A 100 g을 넣은 후 가열한다. 이때, 액체 A는 1초당 0.1 kJ의 열량을 일정하게 공급받고 있다.

② 계속 가열하면서 100초 후에 온도를 측정한 즉시 20 ℃ 금속 M 100 g을 액체 A에 넣는다.

③ 액체 A의 온도를 0초부터 240초까지 20초 간격으로 측정하여 그래프에 표시한다.

• 실험 결과

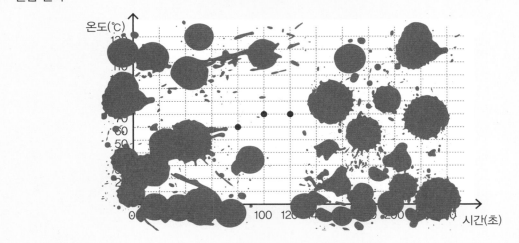

위의 그래프에서 잉크가 떨어져 보이지 않는 영역을 아래 그래프에 점을 찍어 완성하시오.

(단, 액체 A와 금속 M의 상태 변화는 일어나지 않는다.)

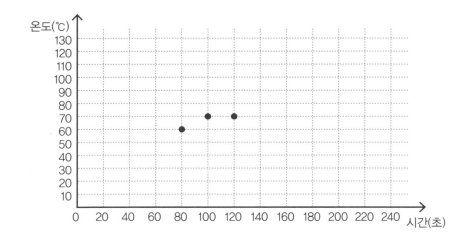

〈한국과학영재학교 2022년 창의적 문제해결력 검사〉

05 양초의 주성분인 파라핀 왁스는 20~40개의 탄소 원자를 포함한 탄화 수소 분자의 혼합물이다. 파라핀 왁스가 연소하면 탄화 수소를 이루는 탄소와 수소는 공기 중의 산소와 결합하여 이산화 탄소와 수증기가 된다. 아래의 양초 연소 실험에 대한 설명을 읽고 물음에 답하시오.

다음 그림과 같이 물이 담긴 접시의 중앙에 불이 붙은 양초를 세우고 병을 거꾸로 덮으면 잠시 후 불이 꺼지고 물이 빨려 올라간다. 이 현상에 대해 어떤 학생은 양초가 연소되면서 산소가 사라졌기 때문에 사라진 산소의 양만큼 물이 빨려 올라간다고도 설명하지만, 실제 그 영향은 크지 않다. 이 실험에서 물이 빨려 올라간 주된 원인은 병을 덮는 동안 촛불의 열에 의해 병 안의 공기가 가열되어 팽창했다가 양초가 꺼지며 다시 수축하기 때문이라고 알려져 있다.

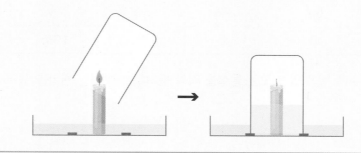

(1) 위 실험에서 불이 붙은 양초에 병을 거꾸로 덮은 뒤에 일어날 것으로 예상되는 현상과 그 이유를 시간순으로 5가지 이상 쓰시오.

(2) 이 실험에서 물이 빨려 올라가는 주된 원인이 산소가 사라졌기 때문이 아니라 열 때문임을 증명할 수 있는 실험을 2가지 이상 제안하고 설명하시오. (필요한 경우 그림을 추가하시오.)

〈한국과학영재학교 2023년 창의적 문제해결력 검사〉

06 일상생활에서 쓰고 버리는 물을 생활하수라고 한다. 다음 표는 어떤 생활하수 500 g에 녹아 있는 순물질의 양과 특성을 나타낸 것이다. MX_2는 물과 에탄올에만 녹아 금속 양이온(M^{2+})과 음이온(X^-)으로 분리되는 물질이다. 이 생활하수 500 g에 있는 물과 에탄올 혼합 용액의 밀도는 약 0.98 g/mL이다. 다음 물음에 답하시오.

구분	물질의 양(g)	밀도(g/mL)	녹는점(℃)	끓는점(℃)	용해도
물	390	1.00	0	100	에탄올과 잘 섞임
에탄올	40	0.79	−114	78.2	물과 잘 섞임
식용유	60	0.92	−	−	물, 에탄올과 섞이지 않음
MX_2	10	2.15	772	1,935	75 g/물 100 g

(1) 위 생활하수에 녹아 있는 모든 물질을 각각 분리하는 방법과 원리를 설명하시오.

(2) 위 생활하수에 녹아 있는 양이온(M^{2+})과 음이온(X^-)이 무엇인지 확인할 수 있는 실험 방법을 각각 제시하고, 설명하시오.

(3) 물질 MX₂만 녹아 있는 수용액에 탄산 나트륨(Na₂CO₃) 수용액을 첨가하면 앙금(MCO₃)이 생성된다. 50 mL의 MX₂ 수용액에 100 mL의 Na₂CO₃ 수용액을 조금씩 넣었을 때 각 이온 수의 변화를 주어진 그래프에 그리고, 그렇게 그린 까닭을 설명하시오. (단, MX₂ 수용액 50 mL에 있는 MX₂의 개수와 Na₂CO₃ 수용액 50 mL에 있는 Na₂CO₃의 개수는 같다고 가정한다.)

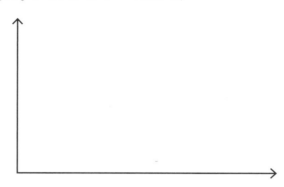

(4) 물질 MX₂만 녹아 있는 수용액을 상온(25 ℃)에서 1,000 ℃까지 가열할 때 예상되는 온도 변화를 주어진 그래프에 그리고, 그렇게 그린 까닭을 설명하시오.

〈한국과학영재학교 2023년 창의적 문제해결력 검사〉

07 우리 몸의 신경계는 감각 기관에서 받아들인 자극의 전달, 해석, 그리고 반응기를 통한 반응을 담당한다. 뉴런은 신경계를 구성하는 신경 세포로서 먼 거리까지 자극을 전달하기에 적합한 구조로 되어 있다. 다음 물음에 답하시오.

(1) 시험지의 문제를 읽고 답안을 작성하는 동안의 반응 경로를 설명하시오.

(2) 우리 몸에는 신경계 외에도 호르몬을 통해 신호를 전달하는 체계가 있다. 우리 몸을 구성하는 세포의 크기가 일반적으로 0.1 mm인 것에 비해 뉴런은 1 m가 넘는 것이 있을 정도로 매우 길다. 생명 활동 조절을 위해 호르몬이 분비되어 1 m 떨어진 표적 세포에 작용하는 것과 뉴런을 통해 신경 신호가 1 m 떨어진 반응기에 작용하는 것에는 어떤 차이점이 있는지 설명하시오.

(3) 우리 몸은 외부 환경의 온도 변화에 대응하여 체온을 일정하게 유지하는 항상성을 가진다. 체온의 항상성 조절에는 신경계와 호르몬이 모두 작용한다. 우리 몸은 체온이 변할 때 신경계를 통해 혈관의 확장이나 수축을 조절하고, 호르몬을 통해 세포 호흡의 촉진이나 억제를 조절한다. 어떤 가상의 동물은 신경계를 통해 세포 호흡을 조절하고 호르몬을 통해 혈관을 조절하여 체온의 항상성을 유지한다. (가) 이 동물이 기온이 낮은 환경에서 어떻게 체온을 조절하는지 (나) 이 동물이 사람과 비교하여 체온 조절에서 유리할지 혹은 불리할지 그 이유를 설명하시오.

(4) 세포가 분열하기 위해서는 핵의 분열과 세포질의 분열이 일어나야 한다. 뉴런은 일반 세포와는 다르게 매우 특수한 구조로 되어 있다. 만약 뉴런이 분열한다면 일반 세포처럼 원활하게 분열할지 설명하시오.

〈서울과학고등학교 2024년 창의력 · 문제해결력 검사〉

08 다음은 무중력 조건이 혈액 순환에 미치는 영향을 알아보기 위해 수행한 연구와 관련된 자료이다. 다음 물음에 답하시오.

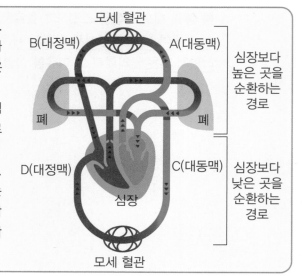

- 그림은 우리 몸의 온몸 순환과 폐순환을 나타낸 것이다. 온몸 순환은 심장보다 위쪽을 순환하는 경로와 심장보다 아래쪽을 순환하는 경로로 구분할 수 있으며, A~D는 온몸 순환을 구성하는 동맥과 정맥을 나타낸 것이다.
- 동맥은 혈관 벽이 두껍고 탄력이 크지만, 정맥은 혈관 벽이 얇고 탄력이 작으며, 압력이 매우 낮아 혈액이 거꾸로 흐를 수 있기 때문에 판막이 있다.
- 심박출량은 1분 동안 심장으로부터 나가는 혈액량이다. 혈액은 계속 순환하고 있으므로 심박출량이 증가했다는 것은 심장으로 돌아오는 혈액량이 증가했다는 것을, 심박출량이 감소했다는 것은 심장으로 돌아오는 혈액량이 감소했다는 것을 의미한다.

(1) 지상(우주로 나가기 전)과 우주정거장에서 혈압을 측정한 결과는 표와 같다. (가)와 (나)의 대소 관계와 (다)와 (라)의 대소 관계를 각각 판단하고 그 이유를 설명하시오.

구분	지상(우주로 나가기 전)	우주정거장
A에서의 혈압	(가)	(나)
C에서의 혈압	(다)	(라)

(2) 우주비행사 8명의 평균 심박출량은 다음과 같이 변화했다. 이와 같은 결과가 나타난 이유를 중력이 A, B, C, D에서의 혈액 흐름에 미치는 영향과 관련지어 설명하시오.
(단, 각 개인의 특징이 아닌 전체적인 경향성에 주목하여 설명하시오.)

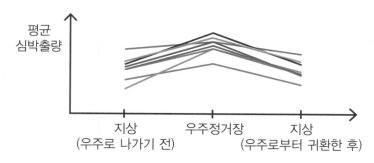

〈세종과학예술영재학교 2024년 영재성평가 과학 역량 평가〉

09 다음은 멘델의 실험을 재현하기 위해 조사한 자료이다. 다음 물음에 답하시오.

(가) 완두꽃의 구조는 오른쪽과 같다.
(나) 멘델이 실험할 당시에는 사람들이 유전 현상에 대해 부모
   의 유전 물질이 혼합되어 자손에서 그 형질이 나타난다
   는 혼합설과 부모의 유전 물질이 혼합되지 않고 자손에게
   전달되어 형질이 나타난다는 입자설로 의견이 나뉘었다.
   ㉠ 멘델은 완두의 씨 모양, 꽃잎 색깔, 꼬투리 모양에 대
   해 서로 다른 형질을 가진 개체끼리 교배하여 실험한 결
   과 입자설에 의해 유전 현상이 나타남을 밝혔다.

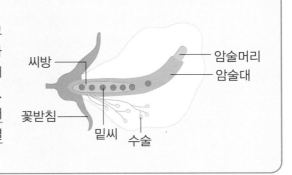

(1) 순종의 둥근 완두와 순종의 주름진 완두를 서로 교배하여 잡종을 얻는 실험 방법에 대해 (가)를 참고하
   여 쓰시오.

(2) ㉠을 확인하기 위해 완두의 씨 모양, 꽃잎 색깔, 꼬투리 모양에 대해 순종의 형질끼리 교배하여 아래 표
   와 같은 결과를 얻었지만, 이 결과만으로는 입자설을 지지할 수 없었다. 그 이유를 쓰고, ㉠을 명확하게
   확인할 수 있는 추가 실험 방법 및 예상 결과를 쓰시오. (단, 완두 교배 실험을 충분히 반복했다.)

형질	부모 세대		잡종 1대
씨 모양	둥글다	× 주름지다	둥글다
꽃잎 색깔	보라색	× 흰색	보라색
꼬투리 모양	볼록하다	× 잘록하다	볼록하다

〈서울과학고등학교 2024년 창의력 · 문제해결력 검사〉

10 다음을 읽고 물음에 답하시오.

> (가) 1981년에 발간된 유네스코 보고서는 15 ℃, 1기압에서 염화 칼륨 표준 용액의 전기 전도도로 염분을 정의하고, 단위는 psu*로 했다. psu를 사용하기 전까지 가장 표준이 되는 염분 측정 방법은 질산 은 수용액을 해수와 반응시켜 얻어진 앙금의 질량을 이용하는 것이었다.
>
> • 반응 ㉠: $NaCl + AgNO_3 \rightarrow AgCl + NaNO_3$
> • 반응 ㉡: $MgCl_2 + 2AgNO_3 \rightarrow 2AgCl + Mg(NO_3)_2$
>
> *psu: 실용염분단위(practical salinity unit)
>
> (나) 염분이 35 psu인 해수 1 kg에 녹아 있는 염류
>
> | 염류 | 염화 나트륨 | 염화 마그네슘 | 황산 마그네슘 | 황산 칼슘 | 황산 칼륨 | 기타 | 합계 |
> |------|------------|----------------|----------------|----------|----------|------|------|
> | 질량(g) | 27.2 | 3.8 | 1.7 | 1.9 | 0.9 | 0.1 | 35.0 |
> | 질량 백분율(%) | 77.7 | 10.9 | 4.8 | 3.7 | 2.6 | 0.3 | 100 |

(1) 〈자료 I〉을 활용하여 반응 ㉠에 관여하는 물질들 사이의 질량비를 구하고 풀이 과정을 서술하시오. 또한, 각 물질들 사이의 질량비를 구할 수 있는 과학적 원리를 서술하시오.

> 〈자료 I〉
> 물 500 mL에 NaCl을 녹인 용액과 물 500 mL에 AgNO₃을 녹인 용액을 혼합하여 반응이 완결됐을 때 생성된 앙금의 질량은 다음과 같다.
>
>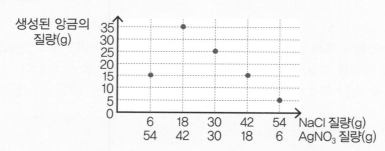

(2) 그림은 표층 해수를 채취한 위치 A, B와 이때의 우리나라 주변 지역 일기도를 나타낸 것이다.

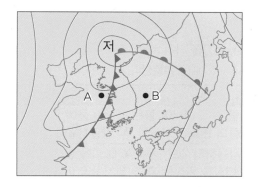

〈자료Ⅱ〉를 활용하여 B에서 채취한 해수의 염분을 구하고 풀이 과정을 서술하시오. 또한, A와 B에서 채취한 해수의 염분을 비교하고, 염분이 다르다면 그 이유를 3가지 서술하시오.

(단, A에서 채취한 해수의 염분은 31 psu이고, 염분은 소수점 아래 첫째 자리에서 반올림한다.)

〈자료Ⅱ〉

- 반응 ㉠에서 NaCl과 앙금의 질량비는 〈자료Ⅰ〉을 통해 구할 수 있다.
- 반응 ㉡에서 $MgCl_2$과 앙금의 질량비는 약 1 : 3이다.
- B에서 채취한 해수 1 kg과 충분한 양의 $AgNO_3$ 수용액을 반응시킨 결과, 반응 ㉠과 반응 ㉡에 의해 생성된 앙금의 질량이 77 g이었다.

---

11 다음은 광물의 특성에 관한 실험의 일부이다. 다음 물음에 답하시오.

〈실험 과정〉
(가) 질량이 같은 광물 A, B, C를 각각 3개씩 준비한다. (단, 광물 A, B, C는 각각 방해석, 석영, 자철석 중 하나이다.)
(나) 아래와 같이 실험 Ⅰ, Ⅱ, Ⅲ을 수행한다.

실험	방법
Ⅰ	광물 A, B, C를 실에 매달아 묽은 염산이 들어 있는 3개의 비커에 각각 넣는다. 10분 동안 광물의 변화를 관찰한 후, 양팔저울을 이용하여 각 광물의 질량을 비교한다.
Ⅱ	실험 Ⅰ에서 사용하지 않은 광물 A, B, C를 실에 매달아 철 가루가 들어 있는 3개의 비커에 각각 넣는다. 광물의 변화를 관찰한 후, 양팔저울을 이용하여 각 광물의 질량을 비교한다.
Ⅲ	실험 Ⅰ, Ⅱ에서 사용하지 않은 광물 A, B, C를 3개의 조흔판에 같은 힘으로 20회씩 긁는다. 조흔색을 관찰한 후, 양팔저울을 이용하여 각 광물의 질량을 비교한다.

〈실험 결과〉

실험	A와 B	A와 C	B와 C
Ⅰ	수평을 이룬다.	A쪽으로 기울어진다.	ⓒ
Ⅱ	㉠	㉡	B쪽으로 기울어진다.
Ⅲ	A쪽으로 기울어진다.	A쪽으로 기울어진다.	B쪽으로 기울어진다.

(1) 〈실험 결과〉의 ㉠, ㉡, ㉢을 쓰시오.

(2) 광물 A, B, C의 굳기를 비교하여 쓰시오.

(3) 광물 A, B의 이름과 그렇게 판단한 이유를 각 광물의 특성을 이용하여 쓰시오.

〈세종과학예술영재학교 2024년 창의적 문제해결력 검사〉

12 그림 (가)는 북극성의 고도와 관측자의 위도와의 관계를 나타낸 모식도이고, (나)는 지구의 자전축이 지구 공전 궤도면의 수직축에 대해 23.5°(㉠) 및 90°(㉡) 기울어진 경우와 천구상에 있는 별 A, B, C를 나타낸 것이다. (다)는 지구의 자전축이 (나)의 ㉠일 때, 북위 40° 지역에서 7월 1일 22시에 북쪽 하늘을 바라본 모습이다. 다음 물음에 답하시오. (단, 북극성은 지구 자전축의 연장선 위에 있으며, 지구의 공전 궤도는 원 궤도, 지구의 1년은 360일, 1개월은 30일, 1일은 24시간이라고 가정한다. 또한, (다)의 일주 운동 경로 사이의 간격은 10°이다.)

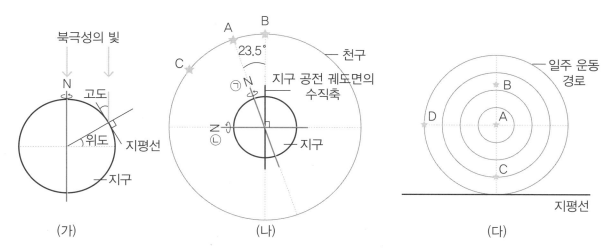

(가)   (나)   (다)

(1) (다)를 관측한 장소에서 7월 2일 2시에 관측되는 별 C의 위치와 10월 1일 22시에 관측되는 별 D의 위치를 아래 그림에 각각 점(●)으로 표시하시오.

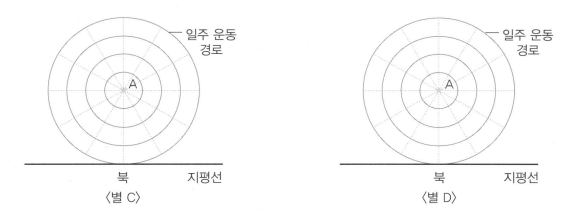

〈별 C〉   〈별 D〉

(2) (나)의 ㉠과 ㉡의 상황일 때, 북위 40° 지역에서 별 B가 하루 중 지평선으로부터 가장 높이 위치할 때의 고도를 각각 쓰시오.

MEMO

영재교육의 **NO. 1**
*시대에듀*는
특별한 여러분을 위해
최상의 학습서를 준비합니다.

안쌤의 완벽 중학 과학 시리즈

- 물리, 화학, 생명 · 지구
- 중등 교과 및 심화 학습 이론 수록
- 서술형 내신 완벽 대비

- 영재학교 · 과학고 + 영재교육원 지필시험 대비
- 과학 관련 각종 경시대회 대비

영재 · 과학고 과학 기출예상문제 + 모의고사

- 영재학교, 과학고 확실한 완벽 대비서
- 영역별 핵심이론 수록
- 기출유사문제 및 출제예상문제로 실력 쌓기
- 모의고사 2회분으로 실전 감각 익히기

※ 도서의 구성 및 이미지는 변경될 수 있습니다.

안쌤의
창의·융합사고력

편저 안쌤 영재교육연구소

수학 100제

중등

정답 및 해설

시대에듀

이 책의 차례

정답 및 해설

I 물리학

01

1

사이드미러는 차량 뒤쪽의 넓은 범위를 보기 위해 볼록거울을 사용하므로 물체가 작게 보이기 때문이다.

2

① 장점
- 카메라가 사각지대를 파악할 수 있어 안전성이 증가한다.
- 시스템과 연동되어 위험 시 경고해 주므로 안전성이 증가한다.
- 사이드미러가 없으면 공기 저항이 줄어들어 연비가 증가한다.
- 카메라 설치 장소가 자유롭기 때문에 자동차 디자인이 획기적으로 변할 수 있다.
- 사이드미러가 있던 공간만큼 여유가 있기 때문에 좁은 길을 달리거나 주차할 때 운전이 쉬워진다.

② 해결 과제
- 카메라가 밖으로 노출되므로 카메라 도난 문제가 있다.
- 카메라로 촬영한 영상을 처리할 때까지 지연 시간이 있다.
- 카메라가 고장나거나 오류가 발생했을 때 안전에 문제가 생긴다.
- 빗물, 먼지, 진흙 등 이물질로 인해 카메라 시야가 방해되면 큰 사고가 발생할 수 있다.

해설

1

운전자가 차내에 앉았을 때 사이드미러와 룸미러를 통해 볼 수 없는 사각지대를 최소화하기 위해 사이드미러에 볼록거울을 사용한다. 평면거울은 물체가 실제와 같은 크기로 보이기 때문에 거리를 가늠하기 쉽지만 시야각이 매우 좁다. 반면에 볼록거울은 시야가 넓지만 물체가 작게 보여 거리가 멀게 느껴진다. 시야가 넓은 볼록거울은 사이드미러뿐만 아니라 편의점 도난 방지 거울, 굽은 도로 거울, 차량 하부 검색 거울 등에도 이용한다. 우리나라에서 생산되는 자동차는 운전석과 조수석의 사이드미러 모두 볼록거울을 사용하지만, 해외 일부 자동차는 운전석의 사이드미러는 평면거울을 사용하고 조수석의 사이드미러는 볼록거울을 사용한다.

2

양옆으로 돌출된 모양의 사이드미러는 공기 저항을 크게 받는데 카메라로 변경되면 공기 저항이 2~8 % 정도 줄어든다. 공기 저항을 10 % 줄이면 연료 소모량을 3.2 % 줄일 수 있다. 또한, 사이드미러 때문에 생기는 바람으로 인해 높은 주파수의 풍절음이 발생하는데, 미러리스 자동차는 이로 인한 소음을 줄일 수 있다.

사이드미러는 시야각이 15°이며 거울에 비치지 않는 사각지대가 있어 차선을 변경할 때와 주차할 때 사고가 빈번하게 발생하기도 한다. 반면에 미러리스 자동차의 시야각은 80°라서 사각지대를 줄일 수 있고, 여러 가지 센서들을 통해 차량 혹은 사람을 감지할 수 있기 때문에 일반 차량보다 사각지대에서의 사고율을 크게 줄일 수 있다.

02

1

① 자외선 A: 에너지는 작지만 파장이 길어 피부 깊숙이 침투해 노화를 일으킨다.
② 자외선 B: 파장이 짧아 피부 깊숙이 침투하지는 못하지만 에너지가 커 피부를 붉게 태우고 화상을 입힌다.

2

얼굴 왼쪽은 오른쪽보다 햇빛을 많이 받아 자외선 A에 의해 피부가 빨리 노화되었기 때문이다.

해설

1

자외선 A는 파장이 길어 유리나 커튼으로 차단되지 않고, 계절이나 날씨에 상관없이 피부에 영향을 준다. 파장이 긴 자외선 A는 표피와 진피 깊숙이 침투해 피부를 검게 만들고, 피부에 탄력과 신축성을 주는 콜라겐과 엘라스틴을 변형시켜 피부 노화를 유발한다.

자외선 B는 자외선 A보다 에너지가 30~40배나 커서 피부를 붉게 태우고, 심할 경우에는 화상을 입히기도 한다. 그러나 파장이 짧아 피부 깊숙이 침투하지는 못하고 피부 표면의 표피와 그 내부의 진피 상부에만 도달한다. 자외선 B는 피부에 닿는 전체 자외선의 5 %에 불과할 정도로 양이 적고 유리창에서도 90 % 이상 차단되므로 실내에 있으면 거의 영향을 미치지 못한다.

2

자외선 A가 차량 유리를 통과한 후 피부 표피와 진피의 상층부에 침투해 운전자의 표피와 각질층이 두꺼워지고, 피부 탄력 섬유가 파괴되어 두꺼운 주름이 생겼다. 햇빛에 항상 노출되는 얼굴, 목, 손등, 팔의 피부에서 관찰되는 피부 노화 현상을 광노화라고 한다. 광노화된 피부는 자연적인 피부 노화에 비해 노화의 정도가 심하다. 주름이 굵고 깊고, 색소 침착이 발생하여 기미가 많이 생긴다.

03

1

빛이 음의 굴절률을 가진 메타물질을 만나면 반대 방향으로 꺾여 나가기 때문에 물체를 볼 수 없다.

2

- 메타물질로 전파를 굴절시켜 전파에 탐지되지 않는 스텔스 전투 폭격기를 만든다.
- 메타물질로 음파를 굴절시켜 물속에서 음파에 탐지되지 않는 스텔스 잠수함을 만든다.
- 메타물질로 전자기파의 방향을 바꾸어 감도가 좋은 위성 통신용 안테나 시스템을 만든다.
- 메타물질로 진동이나 소음이 퍼지는 방향을 바꾸어 건축물이나 기계 장치의 소음을 줄인다.

해설

1

사람이 물체를 볼 수 있는 것은 물체에 반사된 빛이나 굴절된 빛이 우리 눈으로 들어오기 때문이다. 빛이 음의 굴절률을 가진 메타물질을 만나면 반사되거나 흡수되지 않고 반대쪽으로 돌아가므로 물체를 볼 수 없어 물체가 없는 것처럼 보인다.

2

음향 메타물질은 소리의 전파 방향과 속도를 조절할 수 있어 소음 차단에 활용할 수 있다. 광학 메타물질은 빛의 굴절률을 조절할 수 있어 물체를 보이지 않게 할 수 있다(클로킹 기술). 전자기 메타물질은 전자기파의 전파를 제어할 수 있어 무선 통신, 레이더, 전원 전송 등 통신 속도와 범위를 넓힐 수 있다.

메타물질로 덮인 스텔스기는 레이저 전파를 굴절시켜 적의 레이더에 잡히지 않는다. 하지만 스텔스기의 엔진에서 나오는 열은 레이더에 감지되므로 완벽하게 은폐하는 것을 개발하는 데 어려움이 있다.

전자기파가 닿기 어려운 장소에 메타물질을 이용한 필름을 붙이면 전자기파가 휘어져 그 강도를 향상시킬 수 있다. 이처럼 전자기파를 제어할 수 있다면 IT 기기나 전자 제품을 매우 작게 만들 수 있고 고성능 통신 부품, 센서, 검출기 등을 만들 수 있다.

04

1

마이크로파를 쏘면 음식물 안의 물 입자가 전기장의 방향에 따라 회전하면서 열에너지가 발생하여 음식물을 데운다. 하지만 도자기 그릇에는 물 입자가 없어 열에너지가 발생하지 않기 때문에 데워지지 않는다.

2

- 금속 용기나 알루미늄 포일을 사용하면 안 된다. 불꽃(스파크)을 발생시킬 수 있다.
- 밀폐된 용기에 담긴 음식을 넣고 작동하면 안 된다. 내부 압력이 증가해 부풀어 터질 수 있다.
- 아무것도 넣지 않은 상태에서 작동하면 안 된다. 전자기파를 흡수할 물질이 없기 때문에 고장나기 쉽다.
- 내열 처리가 되지 않은 플라스틱 용기를 사용하면 안 된다. 플라스틱이 열에 의해 녹거나 불이 붙을 수 있다.
- 밤이나 도토리처럼 껍질이 두껍거나 딱딱한 음식을 조리하면 안 된다. 내부 압력이 증가해 부풀어 터질 수 있다.
- 물만 넣고 데우면 안 된다. 물의 온도가 끓는점보다 높아져도 기포가 발생하지 않다가 작은 충격이 가해지면 순간적으로 기포가 발생하며 끓어 넘칠 수 있다.

해설

1

물 입자(H_2O)는 수소 원자(H)와 산소 원자(O)로 이루어져 있고, 수소 원자가 있는 부분은 (+)전하, 산소 원자가 있는 부분은 (−)전하를 띤다. 보통 물 입자는 제각각의 방향대로 움직이지만, 전기장이 작용하면 (+)전하를 띠는 수소 원자는 (−)극 방향으로, (−)전하를 띠는 산소 원자는 (+)극 방향으로 향하도록 회전한다. 전기장의 방향을 주기적으로 바꾸면 물 입자가 전기장의 방향에 따라 회전 운동을 하고, 회전하는 과정에서 입자들끼리 밀고 당기거나 충돌하여 마찰이 일어난다. 이때 운동 에너지가 열에너지로 바뀌어 음식의 온도를 높인다. 전자레인지의 마이크로파 진동수는 2.45 GHz로, 물 입자의 고유 진동수와 같기 때문에 물 입자는 마이크로파를 흡수하여 매우 강하게 진동(공명)하며 열을 발생한다. 전자레인지는 물과 같은 극성 물질을 포함한 음식은 잘 데우지만 기름과 같은 무극성 물질을 포함한 음식은 잘 데울 수 없다.

2

전자레인지는 전용 용기, 유리, 도자기를 사용하는 것이 안전하고, 음식 일부분만 과도하게 뜨거워지는 것을 방지하기 위해 중간에 한 번씩 저어주거나 위치를 바꿔 주는 것이 좋다.

05

1

보이스 코일에 전류가 흐르면 자기장이 생기고, 보이스 코일에 생긴 자기장과 자석의 자기장 사이에 밀고 당기는 힘이 작용하여 진동판이 진동하며 소리가 난다.

2

• 사물인터넷의 스피커, 음성 센서로 활용할 수 있다.
• 마이크로폰을 웨어러블 전자 기기의 음성 인식 센서로 활용할 수 있다.
• 로봇에 적용하면 스피커는 입처럼, 마이크로폰은 귀처럼 사용할 수 있다.
• 사람마다 고유한 음성 주파수 패턴이 있으므로 마이크로폰을 음성 보안 시스템에 활용할 수 있다.

해설

1

보이스 코일에 흐르는 전류의 방향이 바뀔 때마다 보이스 코일에 생긴 자기장의 방향이 바뀐다. 이로 인해 보이스 코일에 생긴 자기장과 자석의 자기장 사이에 작용하는 힘의 방향이 바뀌어 보이스 코일이 위아래로 움직이고, 이때 진동판도 함께 진동하며 소리가 난다. 진동판의 진동 횟수가 많으면 높은 소리가 나고, 진동 횟수가 적으면 낮은 소리가 난다. 또, 진동판의 진폭이 크면 큰 소리가 나고, 진폭이 작으면 작은 소리가 난다.

2

투명 전도성 나노막 스피커와 투명 전도성 나노막 마이크로폰은 사물인터넷, 로봇, 웨어러블 전자 기기는 물론 음성인식, 목소리 지문(성문) 보안, 로보틱스 등 다양한 분야에 활용할 수 있다. 투명 전도성 나노막 마이크로폰이 수집한 목소리의 아날로그 신호를 전기 신호로 바꾸어 분석하면 사람마다 고유한 음성 주파수 패턴이 있으므로 누구의 음성인지 식별할 수 있어 음성 보안 시스템에 활용할 수 있다. 실제로 투명 전도성 나노막 마이크로폰은 스마트폰의 음성 인식 소프트웨어를 작동시키는 실험에서 98 %의 정확도를 나타냈다.

06

1

• 전도: 얼음을 짚이나 왕겨로 감싸 외부의 열이 얼음으로 이동하는 것을 막았다.
• 대류: 굴뚝을 만들어 더운 공기가 위로 빠져나가도록 했다.
• 복사: 지붕 바깥쪽에 잔디를 심어 태양열이 석빙고 내부로 직접 들어오는 것을 막았다.

2

앞마당에 잔디를 심으면 앞마당과 뒷마당의 온도 차이가 나지 않으므로 대류 현상이 일어나지 않는다. 따라서 대청마루에 바람이 불지 않는다.

해설

1

석빙고는 차가운 공기와 더운 공기의 밀도 차이를 이용해 얼음을 보관한다. 바닥에서 천장까지는 5 m이지만 지면에서부터의 높이는 3 m이다. 바닥이 지면보다 낮아서 바닥에는 항상 찬 공기가 있다. 짚이나 왕겨처럼 단열 효과가 높은 재료로 얼음을 감싸서 바닥부터 쌓아 열이 얼음으로 이동하지 않도록 했다. 석빙고 안으로 들어온 더운 공기는 안쪽의 차가운 공기보다 가볍기 때문에 위로 올라간 후 천장에 있는 굴뚝을 통해 바깥으로 나간다. 석빙고 지붕은 2중 구조인데, 바깥쪽은 단열 효과가 높은 진흙을 사용하여 열의 이동을 막고, 내부는 열전달이 잘 되는 화강암으로 만들어 찬 공기가 쉽게 순환할 수 있도록 했다. 또한, 내부 중앙에 배수로를 파서 얼음에서 녹아 나온 물이 곧바로 빠져나가도록 했다.

2

한여름 낮에 흙만 있는 앞마당은 빨리 뜨거워져 더운 공기가 위로 올라가고, 식물이 심겨져 있는 뒷마당의 차가운 공기가 대청마루를 지나 앞마당으로 이동하면서 시원한 바람이 분다. 대청마루는 마루 아래에 빈 공간이 있어 지면과 조금 떨어져 있다. 지면과 떨어져 있으면 지열을 덜 받고, 빈 공간에 들어간 바람이 대청마루 나무 틈 사이로 새어 나와 시원한 바람을 느낄 수 있다. 대청마루의 바람은 찬 공기가 더운 공기 쪽으로 이동하는 대류 현상을 이용한 자연 에어컨이다. 그러나 앞마당에 잔디를 심으면 앞마당과 뒷마당의 온도 차이가 나지 않아 대류 현상이 일어나지 않으므로 대청마루에 바람이 불지 않는다.

07

1

내부의 더운 공기는 위쪽으로 나가고, 아래쪽으로 들어온 차가운 바깥 공기가 순환하면서 내부 온도를 떨어뜨린다.

2

- 남쪽에 크고 작은 창을 많이 만든다.
- 단열을 위해 3중 유리창을 사용한다.
- 태양 빛을 많이 받도록 남향으로 짓는다.
- 첨단 단열재를 사용하여 열의 이동을 막는다.
- 여름에는 창문 밖에 차양 시설을 두어 햇빛을 차단한다.
- 벽과 벽, 창틀과 벽, 전기 기구를 위한 배관, 기계 설비를 위한 구멍 등의 좁은 틈으로 공기가 드나들지 못하도록 막는다.
- 바깥 공기와 내부 공기가 서로 섞이지 않고 온도를 주고받게 하여 온도 차를 최소화한 후 환기해 열 손실을 막는다.

해설

1

이스트 게이트 쇼핑센터 10층 건물 꼭대기에는 63개의 통풍구가 설치되어 있어 대류 현상에 의해 내부의 더운 공기는 위로 빠져나가고, 맨 아래층 바닥에는 수많은 구멍이 뚫려져 있어 지하의 차가운 공기가 쇼핑센터 내부로 들어온다. 각 층의 사무실에서는 가전제품과 사람으로 데워진 더운 공기가 사무실의 위쪽 구멍을 통해 통풍구로 빠져나가고, 사무실 바닥으로 들어온 차가운 공기가 실내 온도를 낮춘다.

2

패시브 하우스는 첨단 단열 공법, 기밀 시공, 다양한 기술을 활용하여 건물 내부의 온도와 환경을 최적화하고 에너지의 소비를 최소화한 주택 또는 건축물이다. 외부로 빠져나가는 에너지를 최소한으로 줄여 우리 몸의 체온과 가전제품의 열기 등의 에너지만으로 집안의 온도를 유지한다. 내부와 외부의 열전달을 최소화하기 위해 3중 유리창과 단열재 등을 사용하고, 직접 환기하는 대신 열회수환기장치를 통해 환기한다. 열회수환기장치는 실내로 들어오는 공기와 밖으로 나가는 공기가 섞이지 않도록 접촉시켜 서로의 온도를 주고받게 하여 신선한 공기를 공급하면서 열 손실은 최소화한다. 패시브 하우스도 여름철과 겨울철에는 최소한의 냉난방이 필요하다. 하지만 최소한의 냉난방으로 열 손실 없이 실내 온도를 오래 유지할 수 있다. 패시브 하우스는 태양 전지로 생산한 전기를 사용하고, 단열을 위해 옥상에 풀과 나무를 심고, 빗물을 저장해 생활용수로 사용한다. 패시브 하우스는 일반 주택과 비교할 때 효율이 좋은 단열재와 마감재, 태양광 시스템 등이 필요하기 때문에 건축비가 많이 드는 단점이 있다.

08

1

습도가 높으면 정전기가 공기 중의 수분으로 이동하여 물체에 쌓이지 않지만, 습도가 낮으면 정전기가 이동하지 않고 그대로 있어 물체에 쌓이기 때문이다.

2

- 화분, 어항, 미니 분수를 놓아 습도를 높인다.
- 외출 후 옷을 갈아입을 때 양말을 먼저 벗는다.
- 세탁할 때 섬유 유연제나 식초를 넣어서 헹군다.
- 보습제나 핸드크림을 발라 피부를 촉촉하게 한다.
- 가습기를 틀어 놓거나 젖은 빨래를 널어두어 습도를 높인다.
- 합성 섬유로 된 겉옷을 입을 때에는 안에 면 소재의 옷을 입는다.
- 겨울철 옷을 보관할 때에는 옷과 옷 사이에 종이를 넓게 펴 넣는다.
- 물건을 잡을 때 손톱이나 손등으로 물건을 살짝 건드린 후 물건을 잡는다.
- 정전기로 인해 치마나 바지가 말려 올라갈 때 다리나 스타킹에 로션이나 크림을 바른다.

해설

1

습도가 65 % 이상이 되면 정전기가 생겨도 공기 중의 수분으로 이동해 정전기가 물체에 잘 쌓이지 않는다. 건조한 겨울에는 여름보다 자동차 문을 열거나 옷을 벗을 때 손가락이나 몸에 순간적으로 전기가 통하는 정전기 현상을 자주 경험하게 된다. 이때 생기는 정전기는 대기의 건조 상황에 따라 25,000 V 이상도 되기 때문에 간혹 전기 방전의 불꽃이 튀는 것을 볼 수도 있다. 정전기의 전압은 집으로 공급되는 220 V보다 훨씬 높지만, 우리 몸을 통과하는 전류는 매우 작기 때문에 우리 몸에 주는 충격은 순간적으로 놀라는 정도에 불과하다. 또, 전류는 피부 표면에만 흐르기 때문에 큰 피해를 입히지 않는다.

2

정전기는 피부가 건조할 때 잘 생긴다. 집에서 정전기를 방지하기 위해서는 금속 손잡이에 천연 섬유로 된 커버를 씌우는 것이 좋고, 카펫은 천연 소재로 만들어진 것을 사용하는 것이 좋다. 또한, 겨울철에 의류를 세탁할 때는 정전기가 방지되는 섬유 유연제를 사용하는 것이 좋고, 외출 후 양말을 먼저 벗으면 맨발을 통해 정전기가 바닥으로 이동해 방전되므로 정전기 방지에 도움이 된다.

09

1

- 소음과 진동이 없다.
- 크기를 작게 만들 수 있다.
- 마모되는 부품이 없어 유지·보수 비용이 적게 든다.
- 부가적인 장치 없이 직접 전기를 만들기 때문에 고장날 가능성이 작다.
- 화력이나 원자력 발전 등과는 달리 친환경 발전 기술이므로 발전 과정에서 나오는 부산물이 없다.
- 태양 빛이나 풍력 발전처럼 날씨에 의존하지 않고 온도 차만 있으면 24시간 안정적으로 전기를 만들 수 있다.

2

- 변압기에서 버려지는 열로 전기 에너지를 만들어 사용할 수 있다.
- 체온과 외부 온도 차를 이용하여 몸에 부착하는 헬스 모니터링 기기를 작동할 수 있다.

- 전자 장치에서 발생하는 열을 전기 에너지로 변환하여 배터리를 충전할 수 있다.
- 자동차나 선박 엔진의 폐열을 전기 에너지로 변환하여 동력 시스템에 사용할 수 있다.
- 온천에서는 온천물과 주변 온도 차를 이용하여 전기 에너지를 만들어 사용할 수 있다.
- 전원을 따로 공급하기 힘든 인공위성용 전원, 통신기지국 전원, 사막이나 탐사선의 전원 등 소형 발전에 이용할 수 있다.
- 전자기기에서 발생하는 열로 전기 에너지를 만들어 사용할 수 있으므로 소량의 전기 에너지를 사용하는 기기는 배터리가 없는 기기로 만들 수 있다.

해설

1

전 세계적으로 전력 수급의 위기감이 높아지면서 버려지는 폐열을 재활용하기 위해 연구를 하고 있다. 열전발전을 이용하면 산업장 소각로에서 나오는 열, 자동차 배기가스, 각 가정에서 버려지는 욕실 물, 건물 외벽의 복사열 등을 이용해서 전기 에너지를 만들 수 있다. 또, 열전발전은 전기 에너지를 만들 때 소음과 진동이 거의 없고 이산화 탄소의 배출이 적으므로 기존 발전 방식을 대체하는 친환경 에너지 기술로 주목받고 있다.

2

- 변압기는 용도에 맞게 전압을 조절한다. 전압을 높이거나 낮추는 장치로, 전압을 조절하는 과정에서 열이 발생한다. 이 열을 열전발전으로 다시 전기 에너지를 만들어 재활용하면 소비되는 전력 총량을 줄일 수 있다.
- 2011년에 나사에서 발사된 화성탐사선인 큐리오시티호는 열전발전을 이용하여 핵분열에서 발생하는 열에너지로 전기 에너지를 만들어 사용한다. 우주는 온도가 낮아 온도 차가 크기 때문에 열전발전의 발전량이 많다.

〈체온으로 충전하는 스마트워치〉

〈엔진의 열로 전기 에너지를 만드는 자동차〉

10

1

- 압전소자를 통행량이 많은 곳에 설치한다.
- 압전소자를 유연하고 탄성이 좋은 물질로 만든다.
- 압전소자를 강한 압력이 가해지는 곳에 설치한다.

2

- 발전 도로: 도로에 압전소자를 설치해 차가 지나갈 때 전기 에너지를 만든다.
- 스마트 거리: 보도블록에 압전소자를 설치해 사람이 걸어 갈 때 전기 에너지를 만든다.
- 발전 마루: 지하철 통로나 개찰구 바닥에 압전소자를 설치해 사람이 지나갈 때 전기 에너지를 만든다.
- 걸으면서 충전하는 신발: 신발에 압전소자를 설치해 걸을 때 전기 에너지가 만들어져 배터리를 충전한다.
- 건전지가 필요 없는 리모컨: 리모컨 버튼에 압전소자를 설치해 TV 채널을 바꾸기 위해 버튼을 누를 때 전기 에너지를 만든다.
- 비상용 휴대전화 충전기: 휴대전화에 압전소자를 설치해 배터리가 방전되었을 때 압전소자에 추를 달고 휴대전화를 흔들면 전기 에너지가 만들어져 휴대전화가 켜진다.

해설

1

압전소자를 사람이 많이 다니는 도로, 지하철 개찰구, 학교 복도, 차량이 달리는 도로 등에 설치하면 저렴한 비용으로 일정한 전력을 꾸준히 얻을 수 있다. 압전소자의 재료가 유연하고 탄성이 클수록 만들어지는 전기 에너지의 양은 더욱 많아진다. 그러나 압전소자에 강한 압력이 가해지면 부서질 수 있다.

2

우리나라 중부 내륙 고속도로 여주 시험 도로에서 발전 도로 실험을 마쳤다. 부산 항만공사에서는 무겁고 큰 트럭이 자주 드나드는 문 아래에 압전소자를 설치할 예정이다.
영국 런던의 히스로 공항, 올림픽 경기장, 버드 스트리트, 동부 쇼핑가와 서울 성수동의 서울숲에 스마트 거리가 설치되어 있다.
도쿄역과 신 에노시마 수족관에 발전 마루가 설치되어 있다.
필립스는 2001년 건전지가 필요 없는 TV 리모컨을 개발하여 국제전자제품 박람회에 선보였다.

〈런던 버드 스트리트〉 　 〈서울숲 스마트 거리〉

〈도쿄역 발전 마루〉 　 〈걸으면서 충전하는 신발〉

11

1

① 잠수: 밸러스트 탱크에 바닷물을 채워 잠수함의 무게를 부력보다 크게 하면 가라앉는다.
② 부상: 밸러스트 탱크에 압축 공기를 불어 넣어 바닷물을 빼 잠수함의 무게를 부력보다 작게 하면 떠오른다.

2

해수 염분이 높아지면 부력이 커지므로 잠수함이 떠오른다.

해설

1

잠수함의 부피는 일정하므로 부력은 같다. 잠수함은 무게를 조절하여 중력을 변화시켜 잠수와 부상을 한다. 물속에 그대로 떠 있으려면 물의 양을 적절하게 조절하여 부력과 중력을 같게 해야 한다.

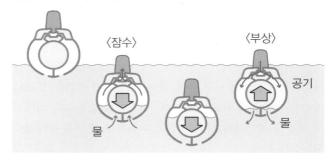

〈잠수〉 　 〈부상〉 공기 물 물

2

해수 염분이 높아지면 해수의 밀도가 커지므로 물체가 밀어 낸 물의 무게, 즉 부력이 커진다. 민물에서보다 바닷물에서 몸이 더 잘 떠오르는 것도 같은 원리이다. 반대로 잠수함이 염분이 낮은 해수 쪽으로 이동할 때는 잠수함의 부력이 작아져 가라앉는다.

12

1

기온이 상승하면 공기의 밀도가 낮아져 압력이 줄어들기 때문이다.

2

- 활주 거리를 늘린다.
- 비행기의 속도를 높인다.
- 해가 지고 기온이 내려갈 때 이륙한다.
- 수화물의 무게나 승객 수를 줄여 비행기의 중량을 줄인다.
- 장거리 비행인 경우 연료 적재량을 줄이고 비행 중간 지점에서 연료를 재급유한다.

해설

1

기온이 상승하면 공기 입자의 움직임이 활발해지고, 입자 사이의 거리가 멀어지면서 공기 밀도가 낮아진다. 공기의 밀도가 낮아지면 압력이 줄어들어 비행기를 떠받치는 양력이 줄어든다.

2

폭염으로 기온이 상승해 공기 밀도가 낮아지면 이륙에 필요한 양력을 발생시키기 위해 지상 활주 속도를 더 빠르게 하거나 지상 활주 거리를 늘려야 한다. 속도를 높이면 연료 소모율이 높아지고 안전상의 문제도 발생할 수 있기 때문에 지상 활주 거리를 늘리는 방법을 사용한다. A380이 이륙하기 위한 지상 활주 거리는 바람이 불지 않을 때 20 ℃에서는 3,020 m이지만 30 ℃에서는 3,120 m로 100 m가량 늘어나고, 40 ℃에서는 3,540 m로 500 m가량 늘어난다. 지상 활주 길이가 길어지는 만큼 연료도 더 많이 사용하게 된다. 기온이 상승하는 만큼 지상 활주 거리를 늘릴 수 없는 상황이라면 수화물의 무게나 승객 수를 줄여 비행기의 중량을 줄여야 한다. 기온이 너무 높을 때는 해가 지고 기온이 내려갈 때까지 기다렸다 이륙해야 한다. 기온이 상승할수록 비행기의 중량을 제한해야 하거나 연료 부족으로 비행을 중단해야 하는 경우가 늘어날 것이다. 실제 해마다 항공기 이륙 시 최대 허용 중량이 127 kg씩 감소하고 있다. 승객의 체중과 수화물의 무게를 감안하면 비행기에 태울 수 있는 승객 수가 매년 1명씩은 줄어들고 있다는 뜻이다.

13

1

공기가 둥근 고리의 좁은 틈으로 빠져나온 후 볼록한 안쪽 면을 따라 흐르면서 속도가 빨라져 압력이 낮아진다. 이때 주변 공기가 고리 안쪽으로 이동하여 강한 바람이 분다.

2

- 일반 선풍기에 비해 무게가 가볍다.
- 바람이 나오는 곳에 회전 날개가 없어 안전하다.
- 고리와 모터가 있는 부분이 분리되므로 보관이 용이하다.
- 먼지가 쌓일 날개가 없으므로 위생적이며 청소도 간편하다.

해설

1

날개 없는 선풍기는 스탠드 안의 날개를 회전시켜 바깥 공기를 안으로 빨아들인 후 위쪽으로 올려 보낸다. 위쪽으로 올라간 공기는 88 km/h 정도의 속도로 빠르게 흐르다가 고리 안쪽의 좁은 틈으로 빠르게 빠져나온다. 공기는 평평한 면에서보다 둥근 면에서 더 빠르게 흐르므로 공기가 고리의 좁은 틈으로 빠져나온 후 둥근 면을 따라 흐르면서 속력이 더 빨라지고, 이로 인해 고리 안쪽 압력이 매우 낮아져(베르누이 효과) 주위 공기가 고리 안쪽으로 이동한다. 따라서 고리를 통과하는 공기의 양은 아래쪽으로 빨려 들어간 공기의 양보다 15배 정도 증가하여 강한 바람이 만들어진다.

2

날개 없는 선풍기는 겉으로 드러난 돌아가는 회전 날개가 없으므로 어린아이가 손가락을 넣어 다칠 염려가 없기 때문에 안전하다. 소비 전력이 낮은 작은 날개를 이용하고 빠른 속력의 바람을 일으킬 수 있는 고리 구조 덕분에 에너지 효율이 높다. 또한, 크기가 작고 구조가 간단하며, 고리와 스탠드가 분리되므로 보관이 용이하고, 먼지가 쌓일 회전 날개가 없어 위생적이며 청소도 간편하다. 하지만 일반 선풍기보다 가격이 비싸고 바람 소리가 더 크게 들려서 소음이 심하다.

14

1

지구가 국제우주정거장을 끌어당기는 중력과 국제우주정거장이 지구 둘레를 돌 때 생기는 원심력이 서로 상쇄되어 무중력처럼 느껴지는 것이다.

2

- 역도: 무중력이므로 무게가 0이 되어 경기를 진행할 수 없다.
- 체조: 무중력이므로 공중회전이 무한대로 가능하지만, 착지를 할 수 없으므로 경기를 진행할 수 없다.
- 축구: 공이 떠다니기 때문에 발로 공을 정확히 차기 어렵고 공을 차면 반작용으로 선수도 움직이기 때문에 공을 서로 주고받기 어렵다. 모든 각도에서 골을 넣을 수 있으므로 골키퍼가 골을 막기 어렵다.
- 100 m 달리기: 무중력이므로 몸이 떠다녀 달리기를 할 수 없다.
- 태권도: 서로 붙었다가 밀치면 작용 반작용 법칙에 의해 서로 반대 방향으로 멀리 밀려나므로 경기를 진행하기 어렵다.

해설

1

중력 가속도로 자유 낙하하는 엘리베이터 안에 사람이 타고 있으면 무중력 효과가 나타난다. 지구의 반지름은 6,400 km이고, 국제우주정거장까지의 거리는 지표면에서 400 km이므로 국제우주정거장에 작용하는 중력은 지구 표면 중력의 약 90 %이다. 국제우주정거장도 지구를 향해 자유 낙하하는 중이므로 무중력 효과가 나타난다. 그러나 국제우주정거장이 지구를 향해 떨어지는 속도가 지구 주위를 도는 속도와 거의 같기 때문에 달처럼 지구에 충돌하지 않고 지구 주위를 돌고 있다. 국제우주정거장이 떠 있는 고도 320~420 km 지점은 미세한 공기가 있으므로 국제우주정거장의 속도가 조금씩 느려지고 있다. 국제우주정거장은 2030년 말까지만 운영한 후 2031년에 태평양으로 추락할 예정이다.

15

1

지구 중력의 영향을 벗어나기 위해서이다.

2

- 출력이 높은 큰 엔진을 사용한다.
- 액체 산소를 재연소해 엔진 효율을 높인다.
- 비추력(단위 연료당 엔진 추력, 연비)이 높고 추력 제어가 가능한 액체 연료를 사용한다.

해설

1

힘껏 던진 공은 지구 중력에 의해 어느 정도 나아가다가 바닥에 떨어진다. 그러나 큰 속도로 공을 던지면 공이 바닥으로 떨어지지 않고 지구 주위를 돌 수 있다. 지구로 떨어지지 않을 만큼의 속도로 물체를 쏘아 올리면 중력이 구심력이 되어 지구 주위를 돈다. 이것이 인공위성의 원리이다. 인공위성을 7.9 km/s(제1우주속도) 속도로 발사하면 90분 간격으로 지구를 한 바퀴씩 돈다. 속도가 더 커져 11.2 km/s(제2우주속도)가 되면 지구 중력을 이기고 지구를 벗어날 수 있다. 태양계를 벗어나기 위해서는 16.7 km/s(제3우주속도)의 속도가 되어야 한다. 위성의 궤도는 높이(고도)에 따라 저궤도(250~2,000 km), 중궤도(2,000~36,000 km), 정지궤도(36,000 km), 고궤도(36,000 km 이상)로 나눈다. 지구 관측 위성이나 첩보 위성은 지구 표면을 관찰해야 하므로 낮은 궤도를 돌고, 우주정거장은 우주 비행사들이 오고 가야 하고 우주에서의 생활이나 연구에 필요한 물품들을 보내야 하므로 비교적 낮은 350 km 궤도에 있다. 위치 정보 위성(GPS)과 같은 항법 위성은 지구에 있는 건물의 위치나 이동 수단의 경로를 알려주어야 하므로 고도 약 2,000~30,000 km 사이인 중궤도에 있다. 무궁화 위성 같은 통신위성은 최대한 넓은 범위에서 통신 중계를 해야 하고, 천리안 위성 같은 기상위성도 한번에 넓은 지역을 관찰해야 날씨 변화를 예측할 수 있으므로 정지궤도에 있다. 고도에 따라 위성의 비행 속도도 다르다. 고도 700 km에 위치한 다목적 실용 위성은 7.5 km/s로, 고도 10,000 km에 위치한 중궤도 위성은 4.9 km/s로, 고도 36,000 km에 위치한 정지궤도 위성은 3 km/s로 비행한다.

2

우주 발사체가 지구 대기와 중력을 이기고 우주로 날아가려면 엔진의 추력은 커야 하고, 구조의 무게는 최대한 작아야 한다. 나로호는 러시아 기술 엔진으로 우주에 발사한 한국 최초의 발사체이고, 누리호는 순수 우리 기술로 개발한 엔진으로 우주에 발사한 최초의 발사체다. 1단 엔진은 우주 발사체가 지구 중력을 벗어나는 일에 핵심적인 역할을 한다. 2단 우주 발사체인 나로호의 1단 엔진은 러시아가 개발했고 2단(고체 연료 엔진)만 우리가 개발했다. 반면, 누리호는 발사체의 모든 구성품을 우리나라에서 독자 개발했다. 고체 연료 엔진은 한번 불타오르면 추력 조정, 시동 및 정지 제어가 불가능하지만, 액체 연료 엔진은 주입하는 연료량을 제어해 추력 조절, 시동 및 정지 제어가 가능하다. 인공위성을 정확한 위치에 수송하기 위해서는 정교한 제어가 가능한 액체 연료 엔진이 유리하다. 또한, 액체 연료 엔진은 고체 연료 엔진에 비해 비추력(단위 연료당 엔진 추력, 연비)이 높아 적은 연료로 많은 물건을 이송할 수 있다. 기존 가스발생기 사이클 엔진에서는 액체 산소를 연소한 뒤 가스발생기를 통해 연소 가스를 밖으로 버리지만, 다단연소 사이클은 거꾸로 타는 보일러처럼 한번 연소한 액체 산소 가스를 버리지 않고 재연소해 엔진 효율을 7 % 이상 높일 수 있다. 액체 연료 엔진에 다단연소 사이클을 적용하면 추력을 40 %까지 높일 수 있고, 재점화도 가능하다. 추력 제어와 재점화는 재사용 우주 발사체 개발에 필수적인 기술이다.

16

1

누리호의 추력이 약해 다누리를 달까지 올려 보낼 수 없었기 때문이다.

2

① 직접 전이 궤도
- 장점: 시간이 짧다.
- 단점: 발사체가 단단해야 하고, 발사체를 정확하게 쏘아 올려야 한다. 달 착륙 시 속력을 줄이기 위한 연료를 많이 실어야 하므로 탐사선에 실을 수 있는 탑재체의 무게가 줄어든다.

② 탄도형 달 전이 궤도
- 장점: 연료 소모가 적다.
- 단점: 시간이 오래 걸린다.

해설

1

누리호는 중량 1.5톤급 실용 위성을 7.5 km/s의 속도로 고도 600~800 km의 지구 저궤도까지 올릴 수 있는 우주 발사체이다. 다누리의 무게는 678 kg으로 누리호에 충분히 실을 수 있다. 하지만 다누리를 지구 궤도를 벗어나 달까지 보내려면 11.2 km/s 이상의 속도로 올려 보내야 하는데, 1단 추력이 300톤인 누리호는 힘이 부족해 다누리를 11.2 km/s 이상의 속도로 올려 보낼 수 없다. 또한, 누리호는 일회용으로 재사용할 수 없지만 팰컨 9는 재사용이 가능해 발사 비용이 저렴하다. 2031년 쏘아 올릴 예정인 달 착륙선은 누리호를 통해 완전히 독자 발사하는 것을 목표로 하고 있다.

2

다누리는 처음에는 무게 550 kg, 임무 기한 1년, 위상 전이 궤도를 이용할 계획이었다. 그러나 탑재체 추가로 최종 무게가 678 kg으로 증가하여 위상 전이 궤도를 이용하면 연료 부족으로 임무 기한이 1년이 되지 않아 탄도형 달 전이 궤도로 변경했다.

① 직접 전이 궤도: 달까지 가는 데 3~4일 걸리며 연료 소모가 많다. 달에 안정적으로 진입하려면 달에 도착했을 때 속도를 줄여야 하는데 속도가 빠른 만큼 속도도 많이 줄여야 하므로 연료 소모가 매우 크다. 연료 무게가 늘어나면 탐사선에 실을 수 있는 탑재체의 무게가 줄어들고, 탐사선 임무 기간도 짧아진다. 유인 우주선은 우주인이 받는 우주 자외선의 양을 최소화하기 위해 직접 전이 궤도를 이용한다. 달 탐사 초창기인 아폴로호와 루나호가 이 방법을 사용했다.

② 위상 전이 궤도: 달까지 가는 데 4주 정도 걸린다. 고도를 조금씩 높여가면서 지구를 빙글빙글 돌다가 3~4번째 회전에서 달로 향한다. 달에 도착하는 속도가 느리므로 감속을 위한 연료 소모량이 적다. 직접 전이 궤도보다 발사체의 힘과 정확도가 낮아도 되고, 비행 동안 장비를 시험해 보거나 별도의 과학 임무를 시도할 수 있다. 지구를 공전하면서 달에 접근하는 날짜를 조절할 수 있고 탐사선에 이상이 생기면 궤도를 수정할 수 있어 달 탐사를 처음 시작할 때 주로 사용한다. 중국 창어, 인도 찬드라얀, 이스라엘 베레시트, 일본 가구야가 이 방법을 사용했다.

③ 탄도형 달 전이 궤도: 가장 긴 거리를 이동하는 궤도로 달까지 가는 데 4개월 정도 걸린다. 탐사선을 달 방향이 아닌 태양 쪽 방향으로 발사하고, 지구와 태양 사이의 중력이 평형을 이루는 지점(라그랑주 포인트)과 달과 지구 사이의 중력이 평형을 이루는 지점에서 작은 힘으로 방향을 크게 변화시켜 달로 이동한다. 달에 도착할 때 속력을 효과적으로 줄일 수 있어 연료를 25 % 정도 아낄 수 있으므로, 탐사선에 실을 수 있는 탑재체의 무게를 늘릴 수 있고 탐사선 임무 기간도 길어진다. 지구에서 멀리 이동하기 때문에 탐사선 조종과 통신의 난이도가 높다. 미국 그레일과 큐브, 우리나라 다누리가 이 방법을 사용했다.

④ 나선형 전이 궤도: 아주 낮은 고도에서 수백 번 회전하며 서서히 고도를 높여 달에 도착한다. 1년 이상 시간이 걸리지만 연료 소모량이 매우 적어 태양 전지와 같은 친환경 전기 추력기로 비행이 가능하다. 유럽연합의 스마트 1호가 이 방법을 사용했다.

17

1

움직도르래 4개가 나란히 연결되어 있으므로 들어 올려야 할 물체의 무게가 $\frac{1}{8}$로 줄어든다. 30명이 7,200 kg을 들어 올렸으므로 1인당 $7,200 \times \frac{1}{8} \div 30 = 30$ (kg)의 힘을 주었다.

2

• 움직도르래를 이용하여 크레인이 가지고 있는 동력의 힘보다 더 무거운 물체를 들어 올린다.
• 물체를 들어 올리는 지점(작용점)을 운전석(받침점)으로 가까이 이동시켜 더 무거운 물체를 들어 올린다.

해설

1

움직도르래는 물체를 2개의 줄이 들어 올리므로 물체의 무게의 절반만큼의 힘으로 물체를 들어 올릴 수 있다. 그러나 당겨야 하는 줄의 길이가 2배로 늘어난다.

2

타워크레인은 타워의 꼭대기에 크레인을 장착한 것으로, 크레인은 기원전 6세기 고대 그리스에서 처음 발명되었다. 무거운 물건을 들기 위해 기다란 나무 기둥에 도르래를 달아 학(두루미, Crane)처럼 생긴 크레인을 발명했고, 이것을 이용해 무거운 대리석을 들어 올려 파르테논 신전과 같은 유서 깊은 건축물을 세웠다. 이후 크레인은 로마제국과 중세 유럽에 전달돼 화려하고 웅장한 건축물을 지을 때 널리 사용되었다.

타워크레인은 도르래의 원리와 지레의 원리가 동시에 작용한다. 호이스팅 블록에 4개의 움직도르래를 장착하면 크레인이 가지고 있는 원래 동력의 힘보다 8배까지 들어 올릴 수 있다. 여러 개의 움직도르래를 사용하면 물체를 들어 올리는 힘의 크기는 줄어들지만, 여러 가닥의 줄이 꼬여 손상되는 일이 발생할 수 있으므로 움직도르래의 개수가 제한된다. 타워크레인에서 운전석(받침점)에 가까운 짧은 팔에는 끝에 콘크리트로 만든 무거운 평형추를 매달아 물체를 들어 올리는 긴 팔과 균형을 이룬다. 가벼운 물체를 들어 올릴 때는 트롤리가 운전석에서 먼 곳에 있어도 되지만, 무거운 물체를 들어 올릴 때는 운전석 가까이 이동시켜야 한다. 아파트 건설 현장의 타워크레인은 높이가 고정된 것이 아니라 아파트 층수에 따라 높이가 변한다.

18

1

승강차가 움직일 때 전동기가 사용하는 에너지를 줄여 준다.

2

지구 상공에 정지 위성 형태로 우주정거장을 만들고 지표면과 케이블로 연결한다. 지구가 자전하면 우주정거장에 작용하는 원심력에 의해 케이블이 바깥쪽으로 당겨져 팽팽하게 유지된다.

해설

1

균형추는 승강차 무게의 1.5배 정도 또는 최대 정원의 50 %의 무게이다. 균형추가 없다면 승강차를 움직일 때 전동기는 (승강차+승객)의 무게를 움직이는 데 필요한 에너지와 가속 운동 시 필요한 에너지를 소비해야 하므로 많은 에너지가 필요하다. 그러나 균형추가 있으면 전동기는 (승강차+승객−균형추)의 무게를 움직이는 데 필요한 에너지와 가속 운동 시 필요한 에너지만 소비하면 되므로 적은 에너지로도 움직일 수 있다.

2

지구의 자전 속도와 같은 속도로 지구를 공전하는 정지 위성 형태의 우주정거장을 만들면 지구에서 볼 때 항상 같은 곳에 정지해 있는 것처럼 보인다. 정지 위성의 고도는 36,000 km의 적도 상의 원 궤도이다. 우주 엘리베이터는 승강기, 연구 시설, 통제 센터, 관광 시설 등의 구조물을 포함하기 때문에 고도 36,000 km의 우주정거장에서 당기는 장력으로는 케이블을 팽팽하게 유지할 수 없어 고도 100,000 km 정도에 설치해야 한다. 케이블로 지표면과 우주정거장이 연결된 상태에서 지구가 자전하면 우주정거장에 작용하는 원심력에 의해 케이블이 바깥쪽으로 당겨져 팽팽하게 유지된다. 이것은 줄로 연결한 공을 빙빙 돌릴 때 줄이 팽팽해지는 것과 같은 원리이다.

19

1

막힌 배수관에 뚫어뻥의 고무 부분을 대고 누르면 고무 부분 안쪽의 공기가 밖으로 빠져나가고, 잡아당기면 고무 부분 안쪽의 공기의 압력이 낮아지므로 아래쪽의 물과 이물질이 함께 위로 올라오며 뚫린다.

2

마스크를 코와 입에 씌운 후 펌프를 누르면 마스크 안쪽의 공기가 밖으로 빠져나가고, 펌프를 잡아당기면 마스크 안쪽의 공기의 압력이 낮아지므로 기도에 있는 공기와 이물질이 함께 위로 올라오며 기도가 뚫린다.

해설

1

배수관 통로에 뚫어뻥의 고무 부분을 대고 누르면 고무 부분 안쪽의 공기가 밖으로 빠져나가 공기의 양이 적어진다. 다시 잡아당겨 올리면 뚫어뻥의 고무 부분 안쪽의 부피가 늘어나 공기의 압력이 낮아지고, 상대적으로 배수관 아래쪽은 압력이 높기 때문에 물이 아래쪽에서 위쪽으로 이동하면서 관을 막고 있는 이물질이 함께 위로 올라와 배수관이 뚫린다. 뚫어뻥의 고무 부분 안쪽의 공기의 압력 차가 클수록 작용하는 힘이 세어지므로 고무 부분이 새지 않도록 꾹 누르고 공기를 빼낼 때와 당길 때 확실히 해 주어야 잘 뚫린다.

2

공기가 폐로 통하는 길이 막히면 곧 질식 상태로 이어지기 때문에 5~10분 안팎의 골든타임 안에 응급조치를 해야만 뇌손상이나 사망을 막을 수 있다. 이때 사용하는 대표적인 방법이 하임리히 요법이다. 하임리히 요법은 보편적인 응급 요법이긴 하지만 뼈와 장기가 약한 어린아이에게 실시할 경우 골절이나 장기 손상이 발생할 수 있고, 평소 숙지하지 않으면 어렵다. 산소 호흡기를 닮은 라이프백 마스크를 환자의 코와 입에 씌운 후 밸브를 눌러 진공 상태로 만든 다음 잡아당기면 목에 걸린 이물질이 쉽게 빠져나온다.

씌운다　　　누른다　　　당긴다

20

1

에어백은 사람이 자동차와 충돌하는 시간을 길게 해 주기 때문에 충격력이 줄어들어 충격으로 인한 피해를 최소화해 준다.

2

- 헬멧 안쪽의 스펀지는 충돌 시간을 길게 하여 인체가 받는 충격력을 줄여 준다.
- 놀이방 매트는 충돌할 때 충돌 시간을 길게 하여 인체가 받는 충격력을 줄여 준다.
- 자전거 안장의 용수철은 충돌 시간을 길게 하여 인체가 받는 충격력을 줄여 준다.
- 자동차 범퍼는 찌그러지면서 충돌 시간을 길게 하여 차량이 받는 충격력을 줄여 준다.
- 체조 선수가 착지할 때 무릎을 굽히면 충돌 시간이 길어져 인체가 받는 충격력이 줄어 든다.
- 공기가 충전된 포장재는 상품이 충돌할 때 충돌 시간을 길게 하여 상품이 받는 충격력을 줄여 준다.
- 물체가 떨어지는 바닥에 푹신한 쿠션을 놓으면 충돌 시간이 길어져 물체가 받는 충격력이 줄어 든다.
- 달걀을 담는 골판지 포장재는 달걀이 충돌할 때 충돌 시간을 길게 하여 달걀이 받는 충격력을 줄여 준다.
- 도로의 가드레일은 자동차가 충돌할 때 찌그러지면서 충돌 시간을 길게 하여 차량이 받는 충격력을 줄여 준다.

해설

1

달리는 자동차에 타고 있는 사람은 자동차와 같은 속력으로 달리고 있으므로 자동차와 같은 운동량을 갖고 있다. 충돌했을 때 받는 충격량은 충돌 전 운동량과 충돌 후 운동량의 차와 같다. 충격량은 물체가 받는 충격의 정도를 나타내는 것으로, 충격력과 충격을 받는 시간의 곱($I=F\Delta t$)이다. 차가 충돌할 때 충격력은 사람이 받는 힘(F)이고, 충돌 시간은 사람이 충격을 받는 시간(t)이다. 충돌 시 가해지는 충격량은 일정하므로 충돌 시간을 길게 하면 사람이 받는 충격력은 줄어 든다. 차가 충돌할 때 사람이 운전대와 에어백에 각각 충돌할 때의 충격량은 같다. 그러나 사람이 운전대에 바로 충돌하면 충돌 시간이 짧아 충격력이 크므로 피해가 크고, 에어백에 충돌하면 충돌 시간이 길어져 사람에게 가해지는 충격력이 줄어들므로 피해를 줄일 수 있다.

21

1

머리가 빠지지 않을 것이다. 빗물의 산도는 우리가 먹는 사이다(pH 4.5)나 식초(pH 3.5), 레몬즙(pH 2.5)보다 낮기 때문이다.

2

① 좋은 점
- 댐 건설비나 물 수송 비용을 줄일 수 있다.
- 물 자원을 쓸모없이 버리는 일을 줄일 수 있다.
- 빗물이 오염되기 전에 저장하므로 처리 비용을 줄일 수 있다.
- 빗물을 청소나 조경 용수로 사용하면 수돗물 사용을 줄일 수 있다.
- 집중호우가 잦은 지역에서는 홍수나 침수 등의 피해가 발생할 위험을 줄일 수 있다.

② 깨끗하게 이용할 수 있는 방법
- 건물의 지붕이나 옥상 등에서 떨어지는 빗물을 모은 후 다양한 필터를 사용하여 섞여 있는 이물질을 걸러낸다.
- 모은 빗물에 미생물을 첨가한 후 물속 유기물을 분해하여 깨끗하게 관리한다.

해설

1

빗물은 대기 중의 이산화 탄소가 녹아 있어 약한 산성을 띠지만 땅에 닿으면서 중화되고, 빗물을 저장조에 모아 두면 중성으로 변한다. 우리나라 비는 평균 pH 4.9로 약산성이다. pH는 숫자가 낮을수록 산도가 높다는 것을 의미하는데 샴푸 후 사용하는 린스의 평균 pH는 3~4 정도로 비보다 산성이 강하다. 비를 맞으면 머리가 빠진다는 말이 사실이라면, 샴푸 후 린스를 사용하는 사람들은 모두 머리가 빠질 수 있다. 빗물이 탈모를 유발하는 직접적인 원인은 아니지만, 빗물 속의 미세먼지와 오염 물질이 두피 건강에 좋지 않은 영향을 줄 수 있다. 따라서 비를 맞고 난 후에는 머리를 깨끗이 감고 두피까지 꼼꼼히 건조하는 것이 중요하다.

22

1

필라멘트가 공기 중의 산소와 반응하지 않게 하기 위해서이다.

2

백열등은 사용하는 전기 에너지의 95 %가 열로 방출되기 때문이다.

해설

1

텅스텐은 금속 중에서 녹는점이 가장 높아 필라멘트의 주재료로 사용되지만, 공기 중에 두면 산소와 반응하여 성질이 변하기 쉽다. 따라서 필라멘트를 유리구로 감싼 다음 유리구 안을 진공으로 만들어 산소와 반응하지 못하게 하거나, 아르곤과 질소 기체처럼 반응성이 작은 기체를 넣어 필라멘트가 타서 끊어지는 것을 막는다.

2

저항체에 전류를 흘려주면 전자와 원자의 충돌로 인해 열이 발생하고 온도가 높아지며 빛을 낸다. 백열등은 사용 전력의 5 % 정도만 빛을 내는 데 쓰이고 나머지 95 %는 열로 방출되므로 효율성이 매우 낮다.

23

1

고기 냄새의 원인이 되는 입자의 분자량이 커서 옷에 닿으면 쉽게 떨어져 나가지 않기 때문이다.

2

에탄올이 증발하면서 냄새의 원인 물질도 함께 공기 중으로 날아가므로 냄새가 사라진다.

해설

1

고기를 구우면 고기가 붉은색에서 갈색으로 변하면서 맛있는 냄새가 나는데, 이때 나타나는 반응을 메일라드 반응이라고 한다. 메일라드 반응은 단백질의 아미노산과 탄수화물 등이 가열되면 일어나는 반응으로, 이때 생성된 휘발성 물질이 고기 냄새의 원인이 된다. 고기 냄새의 원인이 되는 입자는 대부분 분자량이 크기 때문에 옷에 닿으면 쉽게 떨어지지 않는다. 온도가 높을수록, 입자의 질량이 가벼울수록 확산 속도가 빠르다.

2

에탄올은 물에 잘 섞이며 휘발성이 강해 쉽게 증발하는 성질이 있어서 향수의 용매로 사용된다. 섬유 속 냄새 물질은 대부분 탄소(C), 수소(H), 산소(O)를 기본으로 한 유기 화합물이며 땀, 음식 등에서 나는 냄새 물질 또한 유기 화합물이다. 시중에서 판매되고 있는 섬유 탈취제의 흡착 성분은 유기 화합물을 감싸 흡착할 수 있는 구조로 되어 있기 때문에 섬유에 붙어 있는 유기 화합물을 감싼 후 섬유에서 떨어뜨려 공기 중으로 같이 날아간다. 옷에서 나는 냄새를 없애고 싶다면 섬유 탈취제를 충분히 뿌린 후 공기가 잘 통하는 곳에 한두 시간 이상 걸어 놓으면 섬유 탈취제 성분과 냄새 입자가 증발하면서 나쁜 냄새가 사라진다. 섬유 탈취제를 뿌린 후 옷장에 바로 넣거나 개어 놓으면 냄새 입자가 잘 증발되지 않으므로 탈취 효과가 줄어든다.

24

1

① 기체 입자 수: 입자 수가 많을수록 충돌 횟수가 많아진다.
② 용기의 부피: 부피가 작을수록 충돌 횟수가 많아진다.
③ 온도: 온도가 높을수록 충돌 횟수가 많아진다.

2

펌프를 누르면 펌프 안의 압력이 높아져 화장품이 밖으로 나오고, 눌렀던 손을 놓으면 줄어든 화장품의 양만큼 내부 캡이 위로 올라와 일정한 압력을 유지한다.

해설

1

기체의 부피와 온도가 일정할 때는 기체 입자 수가 많을수록 기체 입자의 충돌 횟수가 많아져 기체의 압력이 커진다. 입자 수와 온도가 일정할 때는 용기의 부피가 작을수록 기체 입자의 충돌 횟수가 많아져 기체의 압력이 커진다. 입자 수와 부피가 일정할 때는 온도가 높을수록 기체 입자의 운동 속도가 빨라지므로 충돌 횟수가 많아져 기체의 압력이 커진다.

2

에어리스 용기의 펌프를 눌렀다 놓으면 용기 바닥에 있는 작은 구멍을 통해 공기가 유입되어 내부 캡이 위로 올라간다. 용기 바닥에 있는 구멍이 막히거나 내부 캡이 잘 움직이지 않으면 펌프를 눌러도 내용물이 나오지 않는다. 에어리스 용기는 화장품을 사용하지 않을 때에는 외부로부터 공기나 이물질이 유입되는 것을 완전히 차단하여 화장품의 오염과 변질을 막는다.

25

1

복합식 가습기는 가열식 가습기처럼 살균 기능이 있고, 초음파 가습기처럼 가습 속도가 빠르며 화상의 위험이 적다.

2

전자레인지는 물 입자가 진동하면서 온도를 높인다. 반면에 초음파 가습기는 물 입자가 진동하면서 물이 안개처럼 매우 작은 물방울이 된다.

해설

1

가열식 가습기가 물을 100 % 가열하는 방식이라면 복합식 가습기는 물을 70~80 % 정도만 가열해 살균한 뒤 초음파로 물 입자를 작게 만들어 뿜는 방식이다.

2

전자레인지는 마이크로파를 이용해 음식을 데운다. 마이크로파를 음식물에 쬐어 주면 음식물 안에 있는 물 입자가 마이크로파의 에너지를 흡수해 빠르게 진동 운동을 한다. 이 진동은 물 입자 사이의 마찰을 증가시켜 열을 발생시키고, 결과적으로 음식이 가열된다.
초음파 가습기는 초음파 진동자가 물 밑바닥부터 진동을 일으키면 물 입자들이 서로 부딪히면서 진동을 전달하고, 그 진동이 물 표면까지 닿으면 물 표면 입자들이 미세한 알갱이 상태로 물 표면으로 튀어나와 기화된다. 즉, 초음파 가습기에서의 진동은 물을 기체 상태로 바꾸기 위한 물리적인 과정이라고 할 수 있다.

26

1

물이 얼면 부피가 커지며 뾰족한 결정을 만들기 때문에 냉동시킬 때 몸에 얼음 결정이 생기지 않도록 수분을 제거해야 조직이 파괴되지 않는다.

2

액체 질소를 이용하여 5초 정도 급속 냉동을 하면 금붕어 주위의 물만 순식간에 얼고 금붕어는 얼지 않기 때문이다.

해설

1

우리 몸은 약 70 % 이상이 수분으로 이루어져 있다. 냉동 인간 해동 기술이 어려운 가장 큰 이유는 물이 얼음이 될 때 부피가 증가하고, 얼면서 뾰쪽한 결정을 만들어 조직을 파괴하기 때문이다. 설령 수분을 모두 제거한 후 얼린다 하더라도 다시 살려내기 위해서 해동할 때 몸속의 동결 보존액을 제거하고 수분을 다시 채워 넣어야 하는 문제점도 있다.

2

액체 질소는 기화열을 흡수하기 때문에 액체 질소에 물체를 넣으면 액체 질소로 물체의 열이 이동하고, 물체의 온도가 낮아진다. 액체 질소에 금붕어를 넣는 실험에서 금붕어의 체액은 얼지 않고 금붕어 표면의 물이 얼어 금붕어가 움직이지 않는다. 이 금붕어를 다시 얼음물에 넣으면 표면의 얼음이 녹아 다시 움직이는 것이다. 이 실험에서 금붕어 표면에 글리세린을 바르면 동결 과정에서 세포가 건조되는 것을 방지하고, 온도 변화에 의해 단백질이 파괴되는 것을 막을 수 있다. 그러나 글리세린을 바른 금붕어도 액체 질소에 오래 넣어두면 결국 죽는다.

27

1

액체의 압력이 낮을수록 증발기에서 증발이 잘 일어나기 때문이다.

2

문을 위아래로 여닫는 김치냉장고는 냉장고 안에 밀도가 큰 찬 공기가 있기 때문에 외부의 밀도가 작은 따뜻한 공기가 냉장고 안으로 쉽게 들어가지 못한다.

해설

1

냉장고는 액체 상태에서 기체 상태로 쉽게 변하는 냉매를 사용하여 주변의 열을 흡수하는 원리를 이용한 가전 제품이다. 기체 상태의 냉매를 고압으로 압축하여 액체로 만든 후, 액체가 기화하면서 열을 빼앗아 갈 수 있도록 하면 효과적

인 냉장 장치가 될 수 있다. 팽창 밸브를 통과한 저온 · 저압의 액체 냉매는 증발기로 들어가 주변으로부터 열을 빼앗으며 기체가 된다. 이 과정에서 급격히 온도를 떨어뜨려 냉장고 전체를 시원하게 한다. 냉장고의 뒷부분이 뜨거운 이유는 응축기에서 나오는 열 때문이다. 고온 · 고압의 기체 냉매가 응축기에서 액화되어 약 40 ℃의 액체로 변하면서 많은 열이 방출된다.

2

따뜻한 공기는 찬 공기보다 입자 사이의 거리가 멀고 밀도가 작다. 일반적으로 밀도가 작은 따뜻한 공기는 위로 상승하고, 밀도가 큰 찬 공기는 아래로 하강한다. 문을 앞뒤로 여닫는 일반 냉장고는 문을 열면 외부의 따뜻한 공기가 냉장고 안으로 쉽게 들어가지만, 문을 위아래로 여닫는 김치냉장고는 냉장고 안에 밀도가 큰 찬 공기가 있기 때문에 외부의 밀도가 작은 따뜻한 공기가 냉장고 안으로 쉽게 들어가지 못한다.

28

1

① 실내기: 액체 상태의 냉매가 기화하면서 열에너지(기화열)를 흡수하므로 주위 공기가 차가워져 실내로 차가운 바람이 불어 나온다.
② 실외기: 기체 상태의 냉매가 액화하면서 열에너지(액화열)를 방출하므로 주위 공기가 따뜻해져 실외로 더운 바람이 불어 나온다.

2

• 지붕이나 건물 외벽에 식물을 심으면 식물을 심은 흙 속의 물이 기화하면서 열을 흡수하여 시원해진다.
• 빗물을 모으는 장치를 만들고 더울 때 모아 둔 빗물을 벽을 따라 조금씩 흘러내리게 하면 흘러내리는 빗물이 기화하면서 열을 흡수하여 시원해진다.
• 마당에 작은 연못을 만들면 더운 날에는 연못의 물이 기화하면서 열을 흡수해 시원해지고, 추운 날에는 물이 응고하면서 열을 방출해 따뜻해진다.

해설

1

물질이 액체에서 기체로 기화할 때 흡수하는 열에너지를 기화열이라고 하고, 기체에서 액체로 액화할 때 방출하는 열

에너지를 액화열이라고 한다. 에어컨은 압축기로 압력을 크게 높여 기체 상태의 냉매를 액체로 응축한 후, 기화시키면 주위의 열을 빼앗아 온도를 낮춘다.

29

1

공기가 냉각 장치(증발기)에 닿으면 공기 중의 수증기가 액화하여 물방울이 되어 물통에 떨어지므로 습기가 제거된다.

2

① 공통점
- 외부 공기를 빨아들여 온도를 낮춘다.
- 냉매가 압축기, 응축기, 증발기를 이동한다.
- 공기가 차가워질 때 수증기가 물로 액화한다.

② 차이점
- 제습기보다 에어컨이 전력을 많이 소비한다.
- 제습기는 응축기가 기계 안에 있지만, 에어컨은 응축기가 분리되어 실외에 있다.
- 제습기를 사용하면 온도가 낮아지지 않지만, 에어컨을 사용하면 온도가 낮아진다.
- 제습기는 응결된 물이 물통에 모이지만, 에어컨은 응결된 물이 관을 통해 외부로 배출된다.

해설

1

냉각식 제습기는 공기 중의 수증기를 물로 응결시켜 습도를 조절한다. 공기 중의 수증기를 응결시키기 위해서는 공기의 온도를 이슬점 이하로 내려야 하기 때문에 냉각을 위해 냉매를 이용한다. 습한 공기를 빨아들인 뒤 냉각 장치(증발기)로 통과시키면, 공기의 온도가 낮아져 이슬점에 도달하고 공기 중의 수증기가 물로 변해 물통에 모인다. 건조해진 공기는 응축기를 거쳐 다시 데워진 후에 실내로 방출된다.

2

제습기와 에어컨은 비슷한 원리로 작동하지만 공기의 온도가 높아지는 응축기의 위치가 달라 쓰임새가 달라진다. 제습기는 증발기에서 건조하고 차가워진 공기가 응축기를 통과하면서 온도가 올라간 채로 실내에 배출되지만, 에어컨은 증발기에서 차가워진 공기가 실내에 배출된다. 제습기 대용으로 에어컨의 제습 기능을 사용할 수 있다. 그러나 에어컨은 제습기에 비해 전력을 많이 소비하는 단점이 있다.

30

1

① 온도가 높을 때: 유리관 속의 공기의 부피가 증가하여 물이 유리관을 따라 내려간다.
② 온도가 낮을 때: 유리관 속의 공기의 부피가 줄어들어 물이 유리관을 따라 올라간다.

2

온도가 변하면 유리관 안의 액체의 부피가 팽창하거나 수축하여 밀도가 변하므로 유리구슬이 떠오르거나 가라앉아 온도를 알 수 있다.

해설

1

외부 기온의 영향으로 공기의 온도가 높아지면 공기의 부피가 팽창하여 물이 유리관을 따라 내려가므로 물의 높이가 낮아지고, 공기의 온도가 낮아지면 공기의 부피가 수축하여 물이 유리관을 따라 올라가므로 물의 높이가 높아진다.

2

액체는 온도가 높아질수록 입자 운동이 활발해져 부피가 커지기 때문에 밀도가 작아진다. 밀도 차 온도계는 유리관 안의 액체의 밀도와 유리구슬의 밀도가 서로 다른 것을 이용한 것으로, 액체의 온도가 높아지면 유리관 안의 액체의 밀도가 작아지면서 상대적으로 밀도가 커진 유리구슬은 가라앉고, 온도가 낮아지면 유리관 안의 액체의 밀도가 커지면서 상대적으로 밀도가 작아진 유리구슬이 떠오른다. 떠오른 유리구슬 중 가장 아랫부분에 있는 유리구슬이 현재 온도를 나타낸다.

31

1

무거운 솥뚜껑 때문에 가마솥 안의 수증기가 솥 밖으로 잘 빠져나가지 못해 압력 밥솥처럼 내부 압력이 높아진다. 압력이 높아지면 물이 100 ℃ 이상에서 끓으므로 쌀이 충분히 익게 되고, 솥뚜껑이 쉽게 식지도 않기 때문에 뜸도 잘 들일 수 있다.

2

- 증기를 충분히 배출한 후 뚜껑을 연다.
- 가열 중 뚜껑을 무리하게 열지 않는다.

- 증기 배출구에 이물질이 끼지 않게 자주 청소한다.
- 고무패킹 등 소모품의 교환 시기를 확인하고 주기적으로 교환한다.
- 사용 설명서에 따라 압력 밥솥으로 요리 가능한 음식 이외에는 조리하지 않는다.

해설

1

액체 물질이 끓어 기체가 되는 온도인 끓는점은 액체의 증기 압력과 외부 압력이 같아지는 온도이기 때문에 외부 압력이 높아지면 끓는점도 높아진다. 압력 밥솥과 가마솥은 이러한 현상을 이용한 대표적인 조리 기구로, 압력 밥솥 내부는 밀폐되어 있기 때문에 음식물을 넣고 가열하면 내부 압력이 2기압 정도로 더 높아져 110~125 ℃ 정도에서 물이 끓는다. 따라서 압력 밥솥으로 요리하면 음식을 조리하는 시간이 단축된다.

32

1

① 방법: 깔때기 위에 거름종이를 놓고 분말 활성탄을 넣은 뒤 여러 차례 물을 거르면 이물질을 걸러 낼 수 있다.
② 원리: 거름종이는 물에 녹지 않는 큰 물질을 걸러 내고, 흡착 능력이 뛰어난 분말 활성탄은 물에 들어 있는 미세 물질을 제거한다.

2

마실 수 없다. 간이 정수기를 사용하면 거름종이로 걸러낼 수 있는 이물질과 활성탄이 흡착할 수 있는 물질만 제거할 수 있고, 물속의 미생물을 제거할 수 없다. 따라서 물을 끓이거나 라이프스트로 또는 물정수용 알약 등을 사용하여 미생물을 제거하는 것이 좋다.

해설

1

혼합물을 용매에 녹인 후 용매에 녹지 않는 성분을 걸러서 분리하는 방법을 거름이라고 한다. 깔때기와 거름종이를 이용하면 거름 장치를 만들 수 있다. 용매에 녹는 물질은 거름종이의 구멍을 통과하고, 용매에 녹지 않는 물질은 거름종이 위에 남는다. 분말 활성탄은 눈에 보이지 않는 미세한 구멍이 많아 흡착성이 강해 색소나 냄새 등을 잘 빨아들인다.

2

라이프스트로는 오염된 물을 정화하여 마실 수 있는 물로 바꿔주는 휴대용 정수 빨대이다. 물 정수용 알약은 해외에서는 식수 살균 소독제로 허가되어 사용되고 있지만, 국내에서는 식품의약안전처로부터 기구 등의 살균 소독제로 허가되어 사용되고 있다. 따라서 해외에서는 물 정수용 알약을 담가 살균한 물을 마시거나 식품을 세척할 때 사용 가능하지만, 국내에서는 식기나 조리 기구 등을 담가 세척 또는 살균하는 용도로만 사용한다.

33

1

- 원소 이름의 첫 글자를 알파벳의 대문자로 나타낸다.
- 첫 글자가 같은 원소가 있을 때는 중간 글자를 택하여 첫 글자 다음에 소문자로 나타낸다.

2

- 원소 이름과 기호: koreanium, Ko
- 이유: 한국에서 발견했기 때문에 발견된 나라로 이름을 정했다.

해설

1

베르셀리우스가 제안한 원소 기호를 나타내는 규칙은 원소의 라틴어 이름의 첫 글자를 알파벳의 대문자로 나타내고, 첫 글자가 같은 원소가 있을 경우 중간 글자에서 하나를 택하여 소문자로 붙여 나타낸다. 오늘날도 이러한 규칙에 따라 원소 기호를 나타내며 라틴어 이름 외에도 영어나 독일어로 된 원소 이름의 알파벳을 이용해 나타내기도 한다.

2

새로운 원소의 이름과 기호를 만들 때는 기존에 발견되어 이름이 정해진 원소와 중복되면 안 되는 점을 고려해야 한다. 실제 새로운 원소가 만들어지면 국제 순수·응용화학연합(IUPAC)의 공인을 받기 전까지는 임시 이름을 사용한다. 일본에서 발견한 니호늄도 니호늄이라는 정식 이름으로 등록되기 전까지 '우눈트륨(ununtrium) 113번'이라는 임시 이름을 사용했다. 임시 이름을 사용하는 까닭은 원자 번호 102번 이상의 원소들은 만들어지더라도 순식간에 사라져 실험 결과를 다시 확인하고 검증하는 작업이 쉽지 않아 공인 받기까지 상당한 시간이 걸리기 때문이다.

34

1

① 눈이 녹는 이유: 염화 칼슘을 눈 위에 뿌리면 염화 칼슘이 용해되면서 열을 내놓아 주변의 눈이 녹는다.

② 녹은 눈이 쉽게 얼지 않는 이유: 염화 칼슘이 녹아 있는 물은 어는점이 낮아지기 때문이다.

2

• 식물의 비료로 사용될 수 있다.

• 음식물 쓰레기를 재활용할 수 있다.

• 도로나 차량이 부식될 위험이 적다.

• 염화 칼슘 제설제보다 독성이 약하다.

해설

1

염화 칼슘은 공기 중의 수분이나 물을 흡수하여 스스로 녹는 성질이 있으며, 물을 흡수하여 녹는 과정에서 열이 발생하므로 눈을 빠르게 녹인다. 염화 칼슘이 녹은 물은 혼합물이 되고, 혼합물에서는 용질 입자가 용매가 어는 것을 방해하기 때문에 순물질인 물보다 낮은 온도에서 언다. 이처럼 혼합물의 어는점이 낮아지는 현상을 어는점 내림이라고 한다.

2

미생물로 음식물 쓰레기를 분해하면 산성을 가진 유기화합물이 만들어지는데 이것을 칼슘이나 마그네슘 이온과 결합해 유기산염(CMO) 제설제를 만든다. 유기산염 제설제는 염화 칼슘에 비해 독성이 적다. 또한, 음식물 쓰레기를 재활용할 수 있으며 음식물 쓰레기 속 불순물이나 미생물을 정밀 여과막으로 걸러내어 추출한 것이므로 냄새도 나지 않는다. 현재는 유기산염 제설제의 원료인 마그네슘을 수입에 의존하고 있어 원재료를 국내에서 찾는 데 힘쓰고 있다.

35

1

F + ⊖ → F⁻

2

• CO_3^{2-}(탄산 이온): 탄산 음료에 들어 있다.

• Cl^-(염화 이온): 염소 소독을 하는 수돗물 속에 들어 있다.

• Ca^{2+}(칼슘 이온): 우리 몸의 뼈와 치아를 구성하며, 심장 박

동에 관여한다.

• Fe^{2+}(철 이온): 혈액 속의 헤모글로빈을 구성하며, 혈액 속 산소를 운반한다.

• H^+(수소 이온): 수소 연료 전지 자동차의 연료인 수소 연료 전지에 이용된다.

• Li^+(리튬 이온): 휴대 전화, 노트북 등의 리튬 이온 전지를 만드는 데 이용된다.

• Na^+(나트륨 이온): 우리 몸속에서 신경 전달에 관여하며, 땀에 많이 들어 있다.

• K^+(칼륨 이온): 체내 삼투압과 pH 조절, 혈압 조절 등에 관여하며, 근육에 많이 들어 있다.

해설

1

이온을 표현할 때는 원소 기호를 사용하여 나타내며, 원소 기호의 오른쪽 위에 이온이 띠고 있는 전하의 종류와 잃거나 얻은 전자 수를 함께 표시하는데 이를 이온식이라고 한다. 이온식을 나타낼 때 잃거나 얻은 전자 수가 1일 경우 1은 생략한다. 플루오린처럼 전자를 얻는 이온은 음이온이 되며 보통 원소 뒤에 '~화 이온'을 붙여 부르며, 원소 이름이 '소'로 끝날 경우 소를 빼고 '~화 이온'을 붙여 부른다.

36

1

① 물질 A: 황(S)

② 물질 B: 납(Pb)

③ 화학 반응식: $Pb^{2+} + S^{2-} \rightarrow PbS \downarrow$ (검은색)

2

• 철이 녹슨다.

• 종이가 탄다.

• 고기가 익는다.

• 김치가 시어진다.

• 표백제로 옷을 탈색시킨다.

• 은수저 표면이 검게 변한다.

• 야광봉을 꺾으면 밝게 빛난다.

• 발포정을 물에 넣으면 기포가 발생한다.

• 흰 설탕을 오래 가열하면 갈색으로 변한다.

• 사과를 깎아 공기 중에 두면 갈색으로 변한다.

• 석회수에 입김을 불어 넣으면 뿌옇게 흐려진다.

• 빵 반죽에 베이킹파우더를 넣어 구우면 빵이 부푼다.

해설

1

대표적인 대기 오염 물질에는 황 산화물(SO_2, SO_3), 질소 산화물(NO, NO_2 등), 일산화 탄소(CO) 등이 있으며, 렘브란트가 많이 사용했던 황토색, 흰색, 갈색 등의 물감에는 모두 납(Pb)이 포함되어 있었다. 석유 난로의 기름에 포함된 황과 대기 오염이 심해 공기 중에 많았던 황 산화물이 물감의 납 성분과 반응하여 검은색 황화 납이 만들어져 검게 변하는 흑변 현상이 일어났다. 또한, 렘브란트는 황이 포함된 선홍색 물감을 자주 사용했는데 캔버스 위에서 납과 황이 포함된 물감이 시간이 지나면서 풍화되어 가루처럼 날려 서로 반응하면서 검게 변하기도 했다.

37

1

얼음 속에 메테인 가스가 들어 있어 겉모습은 얼음 같지만, 얼음에 불을 붙이면 메테인이 타면서 강한 불꽃을 내기 때문이다.

2

- 해수의 담수화: 해수와 이산화 탄소를 이용하여 가스 하이드레이트를 형성시켜 염분을 제거하고 담수를 얻는다.
- 방사성 오염수의 담수화: 방사성 폐수 속에 가스 하이드레이트를 형성시켜 방사성 물질을 제거하고 담수를 얻는다.
- 가스 하이드레이트 소화탄: 물 분자 사이에 소화 가스를 저장하면 휴대성이 좋아 산이나 초고층 건물 등 사람이 접근하기 어려운 특수 화재 현장에 적용할 수 있다.

해설

1

메테인 하이드레이트는 저온 고압 상태에서 물 분자와 메테인이 결합되어 있다. 물 분자가 기본 골격을 이룬다는 점에서 얼음과 비슷한 구조를 가지지만 내부에 메테인 가스가 채워져 있어 불을 붙이면 메테인이 밖으로 나와 연소하면서 강한 불꽃을 내뿜는다.

2

가스 하이드레이트 기반 담수화 기술은 가스 하이드레이트 결정체가 어는 과정에서 오염물이 배제되는 원리를 이용한다.

해수나 방사성 오염수를 가스 하이드레이트로 만들면 물과 가스를 제외한 나머지 물질을 분리할 수 있고, 생성된 가스 하이드레이트를 다시 녹이는 과정에서 담수를 얻을 수 있다.

가스 하이드레이트 소화탄은 2022년 한국생산기술연구원에서 개발했다. 메테인 하이드레이트를 모방하여 메테인 대신 물 분자 사이에 소화 가스를 저장한 것으로, 물 분자가 고압 용기의 역할을 하기 때문에 별도의 저장 용기 없이 많은 양의 소화 가스를 저장할 수 있다.

38

1

전지는 사용하지 않아도 전지 속의 전해질과 아연판 사이에서 조금씩 반응이 일어나는데, 이 반응이 계속 진행되면서 점점 방전되기 때문이다.

2

1차 전지는 다시 사용할 수 없지만, 2차 전지는 충전이 가능하여 다시 사용할 수 있다.

해설

1

일반적으로 사용하는 전지는 온도 10~25 ℃, 습도 45~75 %에서 최적의 전압을 방출한다. 전지는 회로에 연결되어 있지 않아도 화학 반응을 일으키므로 사용하지 않을 때도 조금씩 전류를 만든다. 이러한 현상을 자기 방전이라고 한다.

2

1차 전지는 (−)극이 내보낸 전자가 (+)극으로 이동하는 과정에서 발생하는 전기 에너지를 사용한다. 1차 전지가 방전되는 과정에서 (+)극, (−)극, 전해질의 성분이 바뀌므로 방전 후에는 원래 상태로 되돌릴 수 없다.

2차 전지는 (+)극과 (−)극, 전해질과 분리막으로 구성되는데 리튬 이온(Li^+)이 (+)극과 (−)극을 오가며 충전과 방전을 반복한다. 방전할 때는 리튬 이온(Li^+)이 (−)극에서 (+)극으로 이동하며 에너지를 방출하고, 충전할 때는 (+)극에서 (−)극으로 이동하며 에너지를 저장한다. 2차 전지에서 전해질은 리튬 이온(Li^+)이 이동할 수 있도록 하고, 분리막은 (+)극과 (−)극을 분리한다.

39

1

서로 잘 섞이지 않는 물과 기름을 잘 섞이게 한다.

2

- 마요네즈: 달걀 속에 포함된 레시틴이 계면활성제 역할을 해 단백질, 지방, 식초 등이 유화되어 있다.
- 우유: 물과 잘 섞이지 않는 지방과 단백질 등이 레시틴이라는 천연 계면활성제의 작용으로 유화되어 있다.
- 화장품: 크림, 로션, 에센스 등 화장품에는 여러 가지 물질이 섞여 있는데 서로 잘 섞이지 않는 물질을 계면활성제를 이용하여 유화시킨다.
- 정전기 방지제: 계면활성제의 작용으로 대상 물체가 주위의 공기 중에 있는 수분을 흡수하여 표면에 전기가 흐르기 쉬운 상태가 되어 정전기가 잘 발생하지 않는다.
- 아이스크림: 아이스크림은 우유, 과일 등 여러 가지 재료에 공기를 넣은 후 많이 저어서 부드럽게 만드는데, 냉동실의 낮은 온도에서 분리되지 않도록 계면활성제를 넣는다.
- 달고나 커피: 인스턴트 커피와 설탕, 물을 섞어서 저으면 설탕 속 당분, 커피 속 탄수화물, 단백질, 지방 등이 계면활성제 역할을 해 공기가 들어가면서 거품이 생성된다.

해설

1

계면활성제는 기본적으로 한 분자 내에 물을 좋아하는 친수성 부분과 물을 싫어하는 소수성 부분이 함께 존재한다. 보통 기름이라고 부르는 물질은 물과 반대되는 성질을 가지기 때문에 물을 싫어하는 소수성이다. 물과 기름처럼 서로 섞이지 않는 액체에 계면활성제를 넣어 섞이게 하는 것을 유화(emulsion)라 하며, 유화 반응을 일으키기 위해 쓰이는 계면활성제를 유화제라고도 한다.

40

1

계면활성제의 친수성 머리 부분이 수용성 오염 물질을 향하고, 소수성 꼬리 부분이 드라이클리닝 용제 방향으로 배열되기 때문이다.

2

① 장점
- 기름때가 잘 지워진다.
- 물보다 쉽게 건조되어 빠르게 마른다.
- 물세탁이 힘든 옷을 손상 없이 세탁할 수 있다.
- 물보다 가벼워 세탁물이 떨어지면서 가해지는 힘이 적어 의류 변형이 적다.
- 염료가 드라이클리닝 용제에 용해되지 않으므로 다양한 색상의 옷을 동시에 세탁할 수 있다.

② 단점
- 물빨래보다 비용이 많이 든다.
- 수용성 때가 잘 지워지지 않는다.
- 친수성 섬유(면, 레이온 등)에 대한 세척성이 좋지 않다.
- 드라이클리닝 용제에 인화성이 있어 화재 및 폭발의 위험이 있다.
- 드라이클리닝 용제가 인체 및 환경에 좋지 못한 영향을 미치기도 한다.

해설

1

의류의 세탁은 몸에서 나오는 분비물, 생활 속의 각종 먼지, 음식물, 색소 등에 의한 오염을 없애는 것이다. 이 오염의 대부분은 극성 물질로 물에 잘 용해되기 때문에 물로만 빨아도 없앨 수 있다. 그러나 무극성 물질인 기름때를 제거하기 위해서는 비누나 세제를 이용해야 한다. 드라이클리닝은 무극성 물질인 드라이클리닝 용제를 사용해 기름때를 녹여 제거하며, 수용성 오염 물질은 계면활성제가 역미셀을 형성하여 제거한다.

2

드라이클리닝은 물을 사용하지 않기 때문에 물에 의한 섬유의 팽창으로 크기가 줄거나 모양이나 색이 변하는 현상이 일어나지 않는다. 또한, 같은 부피의 물과 드라이클리닝 용제의 무게를 비교하면 물이 훨씬 무겁기 때문에 드럼이 돌 때 세탁물이 떨어지면서 가해지는 힘이 드라이클리닝 용제는 매우 작아 의류의 변형이 적다.

41

1

- 오염, 어획으로 인해 해파리 천적이 감소했기 때문이다.
- 해파리의 먹잇감인 플랑크톤의 수가 증가했기 때문이다.
- 지구 온난화로 수온이 높아져 해파리가 서식 가능한 해역이 넓어졌기 때문이다.

2

- 해파리의 천적을 방류한다.
- 해상 구조물에 붙어 살아가는 해파리 유생(폴립)을 고압 세척기로 제거한다.
- 해파리가 자주 나타나는 곳이나 해수의 온도가 상승하는 시간에 그물망으로 해파리를 잡는다.

해설

1

해파리의 천적은 쥐치, 상어, 다랑어, 바다거북 등이 있다. 쥐치는 다른 먹이가 풍부하면 해파리를 먹지 않으며, 상어는 고기나 장식품 용도로 밀렵되고, 다랑어는 고급 횟감의 재료로 남획된다. 또, 바다거북은 바다에 떠도는 비닐을 해파리로 알고 먹다가 죽기도 해서 해파리의 천적은 점차 줄어들고 있다. 육지로부터 영양 염류의 유입으로 먹이인 플랑크톤이 풍부해진 것도 해파리가 많아진 원인으로 추정된다. 지구 온난화로 해수 온도가 상승하고, 쿠로시오 해류와 대만 난류 세력이 강해지면서 아열대성 해파리가 유입되고 있다.

2

해파리는 수컷의 정자가 암컷의 몸으로 헤엄쳐 가서 붙으면 수정이 된다. 해파리 유생은 해상 구조물에 붙어서 살아가는 시기를 겪고, 분열법과 출아법으로 개체수를 늘리므로 번식력이 아주 강하다. 수중에서 고압 세척기로 구조물에 부착된 해파리 유생들을 없애고 나머지 남아 있는 유생은 삽으로 세밀하게 없애는 방법이 개발되었다. 이는 해파리 증식을 조기에 차단하는 기술로, 해파리를 유생 단계에서부터 제거할 수 있다.

42

1

수영복을 입고 헤엄칠 때 수영복 표면의 홈을 따라 소용돌이가 만들어지고, 이 소용돌이가 표면 마찰력을 줄여주기 때문이다.

2

- 비행기 표면이나 잠수함 표면에 미세 돌기를 이용하면 공기나 물의 저항을 줄일 수 있다.
- 상어 비늘 패턴의 필름을 병원이나 공공 화장실 등에 붙여 표면에 박테리아나 세균이 달라 붙지 못하게 한다.
- 타이어 홈에 미세 돌기를 만들어 공기를 빠르게 빠져나가게 하면 타이어 뒤쪽에 생기는 공기 저항을 줄일 수 있다.

해설

1

사람이 수영할 때는 물이 피부에서 빙글빙글 맴도는 와류 현상(저항)에 의해 수영 속도가 느려진다. 그러나 상어는 몸 주변에 발생하는 소용돌이가 상어 피부 표면에 닿지 않고 상어 비늘의 작은 돌기(리블렛) 윗부분에서 밀려나기 때문에, 저항이 줄어들어 수영 속도가 빠르다. 이를 리블렛 효과라고 한다.

43

1

① 생태계 다양성과 종 다양성의 관계: 종이 다양할수록 복잡한 먹이 그물을 이룰 수 있으므로 생태계는 더욱 안정적으로 유지되고, 생태계가 다양할수록 각 생태계에 적합한 생물이 살게 되므로 지구 전체의 종 다양성도 증가한다.
② 종 다양성과 유전자 다양성의 관계: 같은 종이라도 서로 다른 유전자를 가지고 있어서 크기와 생김새가 달라진다.

2

지금까지 일어났던 대부분의 멸종은 수만 년 혹은 수백만 년의 기간에 걸쳐서 일어난 것이었으나, 현재 인간의 활동으로 인한 멸종 속도는 이보다 훨씬 빠르기 때문이다. 이는 생물 다양성을 감소시키고, 생태계의 안정성을 해치며, 식량 자원의 감소나 질병의 확산 등 인간의 건강과 경제에도 부정적인 영향을 미친다.

해설

1

생물이 살아가는 다양한 생태계가 있고, 그 속에 많은 종의 생물이 서식하고 있으며 각 종의 생물이 유전적인 차이에 의해 다양한 특징을 가지고 있을 때 생물 다양성은 잘 유지된다. 유전적 다양성이 높은 개체군은 급작스러운 환경 변화가 일어날 때 변화된 환경에서 살아남을 가능성이 크지만, 유전적 다양성이 낮은 개체군은 변화된 환경에 적응하는 능력이 떨어진다.

2

지구 역사에서 중생대 공룡의 멸종과 같은 대규모 멸종과 소규모 멸종이 수차례 일어났고, 뒤이어 수백 년 동안의 회복 과정을 걸쳐 오늘날의 지구 생물 다양성이 나타나게 되었다.

44

1

① 주로 발견되는 곳: 이불, 베개, 매트리스, 침대, 소파, 카펫, 의류, 봉제 인형, 섬유 제품 등
② 이유: 집먼지진드기는 사람이나 동물의 피부에서 떨어진 얇은 피부 조각을 먹고 살기 때문에 피부에 직접 닿는 침구류나 섬유에서 주로 발견된다.

2

• 실내 온도를 약 18 ℃ 이하로 유지한다.
• 실내 습도를 약 60 % 이하로 유지한다.
• 침구류를 자주 세탁하고, 일광 소독을 한다.
• 침대 매트리스나 침구류, 섬유 제품을 자주 털어 준다.
• 습도가 높으면 집먼지진드기가 잘 생기므로 자주 환기한다.
• 섬유 제품 대신 플라스틱이나 나무로 만들어진 제품을 사용한다.

해설

2

집먼지진드기는 0.1~0.5 mm 크기로 아토피성 피부염이나 알레르기성 비염, 천식 등을 악화시키는 주범이다. 따뜻하고 습한 환경을 좋아하므로 온도는 18 ℃ 이하로, 습도는 60 % 이하로 낮추면 집먼지진드기를 어느 정도 줄일 수 있다.

45

1

식물세포는 물이 들어 있는 액포가 발달되어 있기 때문이다.

2

김치에 열을 가하면 유산균이 죽는다.

해설

1

식물세포의 세포막 바깥쪽에는 두꺼운 세포벽이 있어 식물세포가 일정한 모양을 유지할 수 있게 하고, 세포를 단단하게 지지하여 높게 자라게 한다. 또한, 식물세포에는 엽록체가 있어 광합성을 하므로 유기 양분을 합성할 수 있다. 오래된 식물세포에서는 물과 노폐물이 들어 있는 액포가 크게 발달하여 세포질의 대부분을 차지한다.

2

유산균은 75 ℃ 이상의 열에서 15초만 가열해도 대부분 사멸하기 때문에 끓이거나 볶는 조리 과정에서 거의 죽는다. 살아 있는 유산균을 생균, 죽은 유산균을 사균이라고 하는데, 사균일지라도 섭취했을 때 장내에서 긍정적 효과를 낸다는 연구 결과가 있다. 살아 있는 유산균을 섭취하려면 김치를 그대로 먹는 것이 좋다. 김치를 담근 후, 약 50일 지나면 젖산이 과다 생성되어 유산균이 급격히 줄어들기 시작하므로 적당히 익었을 때 먹는 것이 좋다.

46

1

① 영양학적인 측면: 단백질 함량은 높고, 지방 함량은 낮다. 건강에 좋은 불포화 지방산이 많다.
② 환경적인 측면: 사용하는 물의 양이 적다. 또한, 사육 시 가축보다 낮은 수준의 온실 기체를 배출하고, 가축에 비해 사육 면적이 좁아 토지 이용에도 효율적이다.
③ 경제적인 측면: 육고기에 비해 필요한 사료양이 적다.

2

우리 몸에 단백질이 부족하면 근육량이 줄어들고 피부가 잘 갈라지며 머리카락이 얇아진다. 또한, 손톱뿐만 아니라 뼈와 근육이 약해져 쉽게 부러지고 부상 위험도가 증가한다.

1

식용 곤충은 단백질 함량이 높고 불포화 지방산이 많아 건강에 도움이 된다. 식물성 지방과 생선 기름에 많이 함유되어 있는 불포화 지방산은 녹는점이 낮아 상온에서 액체 상태이고, 적당히 섭취하면 심혈관계 질환을 예방하는 데 도움이 된다. 하지만 동물성 식품에 많이 함유되어 있는 포화 지방산은 녹는점이 높아 상온에서 고체 상태이므로 많이 섭취하면 심혈관계 질환을 유발할 수 있다. 또한, 식용 곤충은 칼슘, 철 등의 무기 염류와 바이타민, 식이섬유의 함유량이 높다. 곤충은 알을 한 번에 수십 개~수백 개까지 낳으며 세대가 짧아 빠른 기간에 대량 생산이 가능하다.

2

단백질이 부족해지면 골격근과 근력이 줄어들어 근감소증이 나타날 수 있다. 근감소증이 있으면 쉽게 피로감을 느끼며 신체 반응이 느려지고 균형을 잡기 어렵다. 근감소증 예방을 위해서는 체중 1 kg당 1 g 이상의 단백질을 섭취해야 한다.

47

1

윗부분에 물을 넣으면 각 화분에 연결된 파이프로 물이 공급되고, 화분의 밑부분의 구멍을 통해 밑에서부터 물을 흡수하도록 하는 저면관수 방식으로 화분에 물을 준다.

2

① 장점
• 흙에 알을 낳는 벌레들이 번식할 수 없다.
• 흙을 사용하지 않기 때문에 식물을 키우는 환경이 깨끗하다.
• 땅이 부족한 도시나 작은 정원에서도 쉽게 식물을 재배할 수 있다.
• 물을 통해 뿌리에 직접 영양분을 제공하기 때문에 식물의 성장 속도가 빠르고 관리하기 편하다.

② 단점
• 물이 햇빛을 받아 녹조가 생길 수 있다.
• 땅에서 재배한 식물에 비해 쉽게 무른다.
• 땅에 식물을 키우는 것에 비해 시설을 설치하고 관리하기 위한 비용이 많이 든다.

1

저면관수란 화분보다 큰 용기에 화분을 담고, 화분 바깥의 용기에 물을 부어 밑에서부터 물을 흡수하도록 하는 방식이다. 물을 화분 아래에서 공급하기 때문에 식물의 뿌리부터 수분이 공급되며, 흙 위에서 물을 주는 방식보다 화분 전체에 물을 공급할 수 있다. 다육식물이나 잎과 줄기에 물이 닿는 것을 싫어하는 식물에게 적용하면 좋다.

2

수경재배란 육상식물을 흙을 사용하지 않고 물과 수용성 영양분으로 만든 배양액 속에서 식물을 키우는 방법으로, 물재배 또는 물가꾸기라고도 한다. 식물의 생장에 필요한 모든 영양소를 넣은 배양액 속에서 자라는 식물과 특정 영양소를 빼고 만든 배양액으로 수경재배를 하여 키운 식물을 서로 비교해 보면 식물의 생장에 필요한 영양소의 종류와 기능을 알아볼 수 있다.

48

1

무기 염류는 에너지원으로 사용되지 않지만 몸을 구성하는 성분이 되거나 여러 생명 현상을 조절하는 역할을 하며, 부족하면 결핍증을 일으킨다.

2

• 비누 거품이 잘 나지 않는다.
• 피부나 모발을 건조하게 한다.
• 설거지를 한 그릇에 침전물이 남는다.
• 수도꼭지, 샤워기, 싱크대 등에 석회질 침전물이 생긴다.
• 비누를 완전히 제거하지 못해 세탁물에 잔여물이 남는다.
• 침전물로 인해 수도관이 막히거나 좁아져 수압이 약해진다.

1

가공 식품을 많이 먹는 현대인에게는 무기 염류가 부족한 경우가 많다. 무기 염류는 뼈와 이 등을 구성하고 생명 활동을 조절하므로 반드시 필요한 물질로, 미량으로도 충분하지만 부족하면 각종 결핍증을 일으킨다. 무기 염류는 체내에서 합성되지 않으므로 외부에서 섭취해야 한다.

다음은 여러 가지 무기 염류의 역할이다.

- 아이오딘: 갑상선 호르몬의 구성 성분으로 부족하면 갑상선 기능이 떨어진다.
- 철: 적혈구의 헤모글로빈 성분으로 산소 운반에 관여하며 부족하면 빈혈이 생긴다.
- 칼륨: 세포의 삼투압과 수분 평형을 유지하며, 신경의 기능 조절에 필요하고, 부족하면 근육 마비를 일으킨다.
- 칼슘: 뼈와 이의 구성 성분이며, 혈액 응고를 돕는다. 부족하면 구루병이나 골다공증의 발생 위험이 높고 근육 수축 및 경련이 일어난다.
- 마그네슘: 칼슘과 함께 뼈에 들어 있으며 근육과 신경의 기능을 유지하고 효소가 적절한 기능을 하도록 도와준다. 부족하면 혈압과 체온이 조절되지 않고 근육에 경련이 일어난다.

2

우리나라는 산악 지형으로 인해 고지대부터 저지대까지 물이 빠르게 흐르기 때문에 지층의 무기 염류를 흡수하는 시간이 짧아 연수가 많다. 하지만 유럽은 석회암층이 많고 넓은 대지에서 오랜 시간에 걸쳐 물이 솟으므로 무기 염류가 많은 경수가 많다. 경도가 과도하게 높은 물은 비누의 세척력을 떨어뜨리고, 음식의 맛을 저하시킨다. 또한, 물때나 침전물이 생겨 수도관이 막히거나 설거지한 그릇에 얼룩이 생길 수 있다. 이러한 이유로 생활용수로 사용하기 위해 경수를 연수로 만드는 것이 좋다. 물을 끓여 침전물을 제거하거나 이온 교환 수지를 사용하여 물에 포함된 금속 이온을 흡착시키고, 전기 투석법이나 역삼투 방식으로 경수를 연수로 만들 수 있다.

49

1

- 저장 식품인 과일잼을 만들 때는 탈수제의 역할을 한다.
- 식품 속에서 설탕은 탄수화물이므로 에너지원으로 사용된다.
- 식품에 첨가되어 짠맛을 순화시키거나 미생물의 성장과 번식을 억제해 식품의 보존 기간을 연장시키는 역할을 한다.

2

① 장점

- 칼로리가 낮거나 없으므로 다이어트에 효과적이다.
- 혈당 수치를 급격히 상승시키지 않으므로 당뇨병 환자에게 좋다.

- 입안의 박테리아에 의해 분해되지 않기 때문에 충치를 유발하지 않는다.

② 단점

- 설탕만큼 만족스러운 단맛이 나지 않는다.
- 단맛이 강해 자연 식품의 단맛이 잘 느껴지지 않는다.
- 장기적인 섭취에 관련된 정확한 연구 결과가 부족하다.

해설

1

설탕은 소금 첨가에 따른 짠맛을 순화시켜 풍미를 좋게 한다. 또한, 수분의 건조를 막고 고기를 연하게 하는 효과가 있으며, 가열할 때 단백질과 반응하여 갈색 물질을 형성해 풍미를 강하게 한다. 소금처럼 보존 효과도 있으며 미생물의 성장을 지연시킨다.

2

설탕을 대체하는 대체당은 칼로리가 적거나 없는 것이 특징이다. 이들은 설탕보다 더 강한 단맛을 내면서도 혈당 수치를 급격히 올리지 않는 장점이 있다. 하지만 아직까지 장기간 섭취 시 나타나는 문제점에 대한 연구 결과가 부족하며, 일부 사람들은 특정 감미료에 대해 알레르기 반응을 보일 수 있다. 특히, 에리트리톨과 같은 당알코올은 과다 섭취 시 복통이나 설사를 유발할 수 있다.

50

1

녹말을 엿당으로 분해한다.

2

엿은 밥보다 포도당으로 더 빨리 분해되기 때문이다.

해설

1

엿기름은 보리에 물을 부어 싹만 틔운 후 바로 건조시킨 것으로, 보리의 싹이라는 뜻에서 맥아라고 부르기도 한다. 곡물에 싹이 틀 때, 자신의 녹말을 분해해서 성장하는 데 필요한 에너지원으로 사용해야 하므로 녹말을 분해하는 효소인 아밀레이스가 많아진다. 따라서 보리의 싹만 트게 한 후 엿기름을 만들면 아밀레이스를 활용할 수 있다.

녹말은 효소인 아밀레이스에 의해 단맛이 나는 엿당으로 분해된다. 우리 몸에서는 혀밑, 귀밑, 턱밑의 침샘에서 분비되는 침과 이자액에 아밀레이스가 있어 음식물에 들어 있는 녹말을 엿당으로 분해한다.

2

우리 몸의 에너지원으로 사용되는 탄수화물은 단당류, 이당류, 다당류 등으로 구분할 수 있다. 대표적인 단당류는 포도당, 이당류는 엿당, 다당류는 녹말이다. 밥에는 녹말이 많이 들어 있고, 엿에는 엿당이 많이 들어 있다. 소화 과정에서 녹말은 입에서 아밀레이스에 의해 엿당으로 분해되고, 엿당은 소장에서 말테이스에 의해 포도당으로 분해된다. 섭취된 탄수화물은 포도당 상태로 우리 몸에 이용되므로 녹말이 많이 들어 있는 밥을 먹는 것보다 엿당이 많이 들어 있는 엿을 먹으면 포도당으로 빠르게 분해된다. 일반적인 상황에서 뇌는 포도당만 에너지원으로 사용하기 때문에 엿이 밥보다 빠르게 뇌에 에너지를 공급할 수 있다.

51

1

- 심박수를 증가시킨다.
- 불면증의 원인이 될 수 있다.
- 신경과민, 불안, 긴장감 등을 증가시킬 수 있다.
- 이뇨 작용을 촉진하여 체내 수분을 많이 배출하므로 탈수 현상을 일으킬 수 있다.
- 중독될 수 있고, 섭취를 중단할 경우 두통, 피로, 집중력 저하 등의 금단 현상을 일으킬 수 있다.

2

카페인을 과다 섭취하여 카페인 부작용이 나타날 수 있다.

해설

1

대표적인 카페인의 부작용은 수면 주기를 방해하여 불면증을 유발하는 것이다. 이외에도 카페인을 과다 섭취하면 불안, 신경과민, 심박수 증가 등의 부작용을 유발할 수 있으며, 속쓰림이나 위염 등을 유발할 수 있다. 지속적으로 카페인을 섭취하면 신체가 카페인에 의존하게 되어 섭취를 중단할 경우 두통, 피로, 우울감 등의 금단 현상이 나타날 수 있다. 또, 카페인은 칼슘 흡수를 방해하므로 뼈 건강에 악영향을 줄 수 있다.

2

에너지 음료 이외에도 하루에 섭취하는 카페인 양이 적지 않은데 여기에 과다한 카페인이 들어 있는 에너지 음료까지 만들어 마신다면, 카페인을 하루 권장량 이상으로 과다 섭취하게 되기 때문에 카페인 부작용이 나타날 수 있다.

52

1

세로토닌과 바이타민 D를 합성하여 우울증을 예방할 수 있기 때문이다.

2

위도가 높을수록 겨울철에 낮 시간이 짧고, 일조량이 급격히 줄어들기 때문이다.

해설

1

현대에는 실내 활동의 증가로 하루 종일 실내에서만 생활하는 사람들이 많다. 특히, 겨울철에는 햇볕을 쬐지 않아 계절성 우울증에 걸리기 쉽다. 햇빛은 신체 에너지를 증가시키고 전반적인 활력을 높이며, 면역 체계를 활성화시켜 감기와 독감 예방에 도움을 준다. 또한, 햇볕을 쬐면 밤에 멜라토닌 분비가 조절되어 수면의 질이 향상된다.

2

지구의 자전축은 23.5° 기울어져 있어 지구가 태양 주변을 공전할 때 위도에 따라 지표에 도달하는 태양 에너지의 양이 달라진다. 적도 지역은 태양빛이 거의 직각에 가깝게 지구 표면에 도달해 동일한 면적에 도달하는 태양 에너지의 양이 많다. 또, 연중 일조 시간이 거의 일정하여 겨울철에도 햇빛을 충분히 받을 수 있어 계절성 우울증의 발생률이 낮다. 반면, 북유럽의 스칸디나비아 반도, 캐나다, 알래스카 등 고위도 지역은 태양빛이 비스듬히 지구 표면에 도달해 동일한 면적에 도달하는 태양 에너지의 양이 적다. 또, 계절에 따라 일조 시간도 크게 변동하며, 위도가 높을수록 겨울철 일조 시간이 짧아지기 때문에 계절성 우울증의 발생률이 더 높아지는 경향이 있다. 특히, 고위도 지역은 여름철에는 낮이 매우 길어지지만, 겨울철에는 낮 시간이 매우 짧거나 아예 해를 보지 못해 낮이 없을 때도 있다.

53

1

① 밝을 때: 홍채가 확장하여 동공이 작아진다.

② 어두울 때: 홍채가 축소하여 동공이 커진다.

2

① 고양이의 세로 동공: 빛의 양을 정밀하게 조절하고, 어두운 환경에서 시야를 확보하는 데 도움을 준다.

② 염소의 가로 동공: 넓은 시야를 제공하고 지면에서의 위험 감지에 유리하다.

해설

1

밝은 곳에서는 홍채가 확장하여 동공이 작아지므로 눈으로 들어오는 빛의 양이 감소한다. 어두운 곳에서는 홍채가 축소하여 동공이 커지므로 눈으로 들어오는 빛의 양이 증가한다. 이처럼 주변의 밝기가 달라지면 홍채의 작용으로 동공의 크기가 변하므로 눈으로 들어오는 빛의 양이 조절된다.

 홍채 확장 동공 축소 〈밝을 때〉

 홍채 축소 동공 확대 〈어두울 때〉

2

세로 동공은 넓은 범위의 빛을 효과적으로 조절할 수 있다. 밝은 낮에는 동공을 아주 좁게 만들어 눈으로 들어오는 빛의 양을 제한하고, 어두운 환경에서는 동공을 크게 열어 빛을 더 많이 받아들인다. 세로 동공을 가진 동물은 깊이 인식을 잘할 수 있고, 이는 먹이를 정확하게 추적하고 사냥할 때 유리하다. 이는 주로 야행성 포식자들에게서 볼 수 있다.
가로 동공은 시야를 수평으로 넓게 유지하는 데 도움을 준다. 가로 동공은 초식 동물에게 특히 유리하며, 주변의 포식자를 쉽게 감지할 수 있도록 한다. 가로 동공을 가진 동물은 지면의 형태와 가까운 물체들을 잘 인식할 수 있고, 이것은 이들이 지면에 가까이 있는 풀을 뜯어먹을 때나 평평한 지형을 잘 볼 수 있게 도와준다. 이러한 동물들은 머리를 숙였을 때도 시야를 유지할 수 있도록 눈이 머리 양쪽에 위치하고 있고 넓은 범위를 볼 수 있다.

54

1

공기의 진동 → 귓바퀴 → 외이도 → 고막 → 귓속뼈 → 달팽이관 → 청각 신경 → 뇌

2

고막을 진동시키는 대신 뼈를 진동시켜 소리를 전달한다.

해설

1

소리가 발생하면 귓바퀴에서 음파를 모으고, 외이도를 지나 소리에 의해 진동하는 얇은 막인 고막으로 전달된다. 고막의 진동은 귓속뼈에 의해 20배 가량 증폭되어, 달팽이관으로 전달된다. 달팽이관에는 청각 세포가 있어 진동을 자극으로 받아들이고, 청각 신경에서 받아들인 자극은 뇌로 전달된다.

2

골전도 이어폰은 전기 신호를 기계적 진동으로 변환해 두개골을 통해 소리를 전달한다. 주변 소리를 함께 들을 수 있어 환경 인지가 가능하며, 장시간 사용해도 편안하게 착용할 수 있다. 하지만 일반 이어폰에 비해 음질이 떨어질 수 있고, 높은 음량 시 주변 사람들에게 소리가 들릴 수 있으며, 착용 위치에 따라 음질 차이가 발생할 수 있다.

55

1

술을 마시면 뇌 기능이 저하되고, 혈관이 확장되어 열이 많이 빠져나가기 때문이다.

2

말단 부위는 표면적이 넓어 추위에 오랫동안 노출되기 쉽고, 중심체온을 유지하기 위해 말단 부위의 혈관이 수축하기 때문이다.

해설

1

저체온증은 몸에서 생성되는 열보다 몸 밖으로 빠져나가는 열이 더 많을 때 많이 발생한다. 저체온증은 추운 날씨에 오

랜 시간 노출되었을 때, 일교차가 큰 날씨, 높은 산 정상에서 주로 발생한다.

술을 마시면 알코올이 분해되면서 혈관이 확장되고 혈액이 피부 쪽으로 몰려 붉게 보인다. 혈관이 확장되어 혈액이 피부 쪽으로 몰리면 열이 한번에 빠져나가고 각 기관으로 가야 하는 혈액의 양이 줄어들어 중심체온이 내려가 저체온증에 걸리기 쉬워진다.

2

우리 몸은 추위를 느끼면 혈관을 확장시켜 온몸 구석구석으로 혈액을 보내기 때문에 얼마 지나지 않아 몸에 열이 나면서 코끝이나 볼이 빨개진다. 그러나 추운 환경에 오래 노출되면 중심체온을 유지하기 위해 혈관을 수축시켜 손끝과 발끝으로 혈액을 보내지 않는다. 추위에 노출된 부분의 조직액이 얼면 삼투 현상에 의해 세포 내의 수분이 세포 밖으로 이동하여 세포가 탈수되면서 괴사된다. 이로 인해 혈액이 차단되고 동상에 걸리면, 손상 부위가 차갑고 창백해지면서 피부 감각이 저하된다.

56

1

① 음식을 먹으면 체온이 높아지는 이유: 영양소가 소화되는 과정에서 열이 발생하기 때문이다.

② 땀이 난 후 체온이 원래대로 조절되는 이유: 발생한 땀이 증발하면서 우리 몸의 열을 빼앗기 때문이다.

2

• 더우면 그늘이나 물로 피신해 체온을 낮춘다.

• 일광욕으로 체온을 높여 물질대사를 촉진한다.

• 뜨거운 낮 시간을 피해 밤에 활동해 체온을 유지한다.

• 겨울에는 체온 유지를 위해 겨울잠을 자는 동물도 있다.

• 물질대사를 늦춰 체온을 낮추거나 물질대사를 활성화해 열을 생성하여 체온을 높인다.

• 피부 색깔을 바꿔 열 흡수를 조절한다. 추운 곳에서는 피부를 어둡게 하고, 더운 곳에서는 밝게 하는 동물도 있다.

해설

1

영양소가 소화되는 과정에서 열이 발생하는 것을 식이성 발열 효과라고 한다. 영양소의 소화, 흡수, 대사 과정에서 에너지를 소모하면서 열이 생성된다. 체온이 증가하면 인체는 다양한 방법으로 체온을 조절한다. 이 과정은 주로 뇌의 시상하부에 의해 이루어지며, 여러 생리적 작용이 동원된다. 체온이 높아지면 땀샘이 활성화되어 땀을 분비하고, 땀이 증발하면서 체온을 낮춘다. 또한, 혈관이 확장되어 더 많은 혈액이 피부 표면 가까이 흐르게 되어 열이 방출되고, 호흡 속도가 빨라져 폐를 통해 열을 방출하며, 물질대사율을 낮추어 체내에서 열을 덜 생성하도록 한다.

2

사람을 비롯한 정온 동물들은 체온을 유지하기 위해서 체내에서 스스로 열을 만들어 낸다. 정온 동물들은 체표면을 통해서 열을 방출하기 때문에 방출되는 열만큼 체내에서 열을 발생시켜야 체온이 일정하게 유지된다.

반면에 변온동물은 효소가 최적 활동을 할 수 있는 체온을 유지하기 위해 외부에서 열을 받는다. 외부에서 충분한 열을 받을 수 없을 경우에는 겨울잠과 같은 방법으로 체내에서 발생되는 최소한의 열을 이용하여 생명을 유지할 수 있는 방법으로 살아간다.

57

1

초파리는 구하기 쉽고 값싼 먹이로 키울 수 있으며, 몸집이 작아 대규모 사육을 해도 공간적인 부담이 적다. 또한, 한살이 기간이 짧고 자손이 많아 개체수가 빨리 늘어나며, 염색체의 수가 적어 관찰과 분석이 쉽다.

2

① A~F의 유전자형

구분	A	B	C
유전자형	X'Y	XX'	XY

구분	D	E	F
유전자형	X'X'	XX'	XX'

② 적록 색맹 유전자를 가지고 있지 않은 사람: C

해설

1

초파리는 알에서 성충이 되는 데 10일이 걸리고, 이후 2~3 개월 정도 살다 죽는다. 사람의 1년이 초파리에게는 하루가 되는 셈이므로 생명체의 수명이 어떻게 결정되고, 어떤 조작으로 수명을 늘릴 수 있는지 연구하기에 적합하여 유전학 연구에서 중요한 도구로 사용되어 왔다. 2000년에 초파리의 모든 유전 정보가 밝혀졌는데 초파리는 인간의 질병과 관계되는 대부분의 유전자를 갖고 있다. 따라서 초파리의 유전자를 조작하면 인간의 질병을 흉내내는 모델 초파리를 만들 수 있으며, 이는 인간의 질병 연구에 많은 도움을 줄 수 있다.

2

색맹 유전자는 성염색체인 X 염색체 위에 있어 남자는 $X'Y$ 유전자형만으로 색맹이 되지만, 여자는 $X'X'$일 때만 색맹이 된다. 따라서 남자에게 색맹이 나타날 가능성이 더 높다.
가계도에서 A의 유전자형은 $X'Y$이며, E와 F는 A로부터 X'을 물려받아 유전자형이 XX'이다. D의 유전자형은 $X'X'$이고, A와 B로부터 X'을 하나씩 물려받았으므로 B의 유전자형은 XX'이다. C의 유전자형은 XY이다. 따라서 적록 색맹 유전자를 갖고 있지 않은 사람은 C뿐이다.

58

1

엽록소가 부족하면 광합성량이 적어지므로 광합성으로 만든 당분이 적어져 당도가 떨어진다.

2

• 열매 전체가 빨간색으로 바뀐다.
• 열매가 일정한 시기에 한꺼번에 익어 수확하기 편하다.
• 수확 시기가 일정하면 관리 비용을 줄일 수 있고, 쉽게 수확할 수 있다.

해설

1

엽록소는 광합성에 필요한 빛에너지를 흡수한다. 광합성은 빛에너지를 이용하여 물과 이산화 탄소를 재료로 포도당을 만든다. 광합성을 적게 하면 생산되는 포도당의 양이 많지 않아 당분과 영양 성분이 부족한 싱거운 토마토가 된다.

2

균질 성숙 품종 토마토는 열매가 일정한 시기에 한꺼번에 빨갛게 익어 수확 시기를 일정하게 만들 수 있으므로 생산과 저장 비용을 줄일 수 있다.

59

1

• 새로운 백신을 개발하는 데 사용할 수 있다.
• 해충이나 질병에 강한 작물을 개발하여 농약 사용을 줄일 수 있다.
• 특정 유전자를 삽입해 인슐린과 같은 중요한 약물의 대량 생산이 가능하다.
• 영양소가 강화된 식품을 개발하여 빈곤 지역에서 영양 부족 문제를 해결할 수 있다.
• 유전적 결함을 가진 환자에게 정상 유전자를 삽입하여 질병을 치료하거나 예방할 수 있다.

2

① 장점
• 교배에 의한 육종보다 시간과 비용이 적게 든다.
• 질병 및 해충 저항성이 높아져 농업 생산량이 향상된다.
• 환경에 맞춘 작물을 개발하여 기후 변화에 대응할 수 있다.
② 단점
• 생태계에 예상치 못하는 영향을 미칠 수 있다.
• 특정 기업에 의한 독점 문제가 발생할 수 있다.
• 인체에 대한 장기적인 안전성 문제가 나타날 수 있다.

해설

2

품종 개량은 농작물 또는 가축의 유전적 특성을 개량하여 보다 실용 가치가 높은 품종을 육성 · 증식 · 보급하는 농업 기술이다. 교배에 의한 육종은 자연적으로도 교배가 가능한 종을 인위적으로 교배시켜 보다 우수한 형질은 가진 품종을 만들어내는 것이다. 교배에 의한 육종을 하면 원하지 않는 형질이 나타나기도 하므로 가장 바람직한 형질을 지닌 개체를 선발하여 원하는 품종이 나타날 때까지 다시 교배하는 과정을 거친다. 이러한 교배와 선발 과정이 반복되기 때문에 시간과 비용이 많이 소요된다.

유전자 변형(GM)은 원하는 특성을 만드는 유전자를 다른 생물에 넣어 원래의 성질을 바꾸는 기술이다. 유전자 변형에 의한 육종과 교배에 의한 육종은 목표하는 바는 같지만, 유전자 변형에 의한 육종은 자연적으로 교배가 불가능한 생물종의 유전자를 이용하는 차이점이 있다. 유전자 변형에 의한 육종은 교배에 의한 육종에 비해 시간과 비용이 적게 들지만 안전성을 검증받아야 한다.

60

1

유전자 편집은 유전자에서 불필요한 부분을 제거하는 것이고, 유전자 변형은 외부에서 필요한 유전자를 삽입해 유전자를 바꾸는 것이다.

2

① 장점

- 유전자 변형에 비해 비용이 저렴하여 연구 비용을 절감할 수 있다.

- 특정 DNA 서열을 정확히 인식하고 절단할 수 있어 매우 정밀한 유전자 편집이 가능하다.

- 절단 후 유전자 교정이 빠르게 이루어져 실험실 연구와 치료 개발에 있어서 시간을 단축시킨다.

- 식물, 동물, 인간을 포함한 다양한 생명체에 적용할 수 있어 농업·의학·생명과학 연구 등 여러 분야에서 활용할 수 있다.

- 유전 질환, 암, 감염병 등의 치료를 위한 새로운 방법을 개발하는 데 큰 잠재력을 가지고 있다. 예를 들어, 유전병의 원인이 되는 돌연변이를 정확히 교정할 수 있다.

② 단점

- 원하지 않는 DNA 부분을 절단할 수 있어, 의도하지 않은 유전자 변형을 일으킬 수 있다.

- 인간 배아나 생식세포를 대상으로 한 유전자 편집은 윤리적 논란이 크다. 특히, 디자이너 베이비와 같은 논란의 소지가 있다.

- 각국의 규제 당국이 연구 및 적용에 대해 엄격한 규제를 적용하고 있어 기술 개발과 상용화에 장벽이 존재한다.

- 유전자 편집의 결과가 복잡한 유전자 상호 작용에 의해 예측하기 어려울 수 있어 의도한 효과 외에 부작용을 초래할 수 있다.

해설

1

유전자 편집(GE)은 특정한 DNA를 인식해 자르고 교정하는 기술이다. 인위적으로 유전자를 조작한다는 점에서 유전자 변형(GM)과 비슷하지만, 외래 유전자의 삽입 없이 작물 자체 유전자를 이용한다는 점에서 차이가 있다. 유전자 편집도 안전성과 생명윤리 문제가 꾸준히 제기되고 있다.

III 지구과학

61

1

공룡 발자국 화석은 압력에 의해 땅에 모양이 찍힌 후, 찍힌 모양이 사라지기 전에 묻혀 화석화 과정을 거쳐 만들어진다. 그런데 화성암은 아주 높은 열에 의해 암석이 녹은 마그마나 용암이 식으면서 굳어진 암석이므로 화석이 남아 있을 수 없다.

2

거대한 호수를 이루고 있었고, 따뜻하고 건조한 기후였으며, 공룡의 먹이가 풍부한 지역이었을 것이다.

해설

1

공룡들이 물을 마시기 위해 호숫가 등을 찾으면서 퇴적물에 발자국을 남기고, 오랜 시간 공기 중에 노출되어 퇴적물이 굳어진 뒤 지층이 침식에 의해 깎이면서 발자국 화석이 드러난다. 동식물의 일부 또는 전체가 나타난 경우 체화석이라 하고, 발자국이나 기어다닌 자국 등의 생활 모습이 나타난 경우 흔적 화석이라 한다. 화석이 되기 위해서는 특수한 조건이 있어야 한다. 첫째, 죽은 생물이 곧바로 모래나 진흙 속에 파묻혀야 한다. 주로 바다와 호수 밑바닥은 화석이 될 수 있는 좋은 환경이고, 바다 생물이 화석으로 더 많이 남아 있다. 둘째, 사체가 거의 부패하지 않은 상태에서 서서히 광물질 성분으로 바뀌어야 한다. 단단한 껍질이나 골격이 생성된 생물체가 화석으로 많이 남아 있는 것은 부패가 잘 안 되어 화석이 되기에 유리하기 때문이다. 셋째, 화석이 된 뒤 오랜 세월 동안 땅속에 그대로 있으려면 그 부분에 지각 변동이 일어나지 않아야 한다. 화석은 주로 지각 변동이 일어나지 않은 퇴적 지층에서 많이 발견된다.

2

대구에서 공룡 발자국 화석이 많이 발견되는 이유는 대구는 중생대 퇴적 호수로, 공룡의 최대 서식지였던 경상분지 한가운데 위치하고 있기 때문이다. 대구는 지름이 150~250 km 정도인 호수가 곳곳에 분포해 공룡들이 살기에 적합했던 것으로 추정된다. 한반도 주변 바다에 삼엽충과 암모나이트가 서식할 때 대구 호수 주변에는 거대한 공룡들이 무리를 지어 다녔다. 초식 공룡인 용각류(목이 길고 몸집이 크며 네 발로 걷는 초식 공룡)와 조각류(몸집이 작고 날렵하며 두 발로 걷는 초식 공룡), 육식 공룡인 수각류(두 발로 걷는 육식 공룡)가 있었고, 시조새도 있었을 것이다. 우리나라에 있는 공룡 발자국의 85 %는 조각류 공룡의 것이다.

62

1

곡류의 바깥쪽은 흐름이 빨라 침식 작용이 활발하고, 안쪽은 흐름이 느려 퇴적 작용이 활발하다. 따라서 시간이 지날수록 곡류는 더욱 심하게 휘어진다.

2

거대한 지각 변동으로 인해 바닷속에 퇴적된 지층이 물 밖으로 나와 공기에 노출되어 침식되었고, 노출된 기간 동안에는 퇴적이 일어나지 않았다.

해설

1

강의 상류에서는 침식 작용에 의해 바닥이 깊고 폭이 좁은 V자곡이 만들어진다. 또, 경사가 급한 계곡에서 완만한 평지로 이어지는 곳에서는 물의 흐름이 갑자기 느려지는데, 이때 운반되어 오던 물질들이 퇴적되어 부채꼴 모양의 선상지가 만들어진다.
강의 중류에서는 물의 흐름이 느리기 때문에 장애물을 만나면 물줄기가 휘어져 구불구불하게 흐르는 곡류가 만들어진다. 이때 곡류의 일부가 떨어져 나와 쇠뿔 모양의 호수인 우각호가 생기기도 한다. 낙동강과 영산강 등 우리나라 하천에는 곡류가 잘 발달되어 있다.
강의 하류에서는 물의 흐름이 더욱 느려지고 물줄기가 여러 갈래로 흩어지면서 운반되어 온 물질들이 삼각형 모양으로 넓게 퇴적되어 삼각주가 형성된다. 낙동강과 압록강 하구에 삼각주가 잘 발달되어 있다.

2

부정합은 퇴적이 중단되거나 먼저 퇴적된 층 일부를 잃어버린 상태에서 다시 퇴적되어 시간적인 공백이 있는 지층으로, 장기간에 걸친 큰 지각 변동이 있었음을 알려 준다. 그랜드 캐니언 지역은 20억 년 전에는 해수면 정도의 높이에 퇴적암이 형성되었고, 약 17억 년 전에는 융기하면서 화강암이 관입하여 변성 작용이 일어난 후 계속 침식 작용을 받았다. 약 12억 년 전에 침강하여 퇴적암이 형성되었고, 7억 년 전에 다시 융기하여 침식 작용을 받았다. 약 5억 년 전에 다시 침강하여 약 2억 년 전까지 지층이 퇴적되었다. 이후 융기하여 물의 침식과 풍화 작용으로 인해 협곡이 만들어졌고, 지금도 침식 작용은 계속되고 있다. 그랜드 캐니언은 45억 년의 지구 역사 중에서 20억 년 정도의 역사가 담겨 있다.

63

1
- 뜨거워진 천지의 물이 흘러내려 대홍수가 일어날 것이다.
- 화산재가 상승한 후 주변으로 퍼져나가 햇빛을 차단할 것이다.
- 천지의 물이 화산 분출물과 섞여 빠르게 흘러내리며 주변을 뒤덮을 것이다.
- 천지 아래에 있는 이산화 탄소가 유출되어 주변 동식물들이 질식할 것이다.
- 4개의 마그마방에 있던 마그마가 분출하여 용암으로 흘러내리며 모든 것을 태워버릴 것이다.
- 1,000 ℃가 넘는 마그마가 7 ℃의 천지의 물과 만나면 마그마는 급속히 냉각되면서 잘게 조각나고, 물은 수증기가 되어 폭발적으로 분출할 것이다.

2
- 화산 지형과 온천을 관광 자원으로 활용한다.
- 지열 에너지를 이용하여 난방과 발전을 한다.
- 마그마가 식으면서 금, 은, 구리 등 유용한 광물 자원이 형성된다.
- 지표에 쌓인 화산재나 분출된 용암이 시간이 지나면서 비옥한 토양을 형성한다.

해설

1
백두산의 분화 규모를 정확히 예측할 수는 없지만 마그마가 천지의 물과 만나면 946년에 분화했던 것보다 더 강력할 것이다. 20억 톤의 물이 한꺼번에 쏟아져 내리면 북한의 양강도와 중국 지린성 일대에 대홍수가 일어나고, 이산화 탄소가 주성분인 화산 가스가 분출되면 반경 50 km 안에 있는 모든 동식물은 질식하고 고사할 것이다. 화산 폭발과 함께 뿜어져 나온 화산재와 화산 쇄설물이 뜨거운 가스와 섞여 뭉게구름처럼 빠르게 퍼져 주변을 모두 태워 버릴 것이다.

화산재가 물과 섞여 만들어진 라하르는 엄청난 속도로 지상을 폐허로 만들며 주변을 모두 덮을 것이다. 화산재는 성층권까지 올라가 태양 빛을 차단해 주변의 온도를 떨어뜨리고, 지구의 온도를 1~2 ℃까지 낮출 것이다.

2
화산 활동으로 만들어진 섬인 제주도, 울릉도, 하와이 등은 화산 지형을 관광지로 활용한다. 제주도에서는 현무암으로 돌하르방이나 생활용품을 만들어서 사용하거나 관광 상품으로 판매한다. 화산 분출로 도시 전체가 화산재로 덮여 사라진 폼페이는 현재 세계 관광객의 발길이 끊이지 않는 진귀한 유적지가 되었다.

화산 지대에는 지하의 암석이 뜨거운 경우가 많고, 화산 활동으로 지층이 파괴되어 균열이 생긴 암석 틈으로 지하수가 흘러 들어 온천이 만들어진다. 온천수에는 나트륨, 탄산, 라듐 등 암석의 광물질이 녹아 있으므로 여러 가지 질환을 치료하는 데 도움을 주기도 한다. 일본에서는 화산 주변에 온천 관광지를 개발한다.

화산 활동이 활발한 지역에서는 땅속 깊은 곳에 있는 뜨거운 열을 이용해 전기를 만들기도 한다. 150여 개의 활화산이 있는 아이슬란드에서는 화산 열을 이용한 온수로 난방을 하고 작물을 재배하며 전기를 생산한다.

화산 활동으로 이루어진 암석 속에는 다이아몬드와 같은 여러 가지 보석의 재료를 발견할 수 있고, 여러 가지 분출물은 지구 내부의 물질을 연구하는 데 도움을 준다.

화산이 폭발하면서 뿜어내는 화산재에는 칼륨, 나트륨, 인과 같은 물질이 있어 토양에 영양분을 제공한다. 또한, 화산재는 구멍이 많아 공기와 물을 품을 수 있어서 통기성과 보수성이 뛰어나며, 이는 유용한 토양 박테리아의 서식을 도와 토양을 비옥하게 만든다. 화산 활동이 있었던 하와이, 베트남의 일부 지역, 폼페이, 시칠리아 등은 땅이 비옥하여 커피, 포도, 올리브, 오렌지, 벼 등을 재배한다. 지구상에서 가장 풍요로운 농경지의 대부분은 화산 근처에 위치하는 화산재층 위에 있다.

〈일본 온천〉

〈아이슬란드 지열발전소〉

64

1

- 대기와 해수의 순환이 변한다.
- 아열대 지방의 사막화 현상이 심해진다.
- 바닷물의 부피가 늘어나 해수면이 상승한다.
- 농작물 수확량의 감소로 기아 인구가 증가한다.
- 북극해의 얼음이 녹아 생물들의 서식지가 사라진다.
- 혹한, 폭염, 가뭄, 폭우 등 여러 가지 기상 이변이 나타난다.
- 남극에 있는 빙하가 점점 녹아 바다로 흘러 들어가서 해수면이 상승한다.
- 해수면의 상승으로 화산섬과 낮은 지대에 위치한 도시들이 바다에 잠긴다.
- 대기와 해수의 순환 변화, 사막화, 기상 이변 등으로 생태계의 이상 변화가 나타난다.

2

① 이산화 탄소 배출량을 줄이는 방법
- 화력 발전을 줄이고 신재생 에너지 비중을 늘린다.
- 전기차, 수소차 등 친환경 무공해차 보급을 늘린다.
- 제로 에너지 건축물을 짓거나 그린 리모델링을 통해 건축물의 에너지 효율을 향상한다.
- 저탄소 영농법으로 개선하고 저탄소 어선을 보급하여 농경지와 수산업 현장에서 이산화 탄소 배출량을 줄인다.

② 대기 중 이산화 탄소량을 줄이는 방법
- 숲을 만들어 식물의 광합성 작용을 늘린다.
- 탄소세를 부과하여 화석 연료 사용을 줄인다.
- 공기 중에 배출된 이산화 탄소를 포집해 액화시켜 지하에 저장하거나 필요한 곳에 활용하는 기술을 개발한다.
- 기업에 탄소 배출권을 발행하여 일정한 범위 내에서 온실기체 배출을 허용하고, 남거나 부족한 배출권은 시장에서 거래한다.

해설

1

지구의 평균 기온은 지난 500만 년 동안 16 ℃를 넘은 적이 없다. 20세기 초까지 14 ℃를 유지했고 100년 만에 약 1 ℃가 올라 현재 15 ℃가 되었다. 이 상승 속도는 정말 빠른 것으로, 지금과 같은 속도로 지구의 온도가 상승한다면 2100년에는 17 ℃가 되고, 인류는 물론 그 어떤 동식물도 생존할 수 없는 상태가 된다. 많은 기후학자들과 환경 운동가들은 기후 변화로 인한 위험을 크게 줄이려면 지구의 평균 온도 상승이 산업화 이전 대비 1.5 ℃ 이하가 되어야 한다고 한다. 이미 1 ℃ 가 상승하여 폭염과 혹한 등 이상 기후, 태풍과 산불의 자연재해, 해수면 상승, 식량 부족, 기후 난민 증가, 생태계 파괴 등의 다양한 현상이 나타나고 있다. 탄소중립은 지구의 평균기온이 1.5 ℃ 높아지는 것을 막는 방법이다.

2

① 이산화 탄소 배출량을 줄이는 방법: 우리나라의 '2050 탄소중립 추진 전략'은 다음과 같다.
- 에너지 공급 부문: 석탄 화력 발전 비중을 줄이고, 재생에너지 발전 비중을 늘린다.
- 산업 부문: 에너지 효율을 늘리고 자원을 재활용하며 스마트 에너지 관리 시스템을 보급하고 확대한다. 석탄 사용을 최소화하고 바이오매스를 활용한다.
- 건물 부문: 오염 물질 배출량을 줄이고 에너지 효율을 높여 냉난방 비용을 줄이며 신재생 에너지를 사용한다.
- 수송 부문: 내연 기관차의 효율을 높이고 수소차, 전기차 등 친환경 차를 늘린다. 철도, 항공, 해운 부문의 연료를 이산화 탄소의 배출량이 적은 것으로 바꾼다. 자전거 사용을 늘린다.
- 농축산, 폐기물 부문: 농장에 사물인터넷과 인공지능 기술을 접목해 자동으로 최적의 생육 환경을 제어하는 스마트팜을 실용화하여 생산 효율을 높인다. 폐기물을 완전 자연 선순환한다.

② 대기 중 이산화 탄소량을 줄이는 방법: 화석 연료 연소 후 발생하는 배기가스에서 흡수제를 통해 탄소를 포집하거나 화석 연료로 합성가스를 제조하는 공정에서 탄소를 포집한다. 또, 연료 연소에 순수한 산소를 활용해 배기가스 성분 자체를 탄소와 수분으로 만든다. 발전 및 산업 공정에서 발생하는 배기가스에서 이산화 탄소를 선택적으로 포집해 이를 압축하고, 액화시켜 저장하거나 재활용한다. 포집된 이산화 탄소는 보통 800 m~3 km 정도 깊이의 대염수층이라고 하는 깊은 지하에 주입해 저장한다. 이때 이산화 탄소는 액체에 가까운 상태로 주입되고 토양 입자 사이의 물에 용해되어 가라앉기 때문에 장기적으로 누출 가능성은 작다.

65

1

이산화 탄소보다 지구 복사 에너지인 적외선을 더 많이 흡수하기 때문이다.

2

- 육류 소비를 줄인다.
- 소 방귀세를 부여한다.
- 메테인 발생을 줄이는 사료를 개발한다.
- 트림과 방귀를 덜 뀌는 품종의 소를 기른다.
- 미생물을 이용해 메테인을 알코올로 분해한다.
- 로켓 엔진의 연료로 사용할 수 있도록 연구한다.
- 메테인 발생을 줄이는 첨가제를 사료에 섞어 먹인다.
- 메테인을 만드는 미생물을 죽이는 항생제를 사용한다.
- 소화가 잘 되고 메테인을 덜 발생시키는 잔디를 개발한다.
- 소의 위에서 발생하는 메테인의 양을 측정하고 포집하는 장치를 사용한다.
- 메테인을 열분해하여 고부가 화학 원료인 에틸렌과 청정에너지인 수소를 생산한다.
- 가축의 분뇨에서 메테인을 채취해 발전하거나 발효시켜 퇴비화하는 기술을 개발한다.
- 동식물에서 채취한 줄기세포를 배양해 만든 배양육을 개발하여 섭취하고 육류 소비를 줄인다.

해설

1

메테인은 이산화 탄소와 함께 지구 온난화의 주범으로 꼽히는 온실 기체이다. 이산화 탄소가 대기 중에 머무는 시간이 100년이라면 메테인은 10년으로 비교적 짧지만 적외선을 흡수하는 능력은 이산화 탄소의 84배이므로 메테인이 지구 온난화에 미치는 영향은 같은 양의 이산화 탄소의 21배이다. 또한, 지구의 온도가 높아지면 영구 동토층이 녹으면서 얼어 있는 메테인이 배출되어 지구 온난화를 가속시킨다. 메테인의 배출량을 줄이면 기후 위기 완화에 단기적으로 큰 도움이 된다. 2021년 제26차 유엔기후변화협약 당사국총회에서 세계 여러 나라들이 국제메테인서약을 발표했고, 이산화 탄소보다 온난화 효과가 높은 메테인 배출량을 2030년까지 30 % 줄이기로 했다.

2

2019년 유엔과 기후변화에 관한 정부 간 협의체(IPCC) 등은 기후변화를 막는 방법 중 하나로 육류 소비 줄이기를 제안했다.
에스토니아는 2009년부터 소 방귀세를 도입했고, 아일랜드와 덴마크는 각각 소 한 마리당 18달러와 110달러의 세금을 매기고 있다. 세계 최대 낙농 수출국인 뉴질랜드는 2025년부터 가축 배설물에 온실 기체 배출세를 부과한다.
소 사료에 마늘이나 오메가3 지방산을 섞어 먹이면 메테인

발생량을 줄일 수 있다. 기존 사료로 쓰던 옥수수 대신 콩과 작물인 알팔파, 아마 씨를 사료로 먹이면 우유 생산량은 이전처럼 유지하면서 메테인 발생량을 약 18 % 줄일 수 있고, 소량의 해초(붉은색 해초인 홍조류)를 먹이면 메테인의 양을 80 % 이상 줄일 수 있다.
덴마크 연구진은 소 먹이로 사용되는 풀의 DNA를 분석한 후 소의 소화 기관과 접목해 메테인 발생량을 줄이고 가장 빠르게 소화되는 슈퍼 잔디를 개발하고 있다.
우리나라에서 개발한 메테인 캡슐을 소에게 먹이면 소의 위 내부에서 발생하는 메테인을 측정하고 포집하여 배출량을 60 % 이상 줄일 수 있다.
기존의 홀스타인 젖소를 친환경 저지종 젖소 품종으로 교체하기 위해 해외에서 저지종 수정란을 구매해 국내 대리모에게 이식하여 2023년 10월 첫 저지종이 태어났다. 저지종(300~350 kg)은 홀스타인 소(650 kg)보다 체구가 작아 분뇨, 트림, 방귀를 덜 뀐다. 또, 저지종에서 생산되는 우유는 단백질과 지방 함량이 더 높다.

〈메테인 측정 포집 캡슐〉　　　〈배양육〉

66

1

얼음 바닥이 해수면보다 낮아 따뜻한 환남극 심층수가 유입되어 빙붕 아랫부분이 녹기 때문이다.

2

- 담수가 대량으로 바다에 흘러 들어가 염분이 낮아지면 해양 생태계에 영향을 준다.
- 빙붕이 바다로 흘러 들어가고, 빙붕이 떨어져 나와 빙산이 되면 생물들의 서식지가 줄어든다.
- 담수가 대량으로 바다에 흘러 들어가 염분이 낮아지면 바닷물이 해저로 가라앉는데 걸리는 시간이 길므로 해양 순환에 문제를 일으킨다.
- 빙붕이 바다로 흘러 들어가고, 빙붕이 떨어져 나와 빙산이 되면 물과 만나는 면적이 넓어져 녹는 속도가 빨라지므로 해수면이 상승한다.

해설

1

스웨이츠 빙붕 주변의 해저면은 빙하에 의해 깎인 계곡 형태로, 남극 대륙 안쪽으로 기울어져 있어 얼음 바닥이 해수면보다 500 m 이상 낮다. 지구 온난화로 따뜻해진 바닷물이 스웨이츠 빙붕 아래를 지날 때 소용돌이가 발생해 빙붕 아래부터 녹이고 있다. 남극은 가로지르는 산맥을 기준으로 동남극과 서남극으로 나누어진다. 스웨이츠 빙붕이 있는 서쪽의 고도가 동쪽보다 평균 1,000 m 정도 낮고, 동남극의 얼음이 서남극의 얼음보다 훨씬 두껍게 쌓여 있다. 고도가 높은 동남극에서는 고기압성 바람의 방향이 차가운 대륙 위에서 바다쪽을 향하면서 기온을 낮춘다. 고도가 낮은 서남극에서는 상대적으로 따뜻한 바다에서 대륙 쪽으로 부는 고기압성 바람이 열을 공급하고, 중위도의 따뜻한 바닷물이 유입되므로 동남극보다 빙하가 빠르게 녹고 있다. 또한, 서남극 지각의 두께가 동남극 지각의 두께보다 얇아서 서남극에서 훨씬 많은 지열이 발생하고 있다. 실제 서남극 바다의 수온은 동남극 바다의 수온보다 더 높고, 최대 2 ℃를 기록했다.

2

북극의 빙하는 바다에 떠 있으므로 빙하가 녹아도 해수면의 높이에 영향을 주지 않는다. 그러나 그린란드의 빙하, 고산지대의 빙하, 남극의 빙하는 대부분 육지 위에 있으며, 육지 위에 있는 빙하가 녹으면 바다로 흘러들어가 해수면의 높이가 상승한다.

67

1

지구 온난화로 북극 기온이 상승하면 북극과 중위도의 기온 차가 줄어들어 제트류가 약해져 차가운 공기가 내려오기 때문이다.

2

- 태풍의 강도를 줄인다.
- 겨울철에는 한파를, 여름철에는 폭염을 일으킨다.
- 제트류는 비행기의 항로로 이용되며, 비행 시간을 단축시켜 준다. 이때, 단축된 비행 시간으로 연료비를 줄일 수 있다.

해설

1

북극의 빙하는 태양열을 반사시키는데 지구 온난화로 빙하가 녹아 바다가 드러나게 되면 빙하로 뒤덮여 있을 때보다 더 많은 태양열을 흡수하므로 같은 태양열을 받아도 기온이 더 빠르게 상승한다. 북극의 기온이 올라가 북극과 중위도의 기온 차가 줄어들면 차가운 공기가 내려오지 않도록 막아 주는 제트류가 약해져 북극 한파는 더욱 강해진다. 한반도에는 이전에도 겨울이면 시베리아 찬 공기가 주기적으로 내려오면서 추위가 찾아오는 삼한사온이 일어났다. 제트류가 약화되면 삼한사온의 주기가 길어지고 온도 차가 커진다.

2

지구에는 여러 가지 제트류가 있지만 우리나라 날씨에 가장 영향을 주는 것은 한대 제트류이다. 제트류가 구불구불한 모양이 되었을 때 우리나라가 아래로 내려온 곳에 있으면 겨울에 한파가 발생하고, 위로 올라간 곳에 있으면 폭염이 발생한다.

제트류는 항공기가 길로 이용하는 9~16 km 사이에서 흐르기 때문에 항공기가 비행할 때 제트류를 많이 활용한다. 대한항공을 이용하면 인천~LA 구간의 비행 시간은 10시간 35분이고, LA~인천 구간의 비행 시간은 13시간 10분으로 약 2시간 이상 차이가 난다. 같은 구간을 왕복하더라도 오고 가는 방향에 따라 차이가 나는 것은 태평양 북반구 지역의 서쪽에서 동쪽으로 흐르는 제트류의 영향 때문이다. 인천에서 LA로 갈 때는 뒤에서 제트류가 밀어 주므로 비행 시간을 평균 1~2시간 이상 단축할 수 있고, 연료 소비량도 줄일 수 있다. LA에서 인천으로 돌아올 때는 제트류를 피해 항로를 북쪽으로 이동하여 북극 항로를 이용한다.

대부분의 태풍은 따뜻한 바다에서 만들어지고, 육지로 올라오면 급격하게 세력이 약화되어 일반적인 열대 저기압으로 변하며, 제트류와 부딪히면 급속히 붕괴된다. 대기 상층과 하층의 바람의 속도 차이가 클수록 태풍을 기울게 하여 회전하는 것을 방해한다. 우리나라 상공의 제트류는 대기의 상층과 하층의 바람의 속도 차이를 크게 하므로 태풍이 제트류를 만나면 상공의 건조한 공기가 중심으로 유입되어 급격히 약화된다. 지구 온난화로 인해 해수면의 온도가 상승하고 한반도 상공의 제트류가 약해지면서 태풍이 점점 강해지고 있다.

68

1

라니냐로 서태평양 온수층이 두꺼워지면 수증기의 공급량이 많아져 많은 비가 내린다.

2

추수 시기에 비가 내려 농작물에 큰 피해를 줄 수 있고 태풍과 만나면 집중 호우가 내릴 수 있기 때문이다.

해설

1

동태평양 페루 근처 해역은 난류보다 한류의 흐름이 강해 수온이 낮다. 서쪽으로 부는 무역풍이 약해지면 난류인 적도 해류가 동태평양 근처로 흘러 해수 온도가 비정상적으로 높아지는 엘니뇨 현상이 나타난다. 엘니뇨 현상이 발생하면 동태평양 지역에는 홍수가 발생하고, 서태평양 지역은 가뭄이 발생한다. 라니냐는 엘니뇨의 반대 개념이다. 서쪽으로 부는 무역풍이 강해지면 서태평양의 해수 온도가 비정상적으로 높아지는 라니냐 현상이 나타난다. 라니냐 현상이 발생하면 서태평양은 장마가 발생하고, 동태평양 지역은 가뭄이 발생한다. 라니냐가 발생하면 엘니뇨가 발생했을 때와 기온이 반대가 되고, 기상 현상도 반대가 된다.

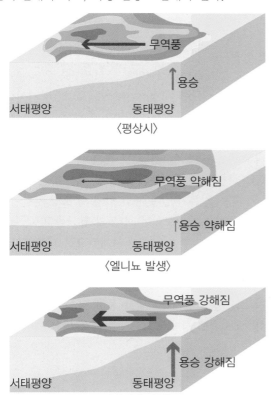

2

여름에는 북태평양 기단의 세력이 강해 우리나라로 접근하는 태풍을 막아 주지만, 가을이 되어 북태평양 기단의 세력이 약해지면 태풍이 우리나라 근처로 북상할 가능성이 높아진다. 가을 장마 기간은 우리나라에 태풍이 자주 찾아오는 시기이다. 태풍에서 발생한 열과 수증기가 북태평양 고기압 가장자리를 타고 우리나라 가을 장마 전선에 더해지면 강력한 비구름을 형성시켜 집중 호우가 내릴 수 있다. 이로 인해 농작물에 큰 피해를 준다. 오래전부터 가을 장마는 추수를 앞둔 농작물에 피해를 주어 백성을 굶주리게 하는 불행을 가져오는 비로 여겨졌다.

69

1

- 대기가 더 오염된다.
- 열대야 현상이 일어나 불면증을 겪게 된다.
- 에너지 소비가 증가하여 열섬 현상이 더 심해진다.
- 폭염으로 인한 열사병, 탈진, 실신 등의 건강상의 문제를 일으킨다.
- 개울, 강, 연못 등의 수온이 높아져 수생 생태계에 영향을 미친다.

2

- 바람길을 만든다.
- 도시 내 하천을 복원한다.
- 도시 내 호수 공원을 만든다.
- 도심에 공원과 녹지를 늘린다.
- 공원을 만들 토지가 부족한 곳에서는 가로수를 더 심고, 옥상 녹화와 건물 벽면 녹화 사업을 실시한다.

해설

1

폭염으로 낮에 데워진 공기가 밤까지 지속되면 열대야 현상이 일어난다. 열대야 현상은 한여름 밤의 최저 기온이 25 ℃ 이상일 때이다. 열대야 현상으로 냉방기기 사용이 증가하고, 사람들이 잠을 이루지 못하는 불면증을 겪게 되면 건강에도 악영향을 끼칠 수 있다. 실제로 수도권 기준 매년 1,000여 명의 사람들이 더위로 인해서 사망하거나 중상을 입고 있다고 한다. 열섬 현상이 지속되면 열기를 식히기 위해 냉방기기 사용이 증가하게 되어 에너지 사용량의 증가로 인해 또다시 열섬 현상이 일어나는 악순환이 반복된다.

열섬 현상으로 먼지가 도시 상공을 덮어 스모그가 발생하고 주변 지역보다 구름이나 안개가 자주 생긴다. 개울, 강, 연못 등으로 방출되는 과도한 열은 수온을 높여 수생 생태계의 많은 생명체를 위협하기도 한다.

2

청계천 복원 사업은 서울 도심의 열섬 현상을 크게 감소시키고 완화시켰으며, 분지 지형 한가운데에 도심이 있어 열섬 현상이 강한 대구광역시는 지자체 단위로 녹지를 조성해서 열섬 현상을 성공적으로 최소화했다.

옥상 녹화는 식물의 증산 작용으로 온도를 낮추고 대기 오염을 개선하는데, 도시의 옥상 녹화 면적이 10 % 늘어나면 여름철 도시의 온도는 0.9 ℃ 낮아진다. 또한, 옥상 녹화한 지붕은 빗물을 머금고 있어 도시를 냉각시키고 홍수를 예방한다.

고층 빌딩은 공기의 흐름을 차단하여 열섬 현상을 악화시키므로 최근에는 신도시나 아파트 단지를 설계할 때 바람이 잘 통할 수 있도록 건물을 배치하여 바람길을 만든다.

70

1

남서풍이 따뜻한 공기와 태백산맥 사이의 좁은 공간을 지나면서 압력이 높아져 풍속이 빨라지고, 높은 태백산맥을 내려오면서 단열압축되어 고온 건조해진다.

2

- 산불 확산 예측 시스템을 구축한다.
- 진화 차량, 특수 진화대 인력을 확충한다.
- 전력선 주변에 있는 위험한 나무를 제거한다.
- 불을 끄는 데 사용하는 초대형 헬기를 확보한다.
- 드론을 이용하여 산불이 발생하는지 자주 감시한다.
- 산불의 확산을 막아 주는 역할을 하는 산림 도로를 많이 만든다.
- 대형 산불의 위험이 큰 지역을 중심으로 불꽃이나 연기 등을 자동으로 감지하는 CCTV를 보급한다.
- 발전소, 송전선이나 배전선 주변, 민가나 문화재 등 주요 시설 주변은 산불 위험이 큰 침엽수에서 활엽수 등 내화 수종으로 바꾼다.
- 좁은 도로에서 활용할 수 있는 특수 진화차, 약한 산불 시 활용 가능한 진화탄 및 살수용 드론 등 우리나라의 산악지형에 맞는 진화 장비를 개발한다.

해설

1

봄철에 북쪽에는 저기압, 남쪽에는 고기압이 형성되면 남서풍이 분다. 대기는 상층으로 갈수록 온도가 낮아지는데, 반대로 상층으로 갈수록 온도가 높아지는 경우를 역전층이라고 하고, 역전층은 대기의 대류 활동이 적고 안정한 상태이다. 봄철 중국에서 한반도로 따뜻한 이동성 고기압이 다가오면 태백산맥 상공에 역전층이 형성된다. 차가운 남서풍이 높은 태백산맥을 넘을 때 역전층의 따뜻한 공기를 뚫고 올라가지 못하고 따뜻한 공기와 태백산맥 사이의 좁은 공간을 지나면 압력이 높아져 풍속이 빨라지고, 태백산맥을 내려오면서 풍속이 급격히 빨라져 영동 지방에 매우 강한 바람이 분다. 또한, 높은 태백산맥을 넘어 영동 지방으로 내려오면서 공기가 단열압축되어 기온이 상승하고 매우 건조해진다. 태백산맥을 기준으로 서쪽에 고기압과 동쪽에 저기압이 위치하면 양간지풍이 더욱 강해진다. 양간지풍이 태백산맥을 지나고 나서 고온 건조해지는 특성은 푄 현상인 높새바람과 비슷하다. 높새바람은 늦봄과 초여름에 영동 지방에서 영서 지방으로 부는 동풍으로, 높은 태백산맥을 오르는 동안 공기가 단열팽창하여 온도가 하강하고 이슬점에 도달하면 수증기가 응결하여 구름이 생성되고 비가 내린다. 그러나 양간지풍은 수증기가 응결되지 않고, 역전층을 유지하며 태백산맥을 넘는다.

2

산불을 방지하는 가장 효과적인 방법은 산불 연료인 초본, 관목, 낙지, 고사목, 열세목(약하고 성장이 늦은 나무) 등을 제거하여 숲의 밀도를 적정 수준으로 조절하는 것이다. 동해안 지역은 강풍에 나무가 쓰러지거나 전선 스파크로 인해 큰불로 번지는 도심형 산불 피해를 막기 위해 전신주 1.5 m 이내 나무를 모두 제거하거나 키 작은 나무로 대체하고 있다. 산림도로는 산림을 가꾸기 위해 설치한 길로, 수확한 자원을 이동하고, 산불과 같은 재난 발생 시 소방 차량이나 복구 인력을 투입하는 경로이며, 산불의 확산을 막아 주는 방화선 역할을 한다. 대형 산불에 효과적으로 대응하기 위해서는 산불의 확산 경로를 정확히 예측하는 것이 중요하다. 국립산림과학원은 발화지의 위치와 지형, 임상, 기상 조건 등의 자료를 활용해 시간대별로 산불 확산 경로를 예측한 뒤 지리정보시스템 상에서 보여주는 산불 확산 예측 시스템을 운영 중이다.

71

1

인공강우는 수증기와 구름 입자가 많은 구름이 있을 때에만 시도할 수 있기 때문이다.

2

① 장점
- 안개를 없앨 수 있다.
- 산불을 예방할 수 있다.
- 태풍의 강도를 줄일 수 있다.
- 토지의 사막화를 방지할 수 있다.
- 수자원이 부족할 때 물을 확보할 수 있다.
- 무더위가 지속될 때 비를 내리게 하여 기온을 낮출 수 있다.
- 우박 생성을 억제하여 우박으로 인한 농작물과 생활 피해를 줄일 수 있다.
- 큰 야외 행사 전에 먹구름이 몰려올 때 비를 먼저 내리게 하여 맑은 날씨를 만들 수 있다.

② 단점
- 성공 가능성에 비해 매우 많은 비용이 든다.
- 인공강우를 위해 뿌리는 응결핵과 빙정핵이 대기 오염 및 환경 오염을 일으킬 수 있다.
- 상대적으로 다른 지역에 비를 내리지 못하게 하여, 그 지역은 극심한 가뭄이 올 수 있다.
- 대기 오염을 없애기 위해 인공강우를 실시하면 습도가 높아져 오히려 대기 오염이 심각해질 수 있다.

해설

1

인공강우 기술은 이미 상공에 존재하는 구름에 응결핵이나 빙정핵을 넣어 비를 내리게 하는 것이기 때문에 하늘에 어느 정도 구름이 있어야 한다. 구름 한 점 없는 쨍쨍한 하늘에는 인공강우를 활용하기가 쉽지 않으므로 정작 비가 필요한 사막에서는 활용하기가 어렵다. 미국 항공우주국은 대기에 떠 있는 수많은 입자들을 전기장으로 교란시켜 수증기를 끌어모으는 방법으로 구름 한 점 없는 하늘에 비를 내리는 연구를 하고 있다. 즉, 미래에는 구름이 없는 하늘에서도 구름을 만들어 비를 내리게 할 수 있을 것이다.

2

일본은 댐 근처에 적절한 구름이 지날 때 인공강우를 실시하여 물을 확보하고, 태국은 건기 때 인공강우를 실시하여 농사에 필요한 물을 얻는다. 오스트레일리아에서는 매년 부족한 수자원을 인공강우로 확보하고 있고, 중동 지역 국가에서는 농작물 재배에 필요한 물이나 마실 수 있는 물을 얻는다. 러시아는 2016년 메이데이 휴가 때 미리 비를 내리게 하여 행사 당일 날씨가 화창했다. 중국은 2001년부터 2011년까지 인공강우를 55만 번 이상 실시했다. 이렇게 인공강우로 가뭄 해소, 폭염 방지, 스모그 해결, 산불 예방 등을 하고 있다.

그러나 인공강우는 없는 비를 만드는 것이 아니라 비가 내릴 만큼 구름 입자가 많지 않은 구름에서 인위적으로 비를 내리게 하는 것이므로, 한쪽 지역에 비를 내리게 하면 다른 지역은 더 극심한 가뭄에 시달릴 수도 있다. 중국이 편서풍 방향으로 이동하는 구름을 이용해 인공강우를 실시하면, 우리나라에는 구름이 사라져 비가 내리지 않는다. 또한, 인공강우로 국지적인 폭우가 쏟아져 물난리가 일어나거나 도심 교통이 마비되는 경우가 있고, 번개가 그치지 않아 항공기가 연착되는 부작용이 나타나기도 한다.

72

1

인구 밀도가 높고 강수량이 여름에 집중되어 있으며, 국토의 70 %가 산지이므로 빗물 대부분 바다로 빠져나가 이용할 수 있는 수자원이 부족하기 때문이다.

2

- 인공강우를 사용한다.
- 빗물을 모아 사용한다.
- 환경친화적인 댐을 건설한다.
- 해수를 담수로 바꿔 사용한다.
- 강변 여과수를 개발하여 사용한다.
- 폐수 처리 시설을 설치하여 오염되는 물을 줄인다.
- 지하수댐을 만들어 지하수의 수위를 상승시킨 후 지하수를 사용한다.
- 빗물과 지하철 용출수를 화장실 세정, 청소용수, 조경수 등으로 활용한다.
- 중수도를 설치하여 한 번 사용한 물을 생활용수나 공업용수로 다시 사용한다.
- 수도 요금 중 정액 요금 비율을 낮추고 사용량에 따라 부과되는 사용 요금 비율을 높여 물 절약을 유도한다.

해설

1

우리나라의 연평균 강수량은 세계 평균보다 약 1.3배 높다. 하지만 전체 강수량의 60 %가 6월부터 9월 사이 집중되고 계절별 편차가 심하다. 산지가 많지만 하천의 길이가 짧고 물을 가둬 놓을 곳이 없어 여름에는 강수량 대부분이 바다로 빠져나가고, 겨울에는 물이 부족해 하천이 말라붙고 가뭄이 이어진다. 지역별 편차도 문제다. 중부지방은 강수량이 많지만, 남부지방과 도서 지역은 매년 봄과 겨울마다 가뭄이 반복되고 있다.

국내 수자원 중 각종 용수로 이용되는 비율은 28 % 정도이고, 인구 밀도가 높아 1인당 실제 이용 가능한 수자원은 1,500 m³ 이하이다.

2

지하수댐은 모래와 자갈층이 두껍게 발달한 지역의 지하에 인공 물막이벽을 설치하여 지하수 수위를 상승시킨 후 지하수를 저장하는 시설로, 가뭄으로 물이 부족하면 지하수댐에 저장된 물을 사용한다. 지하수댐은 증발에 의해 물이 손실되지 않고 댐 건설로 수몰되는 면적이 없으며 지상 공간을 활용할 수 있다.

강변 여과수 개발은 강변 바닥의 지층 아래 고인 물을 뽑아서 이용하는 방법이다. 강물은 자연적으로 여과되어 1급수를 유지하고 있으므로 특별한 처리를 하지 않아도 식수나 생활용수로 사용할 수 있다.

중동 국가에서는 오랫동안 해수 담수화를 통해 물 사용량의 60 % 이상을 공급받고 있다.

지하철 역사에서 솟아나는 지하수(지하철 용출수)는 고도 정수 처리 과정 없이 쓸 수 있는 양질의 물로, 현재 서울을 비롯한 10개의 시도에서 운영 중이다. 빗물 역시 시설을 만드는 설치 비용이나 유지비가 적게 들고 별도의 약품 처리가 필요하지 않으며, 운반 비용이 들지 않아 깨끗한 물을 만들어 쓸 수 있는 좋은 방법이다.

중수도는 사용한 수돗물을 생활용수, 공업용수 등으로 재활용할 수 있도록 다시 처리하는 시설이다. 청소할 때 쓰는 물이나 화장실에서 쓰는 물 등은 반드시 식수만큼 깨끗하지 않아도 된다. 대형 호텔, 백화점, 놀이 시설, 대단위 아파트 단지와 같이 물 소비가 많은 곳에서는 중수도 시설을 설치하여 하수 처리 비용을 절감하고 있다.

73

1

러버덕은 물에 뜨고, 바닷물은 일정한 방향으로 지속적으로 흐르기 때문이다.

2

런던 주변에는 남쪽에서 올라오는 따뜻한 해류가 흐르고, 뉴욕 주변에는 북쪽에서 내려오는 차가운 해류가 흐르기 때문이다.

해설

1

바닷물이 일정한 방향으로 움직이는 것을 해류라고 한다. 해류는 해수면 표층을 따라 일정하게 흐르는 표층 해류와 바다 깊은 곳에서의 천천히 일정하게 흐르는 심층 해류로 나뉜다. 표층 해류는 바람이 불면 해수면과의 마찰에 의해 바람의 운동 에너지가 해수에 전달되면서 해수 표면에서 수십~수백 m 사이에서 형성된다. 표층 해류는 바람, 강수, 지형 등에 의해 발생하고, 심층 해류는 수온 또는 염분 차이에 의해 움직인다. 심층 해류는 전 지구 규모로 일어나므로 표층 해류에 비해 움직임이 크고 약 100년 이상 긴 시간 동안 움직인다. 바닷물은 표층과 심층을 오가며 지구 전체를 순환하면서 열과 염분을 운반하고 주변 날씨와 기후에 영향을 미친다. 표층수는 따뜻한 흐름인 난류와 차가운 흐름인 한류가 이동하면서 열을 순환시키고, 심층수는 차갑고 염분이 높아 밀도가 큰 해수가 가라앉으면서 열과 염분을 순환시킨다.

2

런던은 11월에도 잔디가 푸릇푸릇하게 유지되며 12월에도 영상 10 ℃를 유지하고, 런던보다 북쪽에 있는 스코틀랜드도 겨울에 영상인 날이 많다. 반면, 뉴욕은 11월만 되어도 눈과 얼음이 쌓인다. 유럽과 북아메리카 사이에는 거대한 북대서양 해류가 순환한다. 북극에서 차가운 심층수가 캐나다와 미국 동쪽 연안을 따라 흘러가면 멕시코만에 있던 따뜻한 난류가 유럽 쪽으로 이동한다. 북극해의 한류는 미국 남부와 중남미를 차갑게 식혀 주고, 멕시코만의 난류는 대서양 동부 연안에 붙은 유럽 국가들을 따뜻하게 데워 준다. 북극해의 한류 영향을 받은 캐나다와 미국 동쪽 도시는 겨울에 춥고, 멕시코만의 난류 영향을 받은 서유럽 도시는 겨울에 따뜻하다.

74

1

표층 해류는 소용돌이 형태로 순환하는데 해양 쓰레기가 표층 해류를 타고 소용돌이 가운데로 모이기 때문이다.

2

- 버려진 쓰레기를 새로운 용도의 물건으로 만들어 다시 사용한다.
- 강의 플라스틱 폐기물이 바다로 흘러 들어가지 않도록 강 하류에서 모아서 수거한다.
- 무인 청소 로봇을 이용해 해양 쓰레기를 수거하고, 뒤쪽에 연결된 그물망에 담아 운반한다.
- 선체 가운데가 아치 모양으로 비어 있는 배를 이용해 회전 날개가 쓰레기를 가운데로 운반하면 컨베이어 벨트로 건져 모은다.
- 태풍과 바람에 유실되어 어구 등이 해양 쓰레기가 되는 것을 방지하기 위해 스티로폼 부표를 생분해성 친환경 부표로 바꾼다.
- 물에 뜨는 튜브를 인공 해안선처럼 길게 배치하여 해류가 일으키는 소용돌이 현상을 이용해 해양 쓰레기를 특정 장소로 모은 후 수거한다.

해설

1

표층 해류는 각 대양에서 서로 연결되어 큰 규모의 표층 순환을 만든다. 표층 순환은 북반구에서는 시계 방향으로, 남반구에서는 반시계 방향으로 흐르며 크게 순환하는데, 이를 환류라고 한다. 북태평양 환류, 북대서양 환류, 인도양 환류, 남태평양 환류, 남대서양 환류가 있다. 환류는 저위도의 열을 고위도로 수송하여 지구 열평형에 도움을 주는 상당히 중요한 역할을 한다. 환류의 안쪽 부분은 가장자리에 비해 상대적으로 속도가 느리고 거의 물의 흐름이 없다. 만약 태평양으로 플라스틱 쓰레기가 들어오면 초기에는 북태평양 환류를 따라 이동하다가 시간이 지나면 해류의 흐름이 약한 환류 안쪽으로 모인다. 환류 안쪽에서 해류는 침강하고 플라스틱 쓰레기는 가라앉지 못하고 표면에 그대로 떠 있게 된다. 시간이 지나면 해수만 침강하고 플라스틱 쓰레기는 계속해서 모여 쌓인다. 이러한 과정을 통해 생성된 해양 쓰레기 섬은 태평양뿐 아니라 인도양, 대서양 등에도 존재한다.

2

해양 쓰레기 문제는 세계적으로 심각한 환경 문제로, 이를 해결하기 위해 전 세계 각국은 다양한 정책과 프로그램을 시행하고 있다. 주요 국가들의 해양 쓰레기 해결 방안은 다음과 같다.

유럽연합(EU)에서는 플라스틱 재활용의 경제성과 품질 향상, 플라스틱 폐기물과 해양 쓰레기량의 절감, 순한 경제를 위한 자원과 혁신 확대를 목표로 하는 정책을 추진하고 있다. 2030년까지 모든 플라스틱 포장 용기를 재사용 및 재활용할 수 있도록 하는 가이드 라인을 설정하고 있으며, 해양 플라스틱 쓰레기를 줄이기 위한 법률 개정을 통해 각국의 폐기물 처리 대책을 강화하고 있다.

미국 캘리포니아주에서는 폐기물 절감과 재활용을 위한 새로운 법규제를 도입하고 있으며, 플라스틱 빨대 금지 및 유료 비닐봉지 도입 등 다양한 대책을 시행하고 있다.

일본에서는 자국 내 자원 순환 체제를 강화하고, 해양 플라스틱 쓰레기 문제에 대한 행동 계획을 수립하여 회수 및 적절한 처리 방안을 추진하고 있다.

중국에서는 2017년부터 폐기물 수입을 금지하고, 플라스틱 제품의 생산 및 관리를 강화하는 제도를 마련했다. 2025년까지 지속 가능한 폐기물 관리 체계를 확립할 계획이다.

우리나라에서는 해양쓰레기 수거 및 처리 시설을 확충하고, 재활용 체계를 정비하는 정책을 추진하고 있다. 하천에 부유 쓰레기 차단막을 설치하여 해양으로 유입을 방지하는 방안 등도 포함되어 있다.

75

1

아메리카로 갈 때는 북동쪽으로 부는 무역풍을 이용하고, 유럽으로 돌아올 때는 북서쪽으로 부는 편서풍을 이용하기 때문이다.

2

- 해류를 이용해 이동한다.
- 구명정을 내린 후 밧줄을 범선과 연결하고 선원들이 구명정 노를 저어 바람이 부는 곳까지 범선을 끌고 간다.

해설

1

지구는 둥근 모양이므로 위도별로 받는 태양 복사 에너지량이 다르다. 저위도 지역은 고위도보다 더 많은 양의 태양 복사 에너지가 들어오므로 고위도보다 지표 온도가 더 높다. 따라서 저위도의 따뜻한 공기는 상승하여 고위도로 이동하고, 고위도의 차가운 공기는 하강하여 저위도로 이동한다. 이동하는 공기는 지구 자전의 영향으로 북반구와 남반구에 각각 3개의 거대한 순환 세포로 이루어진 지구 전체적인 규모의 대기 순환이 생기는데 이를 대기 대순환이라고 한다. 대기 대순환에 의해 지구는 전체적으로 에너지 균형이 이루어진다.

적도 부근에서는 가열된 공기가 상승하고 위도 30° 부근에서 냉각된 공기가 하강한다. 이 공기 중 일부가 저위도로 이동하여 무역풍이 분다. 위도 30° 부근에서는 하강한 공기 중 일부가 고위도로 이동하여 편서풍이 분다. 극지방에서는 냉각된 공기가 하강하면서 저위도로 이동하여 극동풍이 분다. 극동풍은 위도 60° 부근에서 편서풍과 만나 상승한다. 적도 지역에서는 공기가 수직으로 상승하고 위도 30° 부근에서는 공기가 수직으로 하강하므로 지표면에서는 바람이 거의 불지 않아 무풍지대가 생긴다.

콜럼버스가 대서양을 횡단할 수 있었던 이유는 바람과 파도를 아주 잘 아는 뛰어난 뱃사람이었기 때문이다. 콜럼버스는 아메리카를 향할 때 곧바로 서쪽을 향해 나아가지 않고 먼저 남쪽으로 내려가서 북서풍을 피한 후 서쪽으로 부는 무역풍을 이용하여 이동했다. 유럽으로 돌아올 때는 먼저 북동쪽으로 올라간 후 북서풍을 이용해 이동했다. 무역풍과 편서풍의 발견은 그 후 유럽과 아메리카, 아메리카와 아시아 사이의 교역을 폭발적으로 증가시켜서 유럽의 중심이 지중해에서 대서양으로, 세계 경제의 중심이 대서양에서 태평양으로 바뀌는 결정적 원인이 되었다.

2
물 위는 육지보다 마찰력이 매우 약하므로 인력으로 배를 끌 수 있다. 작은 예인정이 거대한 철제 군함을 끌고 갈 수 있는 것과 같다.

76

1
태양에서 날아온 높은 에너지를 가진 입자가 주로 지구 자기력이 센 극지방에 모이기 때문이다.

2
• 무선 통신에 방해를 줄 수 있고, 긴급 통신을 어렵게 만들 수 있다.

• 인공위성과 우주선의 전자 부품에 손상을 주어 수명이 단축될 수 있다.
• 인공위성이 궤도를 이탈하거나 저궤도 인공위성의 속도가 느려질 수 있다.
• 위성 통신과 GPS 시스템을 교란시켜 항공기 항법 및 통신을 방해할 수 있다.
• 우주인과 높은 고도에서 여행하는 사람들에게 방사선 노출을 초래할 수 있다.
• 송유관이나 수도관에 강한 유도 전류를 발생시켜 부식될 수 있고, 이로 인한 대형 사고가 일어날 수 있다.
• 전력선에 강한 유도 전류를 발생시켜 전력망이 과부하로 손상되거나 이로 인한 대규모 정전이 일어날 수 있다.

해설

1
지구는 하나의 커다란 자석과 같으므로 태양에서 지구로 날아오는 전하를 띤 수많은 입자들은 지구가 만드는 자기장에 의해 극지방으로 끌려와 상공 대기 중의 기체 분자들과 충돌하여 다양한 색깔의 빛을 내는데, 이 빛이 오로라이다. 오로라는 고도 100 km~320 km 사이에서 주로 발생하며 지구 자기장의 극을 중심으로 약 20° 떨어진 위도대에서 나타난다. 밤이 길고 하늘이 맑은 겨울에 잘 보이고, 태양 활동이 활발해지면 오로라가 생기는 지역이 넓어진다. 오로라는 지구뿐만 아니라 목성, 토성, 천왕성, 해왕성에서도 흔히 관측된다.

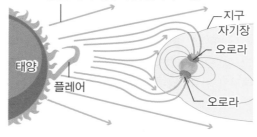

2
지구 대기권 안에서 지구 주변을 도는 저궤도 위성은 지구 대기로 인한 마찰 때문에 속도가 조금씩 늦어지고 궤도가 낮아진다. 국제우주정거장, 허블 우주망원경도 마찬가지다. 태양 폭발에 의해 빠른 속도로 날아온 입자들은 인공위성의 속도를 더 늦출 수 있다. 허블 우주망원경은 거대한 태양 폭발이 일어날 때마다 궤도 속도가 느려지는 정도가 두 배 이상 증가한다.
태양 폭풍이 일어난 후 높은 에너지를 가진 입자들이 지구에 도달하기까지 약 2~3일이 걸린다. 지구에서 태양 폭발을 관측하고 지구에 언제쯤 피해가 일어날지 예측할 수 있다. 1859년에 아주 강력한 태양 폭풍이 있었지만 당시에는 모스 부호로 통신하는 전신기 외에 다른 전자 기기가 없어서 큰 피해는 없었다. 하지만 현재는 수많은 전자 기기와 전기 없이는 살 수 없는 세상이므로 태양 활동이 인간 생활에 직간접으로 영향을 미칠 수 있다. 태양 폭풍이 일어나면 가장 취약한 변압기와 발전기의 전력을 차단해 일시적으로 정전을 만들어 보호하거나 피뢰침 비슷하게 유도 전류를 땅속으로 보내는 장치를 만든다. 송유관이나 수도관은 전류가 흐를 수 있는 장치를 하여 유도 전류를 다른 곳으로 보낸다. 태양 폭풍 때문에 1989년 캐나다 퀘백주에서 9시간 동안 정전되었고 대중교통 운행과 난방, 공장 가동이 중단됐다.

77

1

달은 공전 주기와 자전 주기가 같아서 달이 지구 주위를 한 바퀴 공전하는 동안 같은 방향으로 한 바퀴 자전하기 때문이다.

2

음력 날짜	1일	2~3일	7~8일	15일	22~23일	27~28일	29일
북반구 우리나라	●	◐	◑	○	◑	◑	●
남반구 호주	●	◑	◑	○	◑	●	●

해설

1

달은 초승달이 되었다가 상현달을 지나 보름달이 되지만, 그림자 때문에 일부가 보이지 않을 뿐 달은 항상 둥근 모양이고, 지구를 바라보는 면은 변하지 않는다. 달은 공전 주기와 자전 주기가 27.3일로 같아서 낮과 밤이 약 14일씩 지속되고, 항상 달의 앞면이 지구를 바라보고 뒷면은 지구를 등진다. 달의 앞면과 뒷면의 경계 지대인 약 18 % 정도는 궤도에 따른 각도 변화로 관측할 수 있다. 지구에서의 관측자 시점에서 달의 41 %는 항상 보이고 18 %는 때에 따라 볼 수 있지만 41 %는 절대 볼 수 없다. 달의 뒷면은 우주 탐사가 가능해진 20세기 중반에 밝혀졌다. 인류는 달의 뒷면 사진을 찍고 달의 뒷면의 지형들에 하나둘씩 이름을 붙였다. 달의 뒷면은 수많은 충돌구로 뒤덮여 있으며, 평평한 바다 지형은 달의 앞면에 비

해 상대적으로 적다. 달뿐만 아니라 행성 주위를 도는 대부분의 위성은 자전 주기와 공전 주기가 같다.

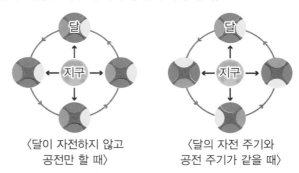

〈달이 자전하지 않고 공전만 할 때〉　〈달의 자전 주기와 공전 주기가 같을 때〉

2

북반구에 위치한 우리나라에서는 달이 오른쪽부터 보이기 시작하고 점점 차올라 보름달이 된 후 오른쪽이 점점 사라진다. 남반구에 위치한 호주에서는 달이 왼쪽부터 보이기 시작하고 점점 차올라 보름달이 된 후 왼쪽이 점점 사라진다. 북반구에서는 남쪽 하늘을 보고 섰을 때 왼쪽이 동쪽, 오른쪽이 서쪽이고, 남반구에서는 북쪽 하늘을 보고 섰을 때 왼쪽이 서쪽, 오른쪽이 동쪽이다. 저녁에 서쪽 하늘에서 볼 수 있는 상현달은 북반구에서는 오른쪽이 보이고, 남반구에서는 왼쪽이 보인다. 새벽에 동쪽 하늘에서 볼 수 있는 하현달은 북반구에서는 왼쪽이 보이고, 남반구에서는 오른쪽이 보인다.

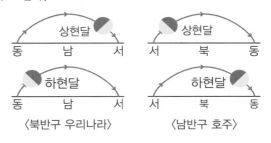

〈북반구 우리나라〉　〈남반구 호주〉

78

1

화성은 태양과 거리가 멀어 태양 빛이 약하고, 태양 전지 위에 모래가 쌓이면 전기 에너지를 만들지 못한다. 원자력 전지는 적은 양으로 전기 에너지를 안정적으로 만들 수 있기 때문이다.

2

화성의 대기권에 진입하면 낙하산이 펴지면서 속도가 줄어들고, 이때 역추진 로켓을 작동하여 크레인을 이용해 퍼서비어런스를 화성 표면에 내려 놓는다.

해설

1

태양계 외곽 탐사를 위한 보이저 1, 2호 등과 같이 도달하는 태양 빛이 약한 탐사선은 원자력 전지를 사용한다. 원자력 전지는 태양광이 충분하지 않거나 전혀 도달하지 않는 깊은 우주 공간이나 극단적인 환경 조건 하에서도 안정적으로 전력을 공급할 수 있으므로 우주 탐사선이나 위성과 같은 장기 우주 임무에 매우 적합하다. 원자력 전지는 아폴로 우주선에서부터 시작해 수십 년 동안 우주선의 동력원으로 이용했다. 대기 밀도가 지구의 0.01 %로 희박하고 96 %가 이산화 탄소로 이루어져 있는 화성에서 바퀴가 여섯 개 달린 1톤 남짓의 로버 퍼서비어런스를 움직이는 연료는 탑재된 4.8 kg의 플루토늄-238이다. 탐사차 맨 뒤쪽에 설치된 가로 66 cm, 세로 64 cm의 원자력 전지는 방사성 동위원소가 자연 감쇄하면서 방출하는 열을 전기 에너지로 바꿔 110 W의 전기 에너지를 만든다. 금속 또는 반도체 양쪽에 온도 차를 주면 회로에 전기 에너지가 생기는 열전발전을 이용한 발전기다. 플루토늄-238의 반감기는 87.9년으로 플루토늄이 방출하는 에너지는 87.9년마다 반으로 줄어든다. 퍼서비어런스에 장착된 원자력 전지의 수명은 14년이고, 매년 발생하는 전압이 몇 %씩 줄어든다. 발전하고 남은 전기는 리튬이온 배터리에 충전했다가 필요할 경우 사용한다.

2

착륙선이 제때 감속을 하지 않으면 충돌 위험이 크다. 지금까지 화성 착륙을 시도해 성공한 비율은 절반에 불과하다. 퍼서비어런스는 2021년 2월 19일 5시 48분(한국 표준시)에 약 140 km 상공에서 약 20,000 km/h 속도로 화성 대기권에 진입했다. 화성 대기권 진입 4분 후 속도가 420 m/s (1,512 km/h) 정도로 줄어들고 고도 14~21 km에서 지름 21.5 m인 낙하산을 펼쳐 속도를 줄였다. 낙하산이 펼쳐지고 20초 후에 퍼서비어런스 아래를 덮고 있던 열방패가 떨어져 나갔다. 이때 퍼서비어런스는 처음으로 화성 대기에 노출되었다. 주요 카메라와 레이더 등을 가동해 주변 지형을 신속하게 탐색하고 미리 탑재된 착륙 목표 지역 지도와 비교하며 안전한 착륙 지점으로 향했다. 착륙선이 역추진 로켓을 작동해 공중에 뜬 상태에서 크레인으로 0.75 m/s의 저속으로 퍼서비어런스 탐사차를 화성 표면에 내렸다. 상대적으로 가벼운 소저너(10 kg), 스피릿(185 kg), 오퍼튜니티(185 kg)는 에어백에 쌓여 착륙했지만, 큐리오시티(900 kg), 퍼서비어런스(1,025 kg)는 크레인에 매달려 착륙했다.

79

1

우주선이 자유낙하하고 있기 때문이다.

2

• 드넓은 사막과 같은 풍경을 볼 수 있을 것이다.
• 농작물을 재배할 수 있도록 척박한 땅을 개간해야 할 것이다.
• 기온이 매우 낮고, 일교차가 크므로 특수한 옷을 입어야 할 것이다.
• 태양계에서 가장 큰 화산인 올림푸스 화산에 가 볼 수 있을 것이다.
• 건조한 화성은 지구의 먼지가 많으므로 에어 샤워를 해야 할 것이다.
• 공기가 거의 없기 때문에 공기통과 마스크를 항상 착용해야 할 것이다.
• 낮에는 붉은색 하늘을, 일출과 일몰 시에는 푸른색 노을을 볼 수 있을 것이다.

해설

1

고도 100 km에서 작용하는 중력은 지구 표면 중력의 97 %이다. 고도 100 km에서 추진력을 사용하지 않으면 우주선은 포물선 모양의 궤적을 그리며 자유낙하한다. 이때 우주선 안에 있는 사람은 무중력 상태에 있게 된다. 이와 비슷한 '제로G'라는 무중력 체험 프로그램도 비행기가 포물선 모양으로 자유낙하할 때 비행기 안에 있는 사람은 무중력 상태를 경험할 수 있다. 이 프로그램은 우주인들이 우주에서의 무중력 상태를 경험하는 훈련에 사용되는 것으로 무중력을 체험할 수 있는 시간이 약 30초 정도로 짧지만 한 번 비행에 무중력 체험을 여러 번 할 수 있고, 비행 방법에 따라 달이나 화성의 중력과 같이 저중력 상태도 만들 수도 있다. 지구 400 km 상공에서 돌고 있는 국제우주정거장(ISS)에서는 무중력 상태가 유지된다. 국제우주정거장도 지구를 향해 자유낙하하는 중이므로 무중력 효과가 나타난다. 국제우주정거장은 지구를 향해 떨어지는 속도가 지구 주위를 도는 속도와 거의 같기 때문에 달처럼 지구에 충돌하지 않고 지구 주위를 돈다. 번지 점프, 자이로 드롭, 바이킹도 자유낙하에 가깝게 떨어지므로 무중력 상태를 경험할 수 있다.

2

우리 눈이 볼 수 있는 빛은 가시광선이고, 가시광선이 우리 눈까지 오려면 대기를 통과해야 한다. 가시광선의 파장은 지구의 대기를 구성하는 산소와 질소보다 크므로 대기를 통과하면서 이들 입자에 부딪쳐 흩어지는데, 이것을 산란이라고 한다. 낮에는 파장이 매우 짧은 보라색 빛은 지구 대기를 통과하기 전에 모두 산란되어 보이지 않고, 파란색 빛이 산란되어 우리 눈에 들어오므로 하늘이 푸르게 보인다. 일출이나 일몰 시에는 태양 빛이 대기를 통과하는 거리가 길어지므로 파란색 빛도 산란되어 보이지 않고 파장이 길어 적게 산란되는 주황색과 붉은색 빛만 우리 눈에 들어오므로 붉게 보인다.

화성은 대기가 희박하고 입자의 크기가 큰 이산화 탄소와 산화 철 먼지가 많다. 특히, 붉은색인 산화 철 때문에 낮에는 붉게 보인다. 일출과 일몰 시에는 크기가 큰 먼지 입자에 의해 파장이 짧은 보라색, 파란색 빛뿐만 아니라 파장이 긴 붉은색 빛도 모두 산란된다. 그러나 상대적으로 파장이 짧아 에너지가 큰 파란색 빛 일부가 먼지 사이를 뚫고 지표면까지 도달하므로 푸르게 보인다.

80

1

국제우주정거장이 북극성보다 약 250배 밝다.

2

- 인공위성에 햇빛 반사를 막는 검은색 차광막을 설치한다.
- 인공위성 표면에 검은색 물질을 코팅하여 빛 반사율을 낮춘다.
- 유전체 미러 필름으로 태양 빛이 지구로 향하지 않도록 반사한다.
- 인공위성의 위치를 변경하여 햇빛이 지구로 반사되는 양을 최소화한다.
- 인공위성의 태양 전지판 사이에 어두운 색의 재료를 사용하여 빛 반사율을 낮춘다.

해설

1

별의 밝기 등급은 기원전 2세기경 히파르코스가 별의 밝기에 따라 6개의 등급으로 처음 분류했다. 눈으로 보았을 때 가장 밝은 별을 1등급, 가장 어두운 별을 6등급으로 하고 그 사이의 별들을 2~5등급으로 분류했다. 이후 1856년에 천문학자 포그슨은 1등급의 별은 6등급의 별보다 100배 밝으며, 등급 간의 밝기 차이가 일정하다는 것을 알아냈다. 1등급과 6등급은 5등급 차이가 나므로 1등급 차이마다 약 2.5배의 밝기 차이가 있다. 국제우주정거장(ISS)과 북극성은 6등급 차이가 나므로 $2.5^6 = 100 \times 2.5 = 250$, 국제우주정거장(ISS)이 북극성보다 약 250배 밝다.

2

민간 기업이 쏘아 올린 인공위성이 대기권 바깥에서 우주를 관측하는 허블 우주망원경의 시야를 가리는 상황이 늘고 있다. 허블 우주망원경이 보낸 사진 중 다른 인공위성이 찍힌 비율은 2009~2020년까지는 3.7 %였지만, 2021년에는 5.9 %로 늘었다. 허블 우주망원경의 시야를 가리는 것은 우주 기업 스페이스X의 위성 인터넷 서비스인 스타링크의 인공위성이다. 스타링크는 고도 540~570 km 사이의 서로 다른 네 가지 궤도에 인공위성 수천 개를 촘촘하게 배치해 구축하는 네트워크이다. 인공위성은 햇빛을 반사하기 때문에 밤하늘에서 잘 보이고, 빠르게 이동하기 때문에 장시간 노출하여 촬영하면 기다란 선으로서 궤적이 나타난다.

스타링크는 빛 반사율을 낮추기 위해 인공위성의 표면에 검은 도료를 코팅한 다크샛(DarkSat)과 햇빛 반사 방지용 차광막인 반사 방지 패널을 장착한 바이저샛(VisorSat)을 개발했다. 다크샛은 일반 스타링크 인공위성에 비해 태양 빛을 50 % 정도만 반사하고, 바이저샛은 차광막 없는 위성 밝기의 30 %까지 밝기를 줄이는 데는 성공했다. 그러나 천체관측 활동에 방해를 주지 않는 7~8등급까지 낮추지는 못한다.

V 융합

81

1

- 겨울철에는 난방을 위해 석탄, 목재, 가스 등 다양한 연료를 태우는 과정에서 미세 먼지와 같은 대기 오염 물질이 발생하기 때문이다.
- 북서 계절풍과 함께 중국에서 많은 양의 미세 먼지가 유입되며, 대기가 안정하여 유입된 미세 먼지가 잘 확산되지 않기 때문이다.

2

- 에너지 사용을 줄인다.
- 도시 내에 녹지를 확대한다.
- 실내에 공기 정화 식물을 키운다.
- 대중교통을 이용하고 친환경 자동차를 구매한다.
- 공기 정화 기능을 갖춘 드론을 개발하여 미세 먼지를 제거한다.
- 이산화 탄소나 미세 먼지와 같은 오염원 배출 정도로 환경 등급 기준을 세워 지원금 및 부담금 제도를 만든다.
- 미세 먼지 배출량이 많은 노후 경유차에 미세 먼지 저감장치를 설치하거나 새 경유차로 교체할 수 있도록 지원한다.

해설

1

겨울에는 북서 계절풍을 타고 우리나라로 국외 미세 먼지가 잘 유입된다. 또한, 지표면에 바람이 적게 불고 고도가 높아지면서 기온이 올라가는 역전층 현상이 자주 발생하기 때문에 대기가 잘 순환하지 못하여 미세 먼지가 지표면 가까이에서 더 오랜 시간 머무른다. 하지만 남동 계절풍의 영향을 받는 여름에는 습도가 높고 비가 자주, 많이 내려 공기 중의 오염 물질이 씻겨 내려간다. 또한, 여름철에는 지표면이 뜨거워서 열기가 위로 올라가며 대기 순환도 잘되고 공기의 용량이 커져 똑같은 오염 물질이 발생하더라도 희석이 많이 된다.

2

바람길숲은 도시 외곽의 산림과 도심 속 숲을 선형으로 연결해 외곽 산림에서 생성되는 맑고 차가운 공기를 도심으로 끌어들여 공기 순환을 촉진하고, 미세 먼지나 초미세 먼지 등 대기 오염 물질과 폭염을 유발하는 뜨거운 열기를 도시 외부로 배출하는 역할을 한다.

도시 바람길숲은 세 가지 유형으로 조성된다. 첫 번째, 바람 생성숲은 도심 외곽에 위치한 산에서 차고 신선한 공기를 만들어 바람길로 불게 한다. 두 번째, 연결숲은 하천을 따라 조성된 나무나 도로에 심은 가로수들로, 외곽 산의 차고 신선한 공기가 도심 내부까지 이동하고 확산하도록 하는 연결 통로이다. 세 번째, 확산숲은 도시 내 공원, 건물 사이, 학교 등 공공시설에 있는 나무로, 산에서 유입된 맑은 공기를 도심 곳곳으로 확산시킨다. 도시의 숲은 기온을 3~7 ℃ 낮추고 습도를 9~23 % 높여 도시 열섬 현상을 완화하고, 미세 먼지 25.6 % 저감 및 초미세 먼지 40.9 %를 줄여 준다. 나무 1그루는 연간 이산화 탄소를 2.5톤 흡수하고 1.8톤의 산소를 방출하여 대기 정화 기능도 탁월하다. 서울, 부산, 인천, 전주, 나주, 창원, 구미 등 여러 지역에서 악화된 대기 환경 개선을 위해 도시 바람길숲을 조성하고 있다.

82

1

- 공기 중에 떠돌아다니는 미세 플라스틱은 호흡을 통해 우리 몸속으로 들어온다.
- 생수를 마시거나 지하수나 수돗물을 사용할 때 미세 플라스틱이 우리 몸속으로 들어온다.
- 미세 플라스틱이 바다로 흘러 들어가면 미세 플라스틱을 먹은 작은 어류나 생물로부터 먹이 사슬에 의해 우리 몸속까지 들어온다.
- 플라스틱 원료로 만들어진 비닐봉지, 배달 음식 용기, 버린 물티슈 등을 땅속에 묻었을 때, 그 흙에서 나는 식물, 과일, 채소 등을 먹으면 우리 몸속으로 들어온다.

2

- 일회용품보다 다회용 식기를 사용한다.
- 플라스틱 대체제인 바이오 플라스틱을 만든다.
- 플라스틱을 먹는 미생물을 활용해 플라스틱을 없앤다.
- 해조류는 씻어서 조리하고, 조개류는 해감 후 조리한다.
- 플라스틱 사용을 줄이고, 생분해성 플라스틱을 사용한다.
- 바다 위에 떠 있는 스티로폼 부표를 친환경 부표로 교체한다.
- 합성 섬유 대신 면, 마, 양모 등 자연 섬유를 사용하거나 레이온, 인견 등 재생 섬유를 사용한다.

1

미세 플라스틱은 한번 바다에 흘러 들어가면 제거할 수 없으며, 수백 년 동안 썩지 않고 바닷속에 그대로 남아 있을 가능성이 있다. 또한, 물속에서 유독성 물질을 방출할 수 있고, 해양 동물이 미세 플라스틱을 삼킬 수 있다. 미세 플라스틱은 해양 동물의 몸속에서 여러 가지 물리적 부작용을 일으킬 수 있으며, 먹이 사슬을 통해 상위 단계로 이동한다.

2

플라스틱은 자연 분해나 재활용이 어려워 9 % 정도만 재활용되고, 나머지는 소각되거나 거대 플라스틱 매립지에 버려진다. 미세 플라스틱의 피해를 줄이기 위해서는 버려지는 플라스틱을 줄이고 효율적으로 분류하여 재활용할 수 있도록 만들어야 한다. 또, 옥수수나 사탕수수 등 식물, 갑각류의 껍질, 씨앗 등 생물에서 얻는 물질로 생분해성 플라스틱을 만들어 사용한다. 스트렙토마이세스 박테리아는 PET 플라스틱을 분해하는 능력이 있는 것으로 확인됐다.

 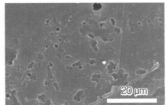

〈보리로 만든 플라스틱 비닐〉 〈미생물이 분해한 플라스틱 비닐〉

83

1

- 산업용 3D 프린터의 보완재로 사용한다.
- 설계도를 실제 환경으로 가져올 수 있다.
- 의료 진단과 재활 치료에 사용할 수 있다.
- 게임, 영화, 공연 등에서 새로운 경험을 제공할 수 있다.
- 가상의 물체를 현실 세계에 투사하여 학습 효과를 높일 수 있다.
- 위험한 수술 전에 모의 수술을 통해 안전한 치료를 할 수 있다.
- 제품의 설계, 생산, 유지 보수 등을 효율적으로 수행할 수 있다.
- 국가적인 재난 방지와 대응에서 더욱 체계적인 훈련을 할 수 있다.

- 고가의 장비를 사용할 필요 없이 항공 우주 학습에 사용할 수 있다.
- 먼 거리에 있는 미술관의 작품을 실제 현장에 있는 것처럼 생생하게 관람할 수 있다.
- 가상의 적을 이용하여 실전에 가까운 모의 훈련을 실시하고, 국력을 강화할 수 있다.
- 복잡한 기계의 설계나 제작 시 작업에 필요한 정보를 즉각적으로 피드백 받을 수 있다.

2

- MR 기술의 안전성이 확보되어야 한다.
- MR 콘텐츠의 다양성이 확보되어야 한다.
- MR 기기의 가격을 낮추고, 가볍게 해야 한다.
- 인체공학적인 디자인으로 편안하게 사용할 수 있어야 한다.
- 현실 세계와 가상 세계를 자연스럽게 융합하기 위해서는 높은 수준의 그래픽 성능과 빠른 처리 속도가 필요하다.

1

현재 산업용 3D프린터는 때로는 긴 시간에 걸쳐 직접 프린팅해 보지 않고는 물체가 정교한지 알 수 없다는 것이 문제점이다. 하지만 혼합 현실을 이용하면 시간과 절차를 대폭 줄여 생산성을 높일 수 있다.

보통 재난 현장은 극한의 상황이므로 실제와 같은 연출이 불가능하지만, 혼합 현실 기술을 훈련에 이용할 경우 화재, 붕괴, 침몰, 자연재해 등과 같은 여러 재난 현장에서 훈련을 더욱 현장감 있게 할 수 있다.

〈혼합 현실을 이용한 설계도〉 〈혼합 현실을 이용한 교육〉

2

현재 MR 기기는 가격이 높고, 착용감이 불편하다. 이러한 단점들이 해결된다면 더 많은 사람들이 혼합 현실 기술을 경험할 수 있을 것이다. 현재 MR 콘텐츠는 아직 초기 단계에 있어 다양성이 부족하므로 다양한 분야의 혼합 현실 콘텐츠가 개발된다면 활용 범위가 더욱 확장될 것이다. MR 기기를 장시간 착용하면 눈의 피로나 두통 등의 부작용이 발생할 수 있으므로 이러한 부작용들을 최소화하기 위한 연구가 필요하다.

84

1
- 주변 밝기를 감지하여 자동으로 조명의 밝기를 조절한다.
- 버스 도착 예정 시간 서비스로 버스가 언제 도착하는지 확인한다.
- 웨어러블 의료 기기와 디지털 기기를 스마트폰과 연결하여 건강을 관리한다.
- 집 밖에서 스마트폰으로 집안의 TV, 보일러, 에어컨, 가스레인지, 냉장고 등을 제어한다.
- 스마트 냉장고는 사용자가 자주 구매하는 식품의 유통 기한을 관리하고, 필요할 때 자동으로 주문을 제안한다.
- 가로등이나 주차장 전등은 평소에는 밝기를 낮추고 움직임이 감지되면 자동으로 조명을 밝게 한 후 일정 시간이 지나면 다시 밝기를 낮춘다.
- 농작물 재배 시설의 온도, 습도, 햇빛, 이산화 탄소, 토양 등을 측정·분석하고, 분석 결과에 따라 제어 장치를 구동하여 적절한 상태를 유지한다.

2
- 보안이 취약해 해킹 피해 사례가 늘고 있다. 보안을 강화하는 기술을 개발해야 한다.
- 사물이 연결되어 계속 통신하기 때문에 전력 소모가 심하다. 전력 소모가 적은 제품을 개발해야 한다.
- 사물 간의 통신이 이루어져야 하는데 서로 연동하기 어려운 제품이 많아진다면 편리하게 이용할 수 없다. 표준화된 제도를 마련해야 한다.
- 시스템 장애나 오작동이 생길 경우 일상 생활이나 산업 활동에 큰 차질이 발생할 수 있다. 시스템 장애나 오작동이 생길 때 수동으로 조작할 수 있어야 한다.
- 사물인터넷 장치들은 대량의 개인 데이터를 수집하고 저장할 수 있어 데이터의 부적절한 관리는 개인 정보 침해로 이어질 수 있다. 적절한 절차를 거쳐서 데이터를 관리할 수 있도록 제도를 마련해야 한다.

해설

1
사물인터넷이란 인터넷에 연결된 기기가 사람의 개입없이 각 사물에 센서가 부착되어 실시간으로 서로 정보를 주고받아 처리하는 시스템이다. 스마트 쓰레기차, 스마트 주차, 문화재 관리, 대중교통 기관 이용 등 공공기관과 사물인터넷이 접목된 다양한 사업들이 진행되고 있다.

85

1
- 번역가: 인공지능이 방대한 언어 자료를 수집하여 번역할 것이다.
- 판사: 빅 데이터와 인공지능이 판례를 찾아 해석하고 판결할 것이다.
- 기자: 웹상에서 정보를 자동으로 수집하여 빠르게 기사를 작성할 것이다.
- 텔레마케터: 음성 인식 및 SNS를 활용한 상담이 더욱더 활발해질 것이다.
- 배달업: 드론 택배가 상용화되면 배달원의 손을 거치지 않은 채 직접 배달될 것이다.
- 금융권 종사자, 세무사, 회계사: 복잡한 계산이 필요한 직업은 인공지능으로 대체될 수 있을 것이다.
- 스포츠 심판: 카메라를 통해 촬영된 영상으로 주관적인 판단이나 오류를 범하지 않고 빠르고 정확하게 판정할 것이다.

2
- 인간의 일상이 단조로워져서 인간의 감성이 퇴화하게 될 것이다.
- 위험한 재난 현장이나 불의의 사고 등을 대비할 수 있게 될 것이다.
- 인공지능에 의존해 사람들은 스스로 판단하는 일이 적어져 지능이 점점 퇴화할 것이다.
- 방대한 데이터 수집과 처리로 다양한 사회 문제에 대한 분석과 해결책을 제공해 줄 것이다.
- 다양한 분야의 일자리가 인공지능으로 대체되어 노동에서 해방되고 편한 세상이 될 것이다.
- 더 빠르고 정확한 연구, 예측, 시뮬레이션 등이 가능해져 과학의 발전과 확장이 예상치 못한 발견과 혁신을 이끌어 낼 수 있다.

해설

1
전문가들은 인공지능에 의해 2030년까지 7,300만 개의 일자리가 없어질 것이며 대신 인공지능을 위해 2,300만 개의 일자리가 생겨날 것으로 예측한다. 제조업은 인공지능에 의해 빠르게 대체될 산업군이 될 것이다. 로봇은 인간보다 더 정교하고 빠르고 정확하게 반복적인 작업을 효율성 있게 하고 생산량을 늘려 기업의 이윤 증가와 지출 감소를 가져올 수 있기 때문이다. 즉석식품(패스트푸드) 음식 점원, 건설 노동자, 금융 투자분석가(애널리스트), 농부와 어부, 텔레마케터, 경비원, 스포츠 경기 심판, 요리사, 웨이터, 기사 등이 사라질 직업 상위에 올라 있다. 인공지능의 등장으로 인공지능 기술 컨설턴트, 기업 문화 전문가, 자율 주행 분석가, 정보 보안 분석가, 데이터 분석가 등이 새롭게 생기거나 수요가 증가할 직업으로 전망됐다.

2

인공지능 연구자들은 여러 가지로 미래를 예상한다. 지나치게 진화한 인공지능이 인류를 멸망시킬 것이라고 비관하는 사람이 있는가 하면, 인공지능이 온갖 일을 대신해 주는 행복한 사회가 될 것이라고 낙관하는 사람도 있다. 싱귤래리티가 도래하면 인공지능은 더 빠르고 더 강력한 인지 능력을 갖게 되어 사람들이 할 수 없는 복잡한 문제를 해결하거나, 기존의 사회, 경제, 문화, 과학, 의료 등의 분야에서 혁신적인 변화를 가져올 수 있다. 싱귤래리티는 현재로서는 이론적인 개념이지만, 인공지능 연구가 급속도로 발전하고 있기 때문에 미래에 도래할 수도 있다는 주장이 있다.

정보를 인식하고 수집한다. 판단 단계는 인공지능을 활용하여 자동차가 어떤 환경에 놓여 있는지 파악하고 여러 장비를 통해 얻은 정보를 분석한 후 주행 환경과 목표 지점에 적합한 주행 전략을 수립하고 판단하며 결정한다. 제어 단계는 엔진 구동과 주행 방향 등을 결정하여 본격적으로 주행을 시작한다.

2

자율 주행 차량은 프로그래머가 행동 반응을 미리 결정해 놓기 때문에 사고 상황에서 대처 방법이 이미 정해져 있다. 하지만 그 방법이 최선의 결정이었는지에 대해서는 옳고 그름을 판단하기 어렵고, 예기치 못한 상황에서 잘못된 판단으로 인한 문제가 생길 수 있다. 사고가 발생했을 때 과실 문제 또는 자율 주행의 책임성 문제 등 사회적 · 법적으로 책임 소재가 어디에 있는지 불분명해질 수 있다. 자율 주행 시스템은 센서뿐만 아니라 무선 인터넷 네트워크에 의존하기 때문에 인터넷 환경이 안정적이지 않은 상태라면 제대로 작동하지 않을 수 있다. 또한, 버스나 택시 등 운전이 주요 업무인 직업이 사라지는 일자리 부족 문제가 생길 수 있다.

86

1

① 인지 단계: 다양한 센서를 이용하여 주변 정보를 인식하는 단계로, 감각 기관과 같은 역할을 한다.
② 판단 단계: 인지 정보를 바탕으로 인공지능을 활용하여 주행 전략을 결정하는 단계로, 뇌와 같은 역할을 한다.
③ 제어 단계: 속도나 방향을 조절하는 등 본격적인 주행 단계로, 운동 기관과 같은 역할을 한다.

2

• 해킹으로 인한 범죄 문제가 생길 수 있다.
• 예기치 못한 상황에서 잘못된 판단을 할 수 있다.
• 버스나 택시 등 운전기사의 일자리가 사라져 일자리 부족 문제가 생길 수 있다.
• 자율 주행 자동차는 탑승자의 안전을 최우선으로 하므로 보행자나 다른 차량 탑승자를 다치게 할 수 있다.

해설

1

인지 단계는 목적지를 향해 갈 때 노선을 파악하는 단계로 GPS, 카메라, 레이더, 라이다 등을 활용하여 주변 상황의

87

1

• 유명 인사 얼굴을 이용하여 영화나 광고를 홍보한다.
• 과학적 개념을 이해하기 쉽도록 시각적 자료로 만든다.
• 사망한 배우나 가수를 재현하여 새로운 작품을 만든다.
• 역사적 인물의 모습을 재현하여 생동감 있는 영상을 만든다.
• 영화나 드라마에서 배우의 얼굴을 다른 배우의 얼굴로 바꾼다.
• 감시 카메라 등을 통해 수집된 영상에서 실제 범죄자의 얼굴을 식별한다.
• 실종된 사람들의 현재 모습을 예측하거나 범죄 수사에서 용의자의 모습을 재구성한다.
• 오래된 영화나 사진을 디지털 기술로 복원하거나 훼손된 콘텐츠를 원래 상태로 복구한다.
• 영상 촬영 시 자신의 모습을 마음에 들게 정돈하거나 먼 훗날 나와 가족들의 모습을 예측한다.
• 딥페이크 의료 영상을 만들어 인공지능이 질병을 올바르게 학습하고 정확하게 진단하는 데 사용한다.
• 피해자의 얼굴을 가리는 모자이크 대신 가상 인간을 만들어 신원을 보호하면서 이들의 감정을 생생하게 전달한다.

2

- 보이스 피싱, 금융 사기, 범죄, 성인물에 악용될 수 있다.
- 얼굴이나 목소리를 무단으로 도용하여 사생활을 침해하고 명예를 훼손하는 경우가 생길 수 있다.
- 유명 인사의 가짜 뉴스가 정치적 선동으로 이용되거나 사회적 불안감을 가중시키고 기업 윤리에 흠집을 낼 수 있다.
- 딥페이크로 인해 사용자들은 온라인에서 점점 더 혼란스러워지고, 신뢰할 수 없는 정보에 대한 불안감이 증가할 수 있다.
- 기술이 발전할수록 우리가 보는 영상이나 듣는 음성이 진짜인지 가짜인지 구별하기 어려워져 전반적인 정보의 신뢰성이 떨어질 수 있다.

해설

1

딥페이크는 예술적 창작, 교육적 목적, 엔터테인먼트 분야에서 사용할 수 있다. 영화, 비디오 게임, 광고 등에서 딥페이크 기술을 사용하여 실제와 구분이 어려운 시각적 효과를 만들어 낼 수 있다. 이는 캐릭터의 재현, 과거의 유명 인사를 영화에 등장시키거나 창의적인 게임과 예술 작품을 만드는 데 도움이 될 수 있다. 교육적 목적으로 역사적 인물을 재현하거나 실제 상황을 모방한 시나리오를 통해 의료, 법률, 군사 훈련 등의 분야에서 활용될 수도 있으며, 사용자 맞춤형 광고, 창조적인 영상, 교육 자료 등을 생성하는 데 딥페이크 기술이 활용될 수 있다.

2

딥페이크는 얼굴뿐만 아니라 목소리까지 거의 완벽할 정도로 합성할 수 있는데 이것을 악용해 가짜 뉴스를 만들어 혼란을 야기하거나 명예 훼손, 금전적 사기로 이익을 취한 사례가 많이 일어나고 있다. 여러 국가에서 딥페이크 기술을 이용한 콘텐츠의 제작 및 배포에 대해 엄격한 법적 규제를 마련하고 있다. 미국에서는 딥페이크를 사용한 선거 개입을 금지하고, 개인의 동의 없이 딥페이크 영상을 생성하고 공유하는 행위를 불법으로 규정하여 처벌하고 있다. 국내에서도 딥페이크 영상물 편집, 합성, 가공 및 유포 시 여러 법규에 의해 징역 또는 벌금이 부과된다. 딥페이크 기술로 인한 피해를 막기 위해서는 온라인에 불필요한 이미지와 동영상을 공유하지 않아야 하고, 사이버 보안에 주의를 기울여야 한다. 자신에 대한 이미지와 동영상이 많을수록 딥페이크 동영상의 진위를 파악하기 힘들어지기 때문이다.

88

1

뉴런은 전기를 발생시켜 감각 정보나 운동 명령을 전달하고 뉴런과 뉴런 사이의 시냅스는 전기 신호를 화학 물질로 변환해 전달한다.

2

- 사람의 기억을 저장하고, 언제든 불러오는 것이 가능하다.
- 뇌 신호를 읽고 해석함으로써 신경학적인 문제를 진단하고 치료하는 데 사용될 수 있다.
- 뇌졸중, 운동 장애 등 다양한 신경계통 질환에 대한 치료 및 장애 극복을 위해 사용할 수 있다.
- 뇌에 BCI 칩을 이식하고 BIC 칩과 신호를 주고받을 수 있는 로봇 팔이나 로봇 다리 등을 신체에 부착하면 생각대로 몸을 움직일 수 있다.
- 뇌에 삽입한 BCI 칩의 메모리에 정보를 저장하면 해당 내용을 따로 학습하지 않아도 저장된 정보를 이용하여 이야기할 수 있다.
- 척수 장애, 시신경 장애, 파킨슨병, 루게릭병 등 운동 장애가 있는 환자의 손상된 신경을 BCI 칩의 전극이 대신하면 몸을 움직이고 말할 수 있다.

해설

1

인간은 외부 자극을 받으면 감각 기관에서 받아들인 정보가 말초 신경을 통해 뇌로 전달되고, 뇌는 말초 신경으로 명령을 내려 적절한 움직임이나 반응을 한다. 이 과정은 우리 몸의 약 1,000억 개의 뉴런을 통해 일어난다. 뉴런은 감각 정보나 운동 명령을 전달할 때 화학 물질을 교환하면서 전류를 발생시켜 전기 신호를 만든다. 뉴런과 뉴런 사이의 시냅스는 뉴런에서 생성한 전기 신호를 화학 물질로 변환해 다음 뉴런에 전달하고, 화학 물질을 받은 뉴런은 또다시 전기 신호를 생성하면서 전기장을 만든다. BCI 칩의 전극을 대뇌 피질에 이식하면 뉴런의 파괴 없이 전기장을 수집해 분석할 수 있다.

2

인간의 뇌에 BCI 칩을 이식하면 생각만으로도 기계를 조작할 수 있다. 뇌를 구성하는 신경 세포(뉴런)는 전기 신호로 신체에 명령을 내린다. 그러면 BCI 칩이 전극으로 뇌의 신호 패턴을 읽어서 컴퓨터로 전송하면 기기를 조종할 수 있다.

생각만으로 스마트 기기를 조종할 수 있다면, 생각만으로 로봇 팔과 다리를 움직이는 것도 가능하다. 현재 절단 장애 또는 사지마비 장애를 가진 사람들은 의족이나 의수, 휠체어를 착용하고 있는데, 이러한 기구는 스스로 움직일 수 없으므로 보조적인 장비에 불과하다. 하지만 뇌에 BCI 칩을 이식한 후 BIC 칩과 신호를 주고받을 수 있는 로봇 팔이나 로봇 다리 등을 신체에 부착하면 생각대로 몸을 움직일 수 있다. 나아가 기술이 조금 더 발전한다면 장애를 완전히 치료할 가능성도 있다. 기술이 고도화되면 뇌의 BCI 칩을 업데이트하는 것만으로도 자신이 원하는 지식을 소유하는 세상이 올 수도 있다. 컴퓨터처럼 사람의 기억과 정신을 저장하고 다운로드할 수 있게 된다면 신체가 늙고 병들었을 때 복제한 신체 속 뇌에 저장해 둔 기억을 다운로드하면 동일한 생각과 기억을 가진 사람을 만들 수 있다. 뉴럴링크 기술은 발표 이후부터 현재까지 수많은 비판과 논란에 휩싸여 있다. 인간의 뇌는 매우 복잡하기 때문에 아직 연구되지 않은 부분이 많다. 단순히 기술의 원리를 믿고 뇌에 이식한 후 어떤 문제가 일어날지 모른다. 실제로 뉴럴링크에서 뇌에 BCI 칩을 이식받은 원숭이들에게 전신 마비, 발작, 뇌부종 등의 부작용이 나타나기도 했다. 또한, 뇌파를 정확하게 읽어 내는 것 역시 쉽지 않은 일이며, 읽어낸 뇌파를 컴퓨터 신호로 변환하는 과정도 아직은 완벽하지 않다.

89

1
- 생산성이 낮다.
- 자연을 훼손시킨다.
- 식용 작물 가격을 상승시킨다.
- 연료로 가공하는 데 비용이 많이 든다.
- 식용 작물을 재배하는 데 더 많은 에너지가 든다.

2
- 이산화 탄소의 배출량을 줄일 수 있다.
- 고갈되지 않고 재생 가능하며 지속적으로 사용할 수 있다.
- 폐기물을 사용하므로 폐기물로 인한 환경 오염을 줄일 수 있다.
- 물과 온도 등 조건만 맞으면 지구 어느 곳에서나 얻을 수 있다.
- 가정 난방용, 자동차의 연료, 전기를 생산하는 발전소 등 여러 곳에서 활용할 수 있다.

- 국내 에너지 자원 활용을 통해 에너지 수입의 의존도를 낮추고 에너지 자급률을 높일 수 있다.
- 지역 내에서 바이오매스 에너지를 생산하고 소비하는 구조를 만들어 지역 경제 활성화에 기여할 수 있다.
- 바이오매스를 활용하므로 풍력이나 태양 에너지보다 좀 더 수월하게 수요에 맞춰 에너지를 생산할 수 있다.

해설

1
1세대 바이오 연료는 경작지에서 기른 식용 작물이므로 식용 작물의 가격을 상승시키고 전 세계적인 식량 위기와 농약으로 인한 생태계 파괴 등 다양한 문제가 나타났다. 예를 들어, 식용 작물로 만든 바이오 연료로 스포츠실용차(SUV)의 연료 탱크를 가득 채우기 위해서는 성인 1명이 1년 동안 먹는 양의 옥수수가 필요하다. 2세대 바이오 연료는 목질계의 주성분인 셀룰로스, 헤미셀룰로스, 리그닌 등을 분해하는 과정이 복잡하고 비용이 많이 든다.

2
바이오매스는 생물체로부터 유래하기 때문에, 생물체가 성장하는 동안 이산화 탄소를 흡수한다. 따라서 바이오매스가 연소할 때 발생하는 이산화 탄소는 생물체가 성장하면서 흡수한 이산화 탄소와 균형을 이룬다. 이는 화석 연료가 연소할 때 발생하는 이산화 탄소와 달리, 추가적인 탄소를 배출하지 않기 때문에 환경에 미치는 영향을 최소화할 수 있다. 농업 부산물이나 음식물 쓰레기와 같은 바이오매스를 에너지원으로 활용하므로 폐기물의 처리가 용이해지고, 폐기물로 인한 환경 오염을 줄일 수 있다. 이는 자원 순환의 측면에서도 긍정적인 효과를 가져올 수 있다. 농촌 지역은 바이오매스 원료가 많으므로 바이오매스 에너지 생산이 중요한 경제 활동이 될 수 있다. 그러나 바이오매스의 원료인 식물들을 재배, 수확 후 처리하여 에너지로 변환할 때까지 많은 시간과 에너지가 소모된다는 단점이 있다. 바이오매스 생산을 위해 식량 작물을 사용할 경우 식량 생산과의 경쟁 문제가 발생할 수 있다. 대규모 바이오매스 생산 시설을 구축하기 위해서는 많은 공간이 필요하고, 바이오매스 생산·수확·운송·가공에 일정한 비용이 발생하며, 바이오매스 저장이나 운송 중에 발생할 수 있는 부패 현상은 처리가 어려울 수 있다. 바이오매스 생산 및 가공 과정에서 환경 오염이 발생할 수 있고 주변 환경에 부정적인 영향을 미칠 수 있다.

90

1

① 거미 모방 로봇: 철로 이루어진 벽과 천장을 빠르게 이동할 수 있어 대형 선박이나 교량과 같은 철 구조물의 점검, 수리, 보수에 활용할 수 있다.

② 장수풍뎅이 모방 로봇: 제자리 비행을 할 수 있고 장애물에 부딪혀도 추락하지 않아 영상 촬영이나 비밀 군사 작전 등에 활용할 수 있다.

2

• 주변의 정보를 수집하기 위한 센서와 감지 기술 연구가 필요하다.

• 수집된 정보를 처리하기 위한 인공지능(AI)과 제어 기술 연구가 필요하다.

• 모방한 생물의 움직임을 100 %에 가깝게 실행하기 위한 튼튼하고 유연한 재료 및 구조 기술의 연구가 필요하다.

해설

1

① 거미 로봇: 한국과학기술원(KAIST) 기계공학과 연구팀이 만든 로봇이다. 70 cm/s의 속도로 철로 된 벽을 오르고, 50 cm/s의 속도로 천장에 거꾸로 매달려 빠르게 이동하며 장애물을 피해 이동할 수 있다. 기존의 벽을 오르는 로봇은 보행 바퀴나 무한궤도를 이용하기 때문에 느리고, 요철을 만나면 움직임이 제한적이었다. 거미가 천장이나 거미줄에 거꾸로 매달려 있을 수 있는 이유는 발에 무수하게 나 있는 점착성 털 때문이다. 거미 로봇은 발바닥에 빠르게 자성이 생겼다가 없어지는 영전자석을 이용하여 철로 된 물체에 달라붙는다. 영전자석은 평소에는 영구자석처럼 자기력을 띠고, 전류가 흐르면 자기력이 없어진다. 거미 로봇은 대형 선박, 교량, 송전탑, 송유관, 대형 저장고, 건설 현장 등에서의 대형 철 구조물의 점검, 수리, 보수에 활용할 수 있다.

② 장수풍뎅이 모방 로봇: 장수풍뎅이의 날개와 비행 원리를 모방해 탄소 복합 소재와 형상 기억 합금으로 날개를 만들었다. 뒷날개 가운데를 접었다 펼칠 수 있어 장애물과 충돌해도 안정적으로 비행을 계속할 수 있고, 크기가 작고 가벼우며 에너지 효율이 높다. 뿐만 아니라 드론과 달리 소음도 적기 때문에 은밀한 임무를 수행하는 스파이 로봇이나 화성과 같이 극한의 환경을 탐사하는 로봇으로도 활용할 수 있다.

2

생체 모방 로봇이 주어진 임무를 달성하기 위해서는 외적인 움직임의 모방과 함께 자율적인 활동, 상황 판단, 문제 해결 능력이 필요하다. 우리나라를 비롯한 전 세계에서는 생체 모방 로봇 분야에 많은 연구와 개발이 이루어지고 있다. 연구는 크게 생물학적 원리 모방, 인공지능과 제어, 로봇의 구조와 소재의 세 가지로 나누어진다. 새의 날개, 벌의 비행 원리, 물고기의 수중 움직임 등 다양한 생물의 기능을 로봇에 적용하여 효율적인 기능을 재현한다. 높은 수준의 인공지능과 실시간 제어 시스템으로 반복적이고 기계적인 학습을 통해 주변 환경과 상호작용을 하며 효과적으로 움직인다. 생물학적 특성과 움직임의 재현을 위해서는 생물이 가지고 있는 부드러운 소재를 개발하고, 특성이 충분히 발현될 구조가 필요하다. 유연한 소재와 혁신적인 로봇 구조는 성능을 향상시키고, 다양한 환경에서의 활용 가능성을 높여준다.

91

1

대각선에 위치한 날개가 서로 반대 방향으로 회전하면서 양력을 발생시켜 떠오른다.

2

• 유인 탐사에 비해 위험 부담이 적다.

• 작고 가벼워서 제작 및 발사 비용이 비교적 저렴하다.

• 작고 가벼워서 좁은 공간이나 험준한 지형에 접근이 가능하다.

• 공중에서 내려다보는 시야를 제공하므로 넓은 지역을 한 번에 관찰할 수 있다.

• 다양한 장비를 탑재할 수 있으므로 사진, 영상, 데이터 등을 수집하고, 우주 환경과 천체에 대한 폭넓은 정보를 얻을 수 있다.

해설

1

드론은 무인 항공기를 지칭하는 말로, 동체 중심으로 짝수 개의 날개가 대칭으로 이루어져 있고, 각각의 날개는 회전 방향이 다르다. 날개가 4개인 쿼드콥터의 경우 대각선으로 마주 보고 있는 한 쌍의 프로펠러가 시계 방향으로, 다른 한 쌍의 프로펠러가 반시계 방향으로 회전한다. 나란히 놓여 있는 날개가 서로 다른 방향으로 회전하면서 공기를 아래로 밀어내고, 이에 대한 반작용으로 동체가 위로 뜬다. 날개 4개의 회전 방향이 모두 같으면 날개가 회전할 때 동체가 날개 회전 방향의 반대 방향으로 회전한다. 대각선으로 마주 보고 있는 날개를 같은 방향으로, 이웃한 날개를 서로 반대 방향으로 회전시키면 동체를 회전시키는 힘을 상쇄시킬 수 있다. 드론의 모든 날개의 회전 속도를 빠르게 하면 드론이 상승하고 회전 속도를 느리게 하면 드론이 하강한다. 뒤쪽 날개의 회전 속도만 빠르게 하면 드론이 전진하고, 앞쪽 날개의 회전 속도만 빠르게 하면 드론이 후진한다. 왼쪽 날개의 회전 속도만 빠르게 하면 드론이 오른쪽으로 이동하고, 오른쪽 날개의 회전 속도만 빠르게 하면 드론이 왼쪽으로 이동한다. 왼쪽 대각선 날개의 회전 속도만 빠르게 하면 드론이 왼쪽으로 회전하고, 오른쪽 대각선 날개의 회전 속도만 빠르게 하면 드론이 오른쪽으로 회전한다.

2

기존의 우주선은 크고 무거워서 정해진 궤도를 따라 움직이고 탐사 지역을 자유롭게 이동하기 어려웠지만, 드론은 다양한 지형과 환경에서 자유롭게 탐사할 수 있다. 달 표면의 자원 탐사, 화성 대기의 분석, 소행성의 성분 분석, 우주 쓰레기 제거 등 다양한 임무를 수행할 수 있다. 드론 기술은 우주 탐사의 새로운 시대를 열고 있는데, 드론을 통해 우주 개발의 속도는 더욱 빨라질 것이며, 지금까지 알 수 없었던 우주의 비밀을 밝혀낼 수 있을 것이다. 그러나 드론의 우주 탐사 활용에는 몇 가지 한계가 있다. 극심한 온도 변화, 방사선, 미세 운석 충돌 등 우주 환경의 극한적인 조건은 드론의 내구성과 안정성에 큰 영향을 미쳐 드론의 작동에 문제를 일으킬 수 있고, 지구와의 거리가 먼 우주 공간에서 드론의 원격 제어 및 데이터 전송의 안정적인 통신을 유지하기 어려울 수 있다. 이러한 문제점을 해결하기 위해 내구성이 강한 신소재 개발, 첨단 통신 기술 도입, 자율 운항 기술 고도화 등의 노력이 필요하다.

92

1

사람의 두 눈은 약 6 cm 정도 떨어져 있어 두 눈이 보는 모습이 다르다. 뇌에서 이 두 영상이 합쳐져 입체로 느끼게 되는 것이다.

2

• 경관 사업, 인테리어, 광고 등에 활용한다.
• 아트테크 공연에 이용하여 관객의 몰입도를 높인다.
• 신용카드나 신분증에 위조와 복제 방지를 위해 사용한다.
• 간판, 박람회, 행사, 전시회 등에 이용하여 효과적인 홍보와 안내를 제공한다.
• 입체 안경을 쓰지 않고 3D 입체 영화를 감상할 수 있어 눈의 피로감과 어지럼증 등의 문제를 해결할 수 있다.

해설

1

사람은 6 cm 정도 되는 두 눈 사이의 거리 때문에 오른쪽 눈과 왼쪽 눈으로 보는 사물은 차이가 있다. 앞에 놓인 물체를 오른쪽 눈을 가리고 왼쪽 눈으로 보고, 다음에는 왼쪽 눈을 가리고 오른쪽 눈으로 보면 두 눈이 보는 사물이 각각 다르다. 이러한 차이가 있는 두 눈의 2차원 영상 신호가 뇌에서 합쳐져서 원근감과 입체감이 만들어진다.
물체와의 거리를 알 수 있는 것은 두 눈과 물체가 이루는 각을 통해서이다. 이 각이 크면 물체가 가까이 있고, 이 각이 작으면 물체가 멀리 있다. 한 개의 눈으로도 대략적인 거리를 인식할 수는 있지만 입체감과 원근감이 둔해진다. 실제로 한쪽 눈을 안대로 가리면 원근감이 떨어지고 입체감을 잘 느낄 수 없으며 시야가 좁아지는 느낌을 확인할 수 있다.

2

홀로그램은 '완전하다'는 의미의 그리스어인 'holos'와 '사진, 메시지'라는 뜻을 갖는 'gram'의 합성어로 '완전한 사진'이라는 뜻이다. 홀로그램은 3차원의 입체상을 나타내는 매체이고, 홀로그램을 기록하는 기술을 '홀로그래피'라고 한다. 일반적인 사진이나 영상은 2차원의 상을 표현하지만, 홀로그램은 3차원의 입체상을 나타내기 때문에 실제 사물의 모습이라는 착각이 들게 된다. 사진은 물체의 밝고 어두운 모습(진폭)만을 기록할 뿐, 사람의 눈으로부터 물체까지의 거리인 물체의 위치(위상)를 기록할 수 없다. 하지만 홀로그램은 진폭과 위상 모두를 기록하므로 3D 영상을 구현할 수 있다.

〈홀로그램 전시〉

〈홀로그램 간판〉

93

1

빛을 비추면 검은색 막대에서는 조금 반사되므로 0으로 인식하고, 흰색 막대에서는 많이 반사되므로 1로 인식한다. 컴퓨터가 디지털 신호인 0과 1의 조합을 해석하여 정보를 나타낸다.

2

• 360° 어느 방향에서도 인식할 수 있다.
• 30 % 정도가 손상되어도 인식할 수 있다.
• 바코드보다 더 많고 복잡한 정보를 담을 수 있다.
• 영어, 한국어, 일본어, 한자 등을 효율적으로 표현할 수 있다.
• QR코드 자체에 정보가 저장되어 있으므로 판독기로 QR코드를 읽기만 하면 내용을 알 수 있다.

해설

1

스캐너를 바코드나 QR코드에 대면 검은색 부분은 빛을 대부분 흡수하므로 적은 양을 반사하고, 흰색 부분은 많은 양을 반사한다. 빛 반사율 차이를 전기 신호로 바꿔 디지털 신호인 0과 1의 이진법의 수로 바꾸고, 0과 1의 조합을 해석하면 저장된 정보가 출력된다. 검은색과 흰색은 레이저 반사율의 차이가 가장 커서 오류가 적기 때문에 대부분 바코드와 QR코드는 흰색과 검은색으로 만든다.

2

선을 나열하여 만든 표준형 바코드는 13개의 숫자로 데이터를 표시하지만, 정사각형 형태의 QR코드는 문자, 숫자, 사진 등 대량의 정보 등을 담을 수 있다. 한국어를 비롯한 모든 외국어와 그래픽 정보도 표현할 수 있다. 대표적으로 많이 사용되고 있는 패턴에는 한글 1,700자 또는 숫자 8,000개 분량의 정보를 저장할 수 있고, 동영상이나 사진도 저장할 수 있으며 웹주소(URL)를 연동할 수도 있다. 1차원 바코드는 상품에 대한 정보를 미리 저장해 두어야만 바코드의 내용을 알 수 있지만, QR코드는 QR코드 자체에 제조 회사, 제조 일시, 가격 등의 정보가 저장되어 있으므로 판독기로 QR코드를 읽기만 하면 그 내용이 바로 컴퓨터나 스마트 기기 화면에 나타난다. 위치 찾기 패턴은 QR코드 모퉁이 세 곳에 위치한 사각형으로, 스캐너가 QR코드의 방향을 인식하도록 하므로 어느 방향에서든지 QR코드를 빠르게 인식한다. 정렬 패턴은 QR코드가 휘어 있거나 곡면에 있는 경우에도 인식할 수 있도록 한다. 타이밍 패턴은 L자형 선으로 스캐너가 크기와 데이터 위치를 판단할 수 있도록 한다.

94

1

초전도체는 전기 저항이 0이므로 코일을 만들어 강한 전류를 흐르게 하면 강한 전자석이 된다.

2

• 전기차의 전지를 작고 가볍게 만들 수 있다.
• 열이 발생하지 않는 전자기기를 만들 수 있다.
• 냉각 장치가 필요 없는 컴퓨터를 만들 수 있다.
• 속도가 빠른 초고속 슈퍼컴퓨터를 만들 수 있다.
• 전기 에너지를 손실 없이 장거리 전송할 수 있다.
• 냉각 장치가 필요 없는 MRI 촬영 기기를 만들 수 있다.
• 핵융합 반응을 일으킬 때 필요한 초전도 자석을 만들 수 있다.
• 선로 위를 떠서 초고속으로 이동하는 자기부상 열차를 만들 수 있다.

해설

1

자기 부상 열차에서 차량을 공중에 띄우는 기술은 초전도 반발식과 상전도 흡인식으로 나누어진다. 초전도 반발식은 초전도 자석의 반발력을 이용하고, 상전도 흡인식은 자석이 철판에 달라붙는 성질을 이용하여 열차를 띄운다. 초전도 반발식은 열차 바닥에 초전도 전자석을 설치하고 레일에 초전도체로 만든 코일을 설치해 열차의 초전도 전자석과 레일의 코일이 만든 자기장을 반대가 되도록 하여 서로 밀어내는 힘에 의해 열차를 공중에 띄운다. 열차의 초전도 전자석에 의해 레일의 코일에 자기장이 변하면 유도 전류가 생기고, 이 유도 전류가 만드는 자기장을 이용해 열차가 뜬다. 보통 전자석은 전력 손실 때문에 큰 자기장을 만들기 어렵지만 초전도체를 이용하면 가능하다.

2

상온 초전도체는 전기 저항이 0이므로 전류가 잘 흐르고, 열이 발생하지 않으므로 전자기기의 성능과 속도가 빨라진다. 전자기기에서 전류에 의한 열이 발생하지 않으면 냉각 장치가 필요 없으므로 전자기기를 작게 만들 수 있고, 전기 저항이 없어 전기 신호가 빠르게 전달되므로 속도가 빠른 초고속 슈퍼컴퓨터를 만들 수 있다.
전기차는 전지가 작고 가벼워지면 충전 속도가 빨라진다. 또, 전기차가 가벼워져서 모터 효율이 높아지므로 에너지 소비를 줄일 수 있고 주행 거리를 늘릴 수 있다.

강력한 자기장을 만드는 초전도 자석을 만들어 핵융합 반응에 활용할 수 있고, 마이너스 효과를 이용해 초고속 자기부상열차를 만들면 교통 문제와 에너지 소비를 줄일 수 있다. 또한, 진공 상태에서 자기부상열차를 운행할 수 있는 진공 튜브 열차를 만들면 공기 저항과 마찰력을 없애 소리 속도에 근접하는 속도로 이동할 수 있다.

95

1
일반 분말 소화기는 리튬 이온 전지의 온도를 낮추기 힘들기 때문이다.

2
- 공식 인증된 제품을 구매한다.
- 급속 충전보다는 완속 충전을 한다.
- 사용 중 이상 현상이 감지되면 즉시 가동을 멈춘다.
- 충전 구역 및 시설 주변에 물건을 쌓아 두지 않는다.
- 햇빛이 강하게 들어오는 곳이나 불을 사용하는 곳 근처에 두지 않는다.
- 연쇄적인 폭발을 막기 위해 무선 전자 기기를 한곳에 모아 두지 않는다.
- 과충전과 과방전을 하지 않고 최대 충전율은 85 % 미만으로 설정한다.

해설

1

일반 분말 소화기는 산소를 차단하여 화재를 진압한다. 리튬 이온 전지 화재에 일반 분말 소화기를 뿌리면 뿌연 연기만 퍼질 뿐 화염과 폭발은 계속 더 커진다. 일반 분말 소화기는 냉각 효과가 약하기 때문에 리튬 이온 전지 화재를 진압하기 어렵다. 리튬 이온 전지 화재 전용 소화기를 이용하면 소화 약제가 전지에 스며들면서 불길이 천천히 잦아들고 폭발이 멈춘다. 리튬 이온 전지 화재 전용 소화기의 소화 약제는 리튬 이온 전지의 발화점인 200 ℃ 아래로 빠르게 냉각시켜 1,000 ℃ 이상으로 온도가 상승하는 열폭주를 멈추게 한다. 리튬 이온 전지 화재가 발생하면 화재가 번지기 전에 빠르게 탈출하여 인근에 화재 사실을 알려 주변 사람들이 빠르게 대피할 수 있도록 하고, 빨리 신고하여 화재 진압을 1초라도 빨리 시작할 수 있도록 해야 한다.

2
급속 충전은 충전 시간이 짧아 편리하지만, 잦은 급속 충전은 전지 내부 전극 구조에 좋지 않은 영향을 끼쳐 전지의 수명과 성능을 낮출 수 있다. 전지를 보호하고 성능을 오래 유지하기 위해서는 가급적 완속 충전을 하는 것이 좋다. 과충전은 전지가 완충된 이후에도 계속 전기가 공급되어 전지 용량 이상으로 충전되는 것을 의미한다. 과충전 시 전지 내부의 전해질이 분해되어 가연성 가스가 생기고, 과방전 시 전지 내부 구조가 불안정해져 화재가 발생하기 쉽다. 충전이 끝난 후에는 반드시 충전기를 뽑아 충전 중이 아닌 상태로 보관한다. 전지 관리 시스템(BMS)이 과충전을 방지하지만 시스템이 고장나면 위험이 있으므로 주의해야 한다.

또, 충전소에서 전기차 화재가 발생하면 주변에 적재된 물건으로 불이 옮겨붙기 쉬워 대형 참사로 이어질 수 있으므로 충전 시설 주변에 물건을 쌓거나 주차하지 않아야 한다. 리튬 이온 배터리는 −30 ℃~60 ℃까지의 온도에서 안정성 있게 보관이 가능하지만 햇빛이 강하게 들어오는 곳이나 불을 사용하는 곳 근처는 60 ℃ 이상으로 올라갈 수 있으니 주의해야 한다.

96

1
배기가스에 포함된 환경 오염 물질인 질소 산화물을 물과 질소로 바꾸어 정화시킨다.

2
- 소방차와 구급차가 운행을 멈추면 위험한 상황이 일어났을 때 피해가 커질 것이다.
- 트랙터, 콤바인 등 농기구를 사용하지 못하게 되면 농사 일정에 차질이 생기게 될 것이다.
- 물류 대란으로 사료 공급이 제때 되지 않으면 축산업계는 가축이 굶게 되는 사태가 발생할 것이다.
- 포클레인, 지게차, 레미콘 등 중장비 차가 운행을 멈추면 건설 현상 작업이 이루어지지 않을 것이다.
- 시외버스, 고속버스, 스쿨버스, 학원 버스, 전세 버스 등 버스가 운행을 멈추면 이동에 제한이 생길 것이다.
- 화력 발전소에서 화석 연료를 태워 전기를 만들 때 질소 산화물이 나오는데 요소수가 없으면 발전소 가동이 중단될 수 있을 것이다.

해설

1

2008년, 유럽 배출 가스 기준의 유로 4등급부터 일부 대형 화물차 등 고출력 경유 엔진 차량에 요소수를 사용하기 시작했고 점진적으로 강화되는 환경 규제에 따라 중·소형 화물차에까지 확대되어 적용되었다. 현재 출고되는 대부분의 경유 엔진 차량에는 요소수가 반드시 필요하다.

2

요소수 부족이 장기화될 경우 산업 전반에 악영향이 미칠 수 있다. 요소수 부족으로 가장 먼저 타격을 입는 것은 물류 부문이다. 국내 경유 화물차들이 멈추게 되면 원자재, 제조품 등 물류 이동이 마비된다. 원자재와 제조품 이동이 막히면 공장은 중단 위기에 처하고, 해외에서 들여온 원자재를 제조공장에 옮길 수 없을 뿐만 아니라 공장에서 만들어 낸 제품을 다른 지역으로 운반할 수 없다. 이는 제조업뿐만 아니라 건설업, 무역업 등 모든 산업 부문을 넘어, 전 세계로 확대될 수 있는 문제이다. 소방·경찰·구급 등 긴급 차량, 군용차도 멈춘다. 청소차가 멈추면서 쓰레기 대란이 일어날 수 있다. 농·건설 기계 등도 요소수 부족으로 운행을 멈추게 된다. 요소수 부족은 경유차뿐만 아니라 휘발유, LPG 등을 이용하는 다른 차종에도 영향을 미친다. 휘발유와 LPG를 옮기는 탱크로리가 멈추면서 연료 운송이 힘들어진다. 항공기 급유도 경유 엔진 차량이 하므로 화석 연료를 사용하는 모든 교통수단이 타격을 입게 된다. 탱크로리 운행 중단으로 다른 화석 연료를 이용하는 산업, 시설, 가정도 영향을 받는다. LPG, 등유 등을 개별적으로 이용하는 지역에선 취사와 난방을 못 하게 된다. 화물차주들을 비롯해 요소수 부족으로 직·간접적 피해를 본 대다수가 일자리를 잃게 되면 대량 실직 사태로 국가 경제가 무너질 수도 있다. 우리나라의 요소수 대란 피해가 큰 이유는 높은 경유 엔진 차량 비율이 높은 것이다. 요소수의 원료인 요소의 국내 생산을 포기한 후 해외 수입에만 의존하며, 특히 한 국가에서 대부분을 수입하여 유사시를 대비하여 비축해 두지 않았기 때문이다. 일본이나 유럽은 요소를 자체 생산하고 있어 피해가 심각하지 않다.

97

1

전쟁으로 인해 농토가 파괴되어 곡물 수확량이 줄었고, 수출길이 차단되어 수출량이 줄었기 때문이다.

2

- 해외 농지를 개발한다.
- 여러 나라에서 곡물을 수입한다.
- 쌀 외에 다양한 곡물을 재배한다.
- 일모작을 하던 경지에 이모작을 하여 생산량을 늘린다.
- 유전자 편집 기술을 이용해 식물의 성능을 바꾸거나 향상시킨다.
- 해외 현지에서 곡물 터미널을 인수하여 국내로 곡물을 반입한다.
- 식물성 대체육이나 배양육, 대체 탄수화물 등 푸드테크 산업을 활성화한다.
- 주요 곡물의 균형 비축으로 전체 곡물 수요량의 일정량까지 국내 재고량을 유지한다.
- 디지털 육종 기술을 활용해 수량성과 내병성이 우수한 종자를 개발하고, 스마트 농업을 통해 단위 면적당 곡물 농사 생산성을 높인다. → 에그테크(AgTech＝농업＋기술)

해설

1

러시아가 우크라이나의 비옥한 농토를 초토화시켰을 뿐만 아니라 식량 수출길도 파괴했다. 항구 도시가 봉쇄되면 해상 운송이 막혀 전쟁 전에 수확한 곡물을 수출할 수 없다. 우크라이나 농산물의 주수입국인 유럽, 중국, 인도, 이집트, 터키는 우크라이나 외 지역에서 농산물을 사던가 대체재를 사야 하는데 물량 부족으로 전 세계 식량 가격이 전체적으로 오르게 되었다. 우크라이나는 집중 공격당한 농토 지역이 많고, 징병되고 수많은 사상자가 발생하여 농민으로 일할 사람도 부족하다. 또한, 도로, 철도, 항구가 파괴되어 마비된 상태이고, 도로 이곳저곳에 지뢰까지 깔려 있어 전쟁을 멈추더라도 정상적인 농업 활동을 하기까지 시간이 걸릴 것으로 예상되어 국제 식량 위기가 지속될 것으로 보인다. 러시아의 곡물 수출 봉쇄는 아프리카와 중동 등 저소득 국가들의 식량난을 부추기는 범죄 행위라는 비난을 받고 있다.

2

우리나라는 2020년 기준으로 사료용을 포함한 곡물 자급률 20.2 %로, 소비되는 곡물의 80 %를 해외에 의존한다. 쌀은 자급률이 92.8 %이므로 밥은 어떻게든 먹을 수 있겠지만 육류와 가공식품은 수급에 엄청난 문제가 생길 것이다. 소와 돼지, 닭을 기르는 데 필요한 사료의 원재료는 대부분 외국산 곡물이고, 우리나라 식품업계가 사용하는 원료 곡물의 80 %를 수입하기 때문이다. 우리나라의 곡물 자급률이 낮아진 것은 고도성장과 관련이 깊은데 1980년대와 1990년대

고도성장기를 거치며 농지 면적이 대폭 감소했기 때문이다. 전체 농지의 약 30 %가 공장과 아파트, 상가로 전환되었고, 곡물 생산량은 710만 톤에서 429만 톤으로 39.5 % 줄었다. 농지가 줄어 생산이 줄어드니 자급률은 떨어질 수밖에 없다. 또한, 육류 소비량이 늘어났고, 사료로 사용하는 곡물을 해외에서 수입했기 때문에 자급률이 더 낮아졌다. 해외에서 곡물을 수입하지 못할 위험성에 대비하려면 자급률을 높여야 한다. 하지만 개인 품목의 자급률이 100 % 이상이 되면 공급 과잉이 되어 정부가 시장 격리 등의 조치를 취해야 한다. 식량 안보는 농경지가 많다거나 식량 자급률이 높다고 해서 지켜지는 것이 아니다. 식량 수출(생산)과의 관계, 국가의 경제력과 국방력, 국제 사회에서의 위상, 곡물 수입선 다변화 정도, 해외 농업 투자 정도, 긴급 상황 발생 시 대처 능력과 수송 능력 등 식량 자급률 이외의 요소들이 더 큰 영향을 미친다. 해외농업개발 협회에 따르면 국내 206개 기업이 32개국에서 해외 농업을 펼치고 있으며, 이 중 29 %에 달하는 2만 3,975톤을 국내로 들여온다. 유전자 편집(GM) 식품은 유전자 변형(GM) 식품과 달리 다른 종의 유전자를 포함하지 않아 유전자 변형보다 덜 위험하다.

98

1
지구 온난화로 인해 온도가 일정 온도 이상으로 올라가면 C3 식물의 광호흡이 늘어나고, 광합성 효율이 감소하기 때문이다.

2
① 장점
• 대기 중 이산화 탄소 농도를 낮출 수 있다.
• 건조한 환경에서 잘 자라므로 물이 적게 필요하다.
• 벼가 자라는 환경보다 더 척박한 환경에서도 잘 자란다.
② 단점
• 생태계 교란의 위험성이 있다.
• 대를 이어 나타날 수도 있는 인체 위해성을 검증해야 한다.
• 특정 기업이나 국가가 독점하면 식량 안보에 위험을 초래할 수도 있다.

해설

1
기온이 일정 이상이 되면 식물의 광합성 효율은 줄어들지만 호흡률은 계속 증가한다. 따라서 지구 온난화로 기온이 올

라가면 처음에는 식물의 광합성 효율이 늘어 식물들의 탄소 흡수도 많아지지만, 일정 온도 이상에서는 광합성 효율이 줄고 호흡률이 늘어나므로 식물들의 탄소 배출이 늘어난다.

2
세계 여러 곳에서 C3 식물인 벼를 C4 식물로 바꾸는 연구를 하고 있다. 벼를 C4 식물로 바꾸면 이론상으로 쌀 생산량이 최대 150 %까지 늘어날 수 있다. C3 식물들은 햇빛이 강하고 기온이 높으면 광합성 효율이 떨어지고, C4 식물은 고온 건조한 환경에서도 적은 양의 이산화 탄소로 더 많은 유기물을 만든다. C3 식물인 벼, 밀, 보리, 콩, 감자, 토마토 등을 C4 식물로 바꾸면 수확량이 많을 뿐만 아니라 재배할 때 물도 적게 필요하다. 또한, 토양과 환경이 척박한 곳이나 식량난이 심각한 아프리카 사하라 사막 이남에서도 재배할 수 있다. 광합성 방식을 C4로 완전히 전환하려면 정밀한 유전자 조작을 거쳐 벼의 잎에 C4 작물 특유의 구조를 만들어 내야 한다. 그러나 아직 이 구조를 만드는 유전자들을 완벽히 파악하지 못한 상태다. 유전자 편집 기술이 더 발전하면 이 문제를 해결할 유전자 부위를 정확하게, 대량으로 조작할 수 있을 것이다. 연구자들은 약 15년 뒤에는 C4로 개량한 벼를 실용화할 수 있을 것으로 예상한다.

99

1
저축이 증가하고 소비가 감소하게 되므로 통화량이 줄어들어 물가 상승률이 낮아진다.

2
• 주가가 떨어진다.
• 부동산 가격이 떨어진다.
• 무역 적자로 경제 성장률이 낮아진다.
• 원화 가치가 하락하고 환율이 높아진다.
• 더 높은 수익률을 좇아 해외로 자금이 이탈한다.
• 수입 물가의 상승으로 소비자 물가가 더 높아진다.

해설

1
정부는 기준 금리를 이용해 물가를 관리한다. 물가가 오를 때는 통화량(공급량)이 늘어 상대적으로 통화 가치가 떨어진 것이므로 기준 금리를 올려 시중의 통화량을 흡수함으로써 물가를 떨어뜨린다. 반대로 물가가 내릴 때는 금리를 내

려 시중의 통화량을 늘림으로써 물가를 올린다. 기준 금리를 올리면 콜금리 등 단기 시장 금리가 즉시 상승하고 은행 예금 및 대출 금리도 대체로 상승하며 장기 시장 금리도 상승 압력을 받는다. 그리고 이와 같은 금리 상승은 예금 이자 수입은 증가시키지만 대출 이자가 늘어나므로 가계의 저축 증가와 소비 감소로 이어진다. 또, 기업 역시 이자 부담으로 인해 투자를 줄이게 되므로 경제 성장이 둔화되고 물가가 낮아진다. 기준 금리 변경은 주식, 채권, 부동산과 같은 자산 가격에도 영향을 미친다. 금리를 올리면 이와 같은 자산을 통해 얻을 수 있는 미래 수익의 현재 가치가 낮아지면서 자산 가격이 하락한다. 기준 금리는 환율에도 영향을 미친다. 다른 나라의 금리가 변동하지 않은 상태에서 우리나라의 금리가 올라가면 국내 원화 표시 자산의 수익률이 상대적으로 높아져 해외 자본이 유입된다. 이는 곧 원화 가치의 상승으로 이어지고, 원화 표시 수입품 가격을 하락시켜 수입품에 대한 수요를 증가시킨다. 이 밖에 기준 금리 인상은 한국은행이 물가 상승률을 낮추기 위한 조치로 해석되어 기대 인플레이션을 하락시키며, 결국 실제 물가 상승률을 하락시킨다. 기준 금리를 내리면 시중 은행 이자도 같이 내려가므로 은행 예금 이자 수입은 줄어든다. 그러나 은행들은 기업과 개인에게 더 싸게 돈을 대출해 줄 수 있기 때문에 여러 경제 주체의 투자와 소비가 늘어나고, 경제 성장이 활성화되며 물가가 오르는 인플레이션 현상이 발생한다. 주식과 부동산에 대한 수요도 증가하면서 자산 가격이 상승한다.

2

달러는 세계 어느 곳에서나 가장 가치를 인정받는 재화이다. 미국이 기준 금리를 올리면 세계의 돈은 안전 자산인 달러 선호 현상으로 달러 가치가 높아진다. 기준 금리가 계속 상승할 것으로 예상되면 달러 가치가 앞으로도 올라갈 것으로 예상되어 달러 선호 현상은 가속화되고 다른 나라의 통화 가치는 하락한다. 미국 기준 금리가 오르면 달러의 가격인 환율이 오르고 환율 상승은 수입 물가의 상승으로 이어진다. 우리나라 기준 금리가 미국 기준 금리와 같거나 더 낮아지면 더 높은 수익률을 좇아 외국인 투자자 자금이 빠져나가면서 원화 가치가 하락한다. 원화 약세는 수입 물가 상승으로 이어져 오히려 소비자 물가를 더 끌어올리는 요인으로 작용한다. 전쟁으로 달러 가치가 상대적으로 높아지고 있고 미국이 인플레이션을 잡기 위해서 금리를 인상하고 있으므로 원화의 가치는 상대적으로 계속 떨어질 수밖에 없다.

100

1
- 우리나라 전체 가구 수:
  약 5,000만÷2.5=약 2,000만 (가구)
- 일주일 동안 팔리는 치킨 수:
  약 2,000만÷2=약 1,000만 (마리)
- 하루 동안 팔리는 치킨 수: 약 1,000만÷7=143만 (마리)

2
① 필요한 조건
- 치킨 가게가 유지되기 위해 하루에 팔아야 하는 치킨 수:
  약 50마리
- 한 달 동안 치킨 가게의 영업일 수: 약 30일
② 치킨 가게의 수
- 한 달 동안 한 치킨 가게에서 파는 치킨 수:
  약 50×약 30=약 1,500 (마리)
- 한 달 동안 우리나라에서 팔리는 치킨 수:
  약 143만×약 30=약 4,290만 (마리)
- 치킨 가게의 수
  약 4,290만÷약 1,500=약 28,600 (개)

최신 기출문제

01 사고력
(1) T H H T H T T H
(2) H

[해설]

(2) H T T H T H H T → H T T H → H T → H

02 사고력
(1) 11번
(2)

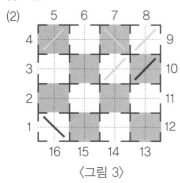

〈그림 3〉

[해설]

홀수 번째로 통과하는 방은 가림판의 모양이 바뀌고, 짝수 번째로 통과하는 방은 가림판의 모양이 그대로이다.

(1)

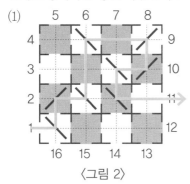

〈그림 2〉

(2)

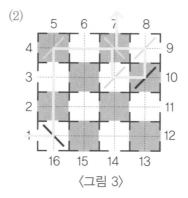

〈그림 3〉

03 사고력

① **과학적 탐구 방법**

두 용액을 냉장고의 냉동실(영하 5 ℃ 설정)에 동시에 넣고 3시간 후 확인한다.

실험 결과

얼지 않은 용액은 묽은 염산, 얼거나 살얼음이 있는 용액은 수산화 나트륨 수용액이다.

② **과학적 탐구 방법**

두 용액을 스포이트를 이용하여 푸른색 리트머스 종이에 한 방울씩 떨어뜨린 후 변화를 관찰한다.

실험 결과

푸른색 리트머스 종이가 붉게 변한 용액은 묽은 염산, 변화가 없는 용액은 수산화 나트륨 수용액이다.

③ **과학적 탐구 방법**

두 용액과 페놀프탈레인 지시약의 반응을 확인한다.

실험 결과

페놀프탈레인 지시약의 색이 붉게 변한 용액은 수산화 나트륨 수용액, 변화가 없는 용액은 묽은 염산이다.

④ **과학적 탐구 방법**

두 용액과 달걀 껍데기의 반응을 확인한다.

실험 결과

달걀 껍데기와 반응하면서 기포가 발생하는 용액은 묽은 염산, 변화가 없는 용액은 수산화 나트륨 수용액이다.

⑤ **과학적 탐구 방법**

20 ℃의 두 용액의 10 mL를 전자저울로 측정하여 무게를 비교한다.

실험 결과

용액의 무게가 약 11.1 g이면 수산화 나트륨 수용액, 약 10.5 g이면 묽은 염산이다.

04 사고력

765432, 876432, 975432, 976542, 986532, 987432, 987642, 987654

해설

6의 배수가 되려면 2의 배수이면서 3의 배수이어야 한다. 2의 배수가 되려면 일의 자리의 수가 짝수이어야 하고, 3의 배수가 되려면 각 자리의 수의 합이 3의 배수이어야 한다. 이때 각 자리의 수의 크기가 점점 작아지면서 2의 배수인 여섯 자리의 수가 되려면 일의 자리의 수는 2 또는 4이어야 한다.

(i) 일의 자리의 수가 2인 경우

조건 ②와 ③을 만족하는 자연수는 765432 이상이거나 987652 이하이므로 각 자리 수의 합은 27 이상이거나 37 이하이어야 한다. 이때 3의 배수가 되려면 일의 자리의 수인 2를 제외한 나머지 자리의 수의 합이 25, 28, 31, 34가 되어야 한다.

- 나머지 자리의 수의 합이 25인 경우: 765432
- 나머지 자리의 수의 합이 28인 경우: 876432, 975432
- 나머지 자리의 수의 합이 31인 경우: 976542, 986532, 987432
- 나머지 자리의 수의 합이 34인 경우: 987642

(ii) 일의 자리의 수가 4인 경우: 987654

따라서 조건을 만족하는 자연수 n은 765432, 876432, 975432, 976542, 986532, 987432, 987642, 987654이다.

05 사고력

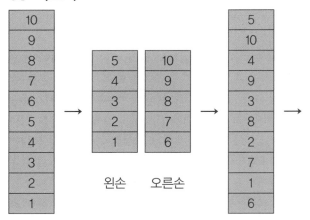

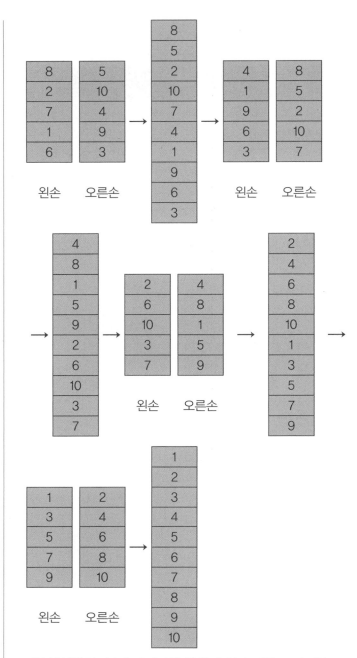

5번 반복하면 1부터 10까지의 쌓인 순서가 거꾸로 바뀌었으므로 5번 더 반복하면 처음과 같은 순서로 카드가 쌓이게 된다. 따라서 10번 반복하면 처음과 같은 순서로 카드가 쌓이게 된다.

06 창의성

(1) 〈그림 1〉

- 아이디어: 세면대에서 사용한 물을 모아 변기 세척 용수로 사용한다.
- 장점: 물을 절약할 수 있다.
- 단점: 변기에 고여 있는 물이 깨끗하지 않다.

〈그림2〉
- 아이디어: 물을 사용하면 금붕어 모형이 있는 어항의 물이 줄어든다.
- 장점: 어항에 금붕어 모형이 떠 있는 위치를 보고 물이 줄어드는 것을 알 수 있어 물을 절약할 수 있다.
- 단점: 어항을 세척해야 한다.

(2) • 발명품명: 물 절약 세면대와 변기
- 발명품 아이디어 설명과 그림: 변기의 물탱크를 2단으로 나누어 아래층에는 세면대에서 사용한 물을 채우고 위층에는 깨끗한 물을 채운다. 변기의 물을 내리면 처음에는 아래층에 채워진 물이 나오고 이어 위층에 채워진 물이 나온다. 그러면 세면대에서 사용한 물은 변기를 세척한 후 하수구로 빠져나가고, 변기에는 위층에서 나온 깨끗한 물만 남는다.

사용한 물
깨끗한 물

- 발명품의 평가
  - 창의성: 기존에 없던 새로운 세면대와 변기를 만들었다.
  - 경제성: 물을 절약할 수 있다.
  - 실용성: 변기에 고여 있는 물이 깨끗하므로 화장실이 깔끔하고 깨끗하다.

07 사고력

A 지역은 해류의 영향으로 겨울에는 따뜻하고 여름에는 시원하다. 그러나 지구 온난화로 인해 빙하가 녹으면 해류의 움직임이 약해져 저위도와 고위도 지방의 기온차가 심해진다. 따라서 겨울에는 더 추워지고 여름에는 더 더워지며 여름에는 강력한 태풍이 만들어질 것이다.

해설

바닷물의 흐름을 해류라고 하고, 해류는 바람에 의한 표층 순환과 밀도차에 의한 심층 순환으로 나눌 수 있다. 표층 해류는 저위도에서 고위도로 흐르는 난류와 고위도에서 저위도로 흐르는 한류로 나눌 수 있다. 심층 순환은 극지방의 밀도가 큰 바닷물이 가라앉아 적도 지방으로 이동하면서 데워지고, 적도 지방에서 위로 올라온 후 표층 해류를 따라 다시 극지방으로 이동하며 위도별 에너지 차를 줄여준다.

바다와 가까운 지역은 해류의 영향을 받아 같은 위도의 대륙 중앙보다 여름에 시원하고 겨울에 따뜻하다. 만약 지구 온난화로 인해 빙하가 녹으면 극지방 주변 해수의 밀도가 낮아진다. 이로 인해 극지방과 적도 지방 주변 해수의 밀도 차가 적어져 심층 순환이 잘 일어나지 않아 고위도와 저위도 지방의 기온차가 심해진다. 또한, 극지방에서 아래로 가라앉지 못한 해수는 표층 해류가 되어 저위도 지방으로 내려오며 한류를 강화하므로 중위도 해안가 지방의 기온이 매우 낮아진다.

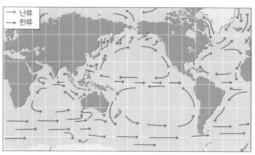

→ 난류
→ 한류

〈표층 순환〉

→ 표층 해류
→ 심층 해류

〈심층 순환〉

08 사고력

- D가 맞힌 문항번호: 1번, 2번, 7번, 8번, 9번 / 정답의 수: 5개
- E가 맞힌 문항번호: 1번, 6번, 10번 / 정답의 수: 3개

문항번호	1	2	3	4	5
정답	○	○	○	×	×

문항번호	6	7	8	9	10
정답	○	○	×	×	○

해설

A, B, C의 과반수가 정답이라고 표시한 것을 표로 나타내면 다음과 같다.

문항번호 학생	1	2	3	4	5
A	○	○	×	×	×
B	○	×	○	×	○
C	×	○	○	×	×
과반수	○	○	○	×	×

문항번호 학생	6	7	8	9	10
A	×	○	×	○	○
B	○	×	×	×	○
C	○	○	○	×	×
과반수	○	○	×	×	○

이때 과반수가 정답이라고 표시한 것이 정답일 경우 A, B, C 모두 7개를 맞춘 것이 되므로 정답표는 다음과 같다.

문항번호	1	2	3	4	5
정답	○	○	○	×	×

문항번호	6	7	8	9	10
정답	○	○	×	×	○

따라서 D가 맞힌 문항번호는 1번, 2번, 7번, 8번, 9번이고 정답의 수는 5개이며, E가 맞힌 문항번호는 1번, 6번, 10번이고 정답의 수는 3개이다.

09 사고력

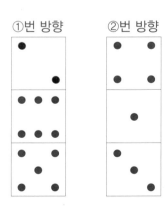

①번 방향　②번 방향

해설

3층 주사위 윗면의 눈의 수가 1인 반대쪽 면에 올 수 있는 눈의 수는 3 또는 4이다. 그런데 2층 주사위 옆면의 눈의 수가 4인 면이 있으므로 3층 주사위와 2층 주사위가 만나는 면에 있는 눈의 수의 합이 8이 되려면 눈의 수가 1인 반대쪽 면의 눈의 수는 3이고, 2층 주사위 윗면의 눈의 수는 5이다. 따라서 주어진 주사위의 전개도를 그림으로 나타내면 다음과 같다. 2층 주사위 아랫면의 눈의 수가 2이므로 1층 주사위 윗면의 눈의 수는 6이다.

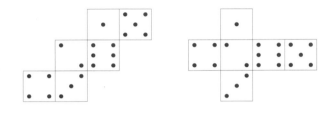

10 사고력

먼저 시작한 사람이 마지막 동전을 옮기기 위해서는 동전이 이동한 칸의 수를 모두 합한 값이 홀수가 되어야 한다. 3개의 동전이 이동해야 하는 칸은 3, 5, 7칸이므로 3개의 동전 중 2개의 동전이 서로 같은 칸에 들어가서 이동하지 않도록 동전을 옮겨야 한다.

해설

동전 2개가 같은 칸에 들어가게 되면 동전이 이동하는 칸의 수가 짝수가 된다.

11 창의성

① 전자기 밧줄로 우주쓰레기의 속도를 줄여 지구 대기권으로 떨어뜨려서 태워 없어지게 한다.

② 레이저를 발사하여 떠다니는 우주쓰레기를 지구 대기권으로 떨어뜨려서 불타 없어지게 한다.

③ 우주에 큰 자석을 띄워 우주쓰레기를 끌어당겨 모은 후 지구 대기권으로 떨어뜨려서 태워 없어지게 한다.

④ 그물이나 로봇팔, 집게로 우주쓰레기를 붙잡아 지구 대기권으로 떨어지게 하거나 지구 중력권을 벗어나도록 멀리 던져 없어지게 한다.

⑤ 청소 위성을 발사해 우주쓰레기를 수거한 다음 지구 대기권에 떨어뜨리거나 원심력을 이용해서 우주쓰레기를 대기권 밖으로 날려 버린다.

12 사고력

물질	기준 (가)
1	금속인 원소
2	전기음성도가 1 이하인 원소
3	반지름이 100 pm 이상인 원소

물질	기준 (나)
1	밀도가 $1\,g/cm^3$ 이하인 원소
2	밀도가 $1\,g/cm^3$ 이하인 원소
3	밀도가 $1\,g/cm^3$ 이하인 원소

해설

리튬과 나트륨의 공통적인 성질은 고체이고 금속이면서 반지름이 100 pm 이상이고, 전기음성도는 1 이하, 밀도는 $1\,g/cm^3$ 이하인 원소이다.

13 창의성

① 바닷물에서 소금을 빼면 담수가 플러스다.

② 비만인 사람이 살을 빼면 건강이 플러스다.

③ 아파트에서 층간 소음을 빼면 행복함이 플러스다.

④ 제품에서 과대 포장을 빼면 지구 환경에 플러스다.

⑤ 음식을 포장할 때 공기를 빼면 신선함이 플러스다.

⑥ 길거리에 떨어진 쓰레기를 빼면 깨끗함이 플러스다.

⑦ 생활 속 플라스틱 사용을 빼면 지구 환경에 플러스다.

⑧ 소 방귀에서 메테인 가스를 빼면 지구 환경에 플러스다.

⑨ 공기 중에 떠 다니는 미세먼지를 빼면 건강함이 플러스다.

⑩ 식품을 보관할 때 공기를 빼면 식품 보관 기간이 플러스다.

⑪ 콘센트에서 쓰지 않는 플러그를 빼면 전기 절약이 플러스다.

14 사고력

• 시작 신호에 맞춰 네 명이 동시에 힘을 써서 초반에 많이 이동시킨다.

• 힘의 합력이 커지도록 네 명의 줄이 이루는 각도를 되도록 작게 한다.

• 뒤로 밀려가지 않도록 몸을 최대한 앞으로 기울여 무게중심을 앞쪽으로 한다.

• 상대방의 힘의 합력 방향과 정반대 방향이 아닌 비스듬하게 하여 중앙의 원이 우리 편으로 조금 움직이도록 방향을 조절한다.

• 작용점이 바닥에 있으므로 힘이 잘 작용할 수 있도록 최대한 몸을 바닥에 가까이 하면서 앞으로 움직인다.

• 반작용이 크게 작용할 수 있도록 바닥에 홈을 내서 발과 손으로 홈을 반대로 밀면서 앞으로 이동한다.

해설

감내 게줄당기기는 네 명이 함께 힘의 방향을 조절하고, 힘의 합력을 크게 하여 목표 지점까지 줄을 더 많이 끌어간 편이 이기는 게임이다. 힘 사이의 각도가 작을수록 힘의 합력이 커지고, 힘의 작용하는 방향으로 힘을 작용해야 손실되는 힘을 줄일 수 있다.

01

(1) $2a$, 금속 공과 바닥 사이의 마찰을 무시하면 높이 h에 있는 금속 공의 위치 에너지는 수평으로 굴을 깊이 a만큼 뚫는 데 이용된다. 금속 공을 처음 위치로 올린 후 한 번 더 떨어뜨리면 깊이 a만큼 더 뚫리므로 굴의 총 깊이는 $2a$가 된다.

(2) $\dfrac{b(h+b)}{h}$, 높이 h에 있는 금속 공의 위치 에너지는 수직으로 굴을 깊이 b만큼 뚫는 데 이용되고, 금속 공을 처음 위치로 올린 후 한 번 더 떨어뜨리면 높이 $(h+b)$에 있는 공의 위치 에너지가 수직으로 굴을 뚫는 데 이용된다.

수직으로 굴을 뚫는 힘을 F라고 하면,

$mgh = Fb$, $F = \dfrac{mgh}{b}$ 이다. 금속 공을 처음 위치로 올린 후 한 번 더 떨어뜨릴 때 뚫린 굴의 깊이를 x라고 하면,

$mg(h+b) = Fx$,

$x = mg(h+b) \times \dfrac{1}{F} = mg(h+b) \times \dfrac{b}{mgh} = \dfrac{b(h+b)}{h}$

이다.

02

• 램프 회로

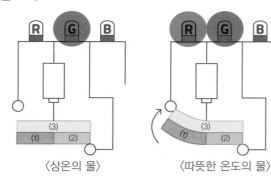

〈상온의 물〉　　　　〈따뜻한 온도의 물〉

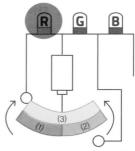

〈뜨거운 온도의 물〉

• 작동 원리: 상온의 물에서는 초록색 발광 다이오드만 연결되어 초록색 빛이 난다.

따뜻한 온도의 물에서는 금속 막대 1과 금속 막대 3을 붙인 부분은 두 금속 막대 길이의 늘어난 정도 차이가 0.2 cm이므로 금속 막대 3쪽으로 휘어져 빨간색 발광 다이오드와 연결되고, 금속 막대 2와 금속 막대 3을 붙인 부분은 두 금속 막대 길이의 늘어난 정도 차이가 0.1 cm이므로 바이메탈의 변화가 없어 초록색 발광 다이오드와도 연결된다. 따라서 빨간색과 초록색 빛이 합쳐져 노란색 빛이 난다.

뜨거운 온도의 물에서는 금속 막대 1과 금속 막대 3을 붙인 부분은 두 금속 막대 길이의 늘어난 정도 차이가 0.4 cm이므로 금속 막대 3쪽으로 휘어져 빨간색 발광 다이오드와 연결되고, 금속 막대 2와 금속 막대 3을 붙인 부분은 두 금속 막대 길이의 늘어난 정도 차이가 0.2 cm이므로 금속 막대 3쪽으로 휘어져 초록색 발광 다이오드와 연결이 끊어져 빨간색 빛이 난다.

03

(1)

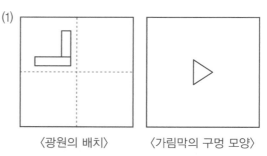

〈광원의 배치〉　　　　〈가림막의 구멍 모양〉

(2) • (A): 가림막의 위치는 그대로 두고, 구멍 크기를 작게 한다.

• (B): 가림막의 구멍 크기를 작게 하고, 가림막과 스크린 사이의 거리를 가깝게 한다.

해설

(1) 광원에서 나온 빛이 구멍을 통과하면 상하좌우가 반전된 모양으로 보인다. 점광원이 왼쪽에서 오른쪽으로 한 개씩

커지면 왼쪽 방향으로 삼각형 모양을 한 개씩 만들고, 오른쪽 끝에서 위쪽으로 한 개씩 켜지면 아래쪽으로 삼각형 모양을 한 개씩 만들어 상하좌우가 반전된 모양이 된다.

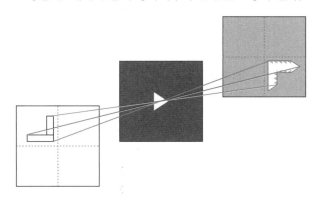

(2) 상의 두께는 가림막의 구멍 크기와 관련 있고, 상의 길이는 가림막과 스크린 사이의 거리와 관련 있다. 구멍 크기가 커지면 상의 두께가 두꺼워지고, 구멍 크기가 작아지면 상의 두께가 가늘어진다. 가림막과 스크린 사이의 거리가 가까우면 상의 길이가 짧아지고, 가림막과 스크린 사이의 거리가 멀어지면 상의 길이가 길어진다.

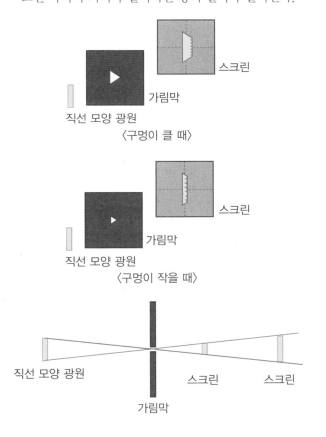

04

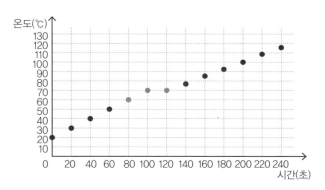

해설

열량계에서 액체 A가 잃은 열의 양과 금속 M이 얻은 열의 양은 같으므로

$c_A \times 0.1 \times (70-60) = c_M \times 0.1 \times (60-20)$,

$c_A \times 0.1 \times 10 = c_M \times 0.1 \times 40$, $c_A = 4c_M$이다.

20 ℃ 액체 A 100 g을 1초당 0.1 kJ의 열량을 일정하게 공급했을 때 100초 후에 70 ℃가 되었으므로

100초 동안 공급된 열량은 $0.1 \times 100 = 10$ (kJ)이고,

$c_A \times 0.1 \times (70-20) = 10$, $c_A \times 0.1 \times 50 = 10$,

$c_A = 2$ (kJ/kg℃)이므로 $c_M = 0.5$ (kJ/kg℃)이다.

0초부터 100초까지 액체 A는 20초당 10 ℃씩 온도가 일정하게 상승한다.

계속 가열하면서 100초일 때 20 ℃ 금속 M 100 g을 액체 A에 넣고, 20초 후에 액체 A의 온도가 변하지 않았으므로 공급한 열량은 모두 금속 M의 온도를 높이는 데 사용되었다.

120초일 때 금속 M의 온도를 T_1이라고 하면

$0.5 \times 0.1 \times (T_1-20) = 0.1 \times 20$, $0.5T_1 = 30$, $T_1 = 60$ (℃)이다.

120~140초 동안 공급한 열량은 액체 A와 금속 M의 온도를 높이는 데 사용되며 140초일 때 온도를 T_2라고 하면

$2 \times 0.1 \times (T_2-70) + 0.5 \times 0.1 \times (T_2-60) = 0.1 \times 20$,

$2.5T_2 = 190$, $T_2 = 76$ (℃)이다.

140~160초 동안 공급한 열량은 액체 A와 금속 M의 온도를 높이는 데 사용되며 160초일 때 온도를 T_3이라고 하면

$2 \times 0.1 \times (T_3-76) + 0.5 \times 0.1 \times (T_3-76) = 0.1 \times 20$,

$2.5(T_3-76) = 20$, $T_3 = 84$ (℃)이다.

160초 이후에는 240초까지 20초마다 액체 A와 금속 M의 온도가 8 ℃씩 일정하게 높아진다.

시간(초)	140	160	180	200	220	240
온도(℃)	76	84	92	100	108	116

05

(1) ① 병 안의 공기가 가열되어 부피가 팽창한다.

② 병 안의 공기의 부피가 팽창하여 병 밖으로 빠져나오므로 병 입구 가장자리에 기포가 발생한다.

③ 촛불이 탈수록 병 안의 산소의 양이 점점 줄어들므로 촛불의 크기가 점점 작아진다.

④ 병 안의 산소가 촛불을 연소시킬 수 있는 최소 농도 이하가 되면 촛불이 꺼진다.

⑤ 촛불이 꺼지면 병 안의 공기가 식어 부피가 줄어들고 수증기가 액화되어 병 안의 공기의 압력이 줄어든다.

⑥ 상대적으로 병 밖의 공기의 압력이 더 높으므로 물이 병 안으로 빨려 올라간다.

(2) • 실험 1

〈실험 과정〉

① 물이 담긴 접시의 중앙에 불이 붙은 양초를 세우고 병을 거꾸로 덮는다.

② 물이 빨려 올라갈 때까지 기다린 후 물의 높이를 표시한다.

③ 병 위에 얼음을 올려 병 안의 공기를 더 차갑게 한다.

〈실험 결과〉

얼음에 의해 병 안의 공기가 더 차가워지면 병 안으로 물이 더 빨려 올라가 물의 높이가 높아진다. 이를 통해 물이 빨려 올라가는 이유는 열 때문임을 알 수 있다.

• 실험 2

〈실험 과정〉

① 물이 담긴 접시의 중앙에 불이 붙은 양초를 세우고 병을 거꾸로 덮는다.

② 물이 빨려 올라갈 때까지 기다린 후 물의 높이를 표시한다.

③ 병을 헤어드라이어로 가열해 공기를 가열한다.

〈실험 결과〉

헤어드라이어로 가열해 병 안의 공기가 가열되면 병 안으로 들어간 물이 밖으로 빠져나와 물의 높이가 낮아진다. 이를 통해 물이 빨려 올라가는 이유는 열 때문임을 알 수 있다.

• 실험 3

〈실험 과정〉

① 병 바닥에 구멍을 뚫고 산소 농도 측정기와 밸브가 있는 산소 주입기를 설치한 후 밸브를 잠근다.

② 물이 담긴 접시의 중앙에 불이 붙은 양초를 세우고 병을 거꾸로 덮은 후 곧바로 병 안의 산소 농도를 측정한다.

③ 양초가 꺼진 후 산소 주입기 밸브를 열어 처음 산소 농도가 될 때까지 산소를 넣어 주고 밸브를 잠근다.

〈실험 결과〉

산소 주입기 밸브를 열어 산소 농도를 처음 산소 농도와 같게 맞추어도 시간이 지나 병 안의 공기가 식으면 물이 병 안으로 빨려 올라간다. 따라서 물이 빨려 올라가는 이유는 열 때문임을 알 수 있다.

해설

(1) 파라핀이 연소하면 파라핀의 탄소 원자(C) 1개와 산소 분자(O_2) 1개가 결합하여 이산화 탄소 분자(CO_2) 1개를 만들고, 파라핀의 수소 원자(H) 4개와 산소 분자(O_2) 1개가 결합하여 수증기 분자(H_2O) 2개를 만들며 온도가 낮아지면 수증기는 액화되어 물이 된다. 따라서 촛불이 타기 전과 후의 기체 분자의 수는 크게 변하지 않는다.

(2) 공기 중에는 약 21 %의 산소가 있는데 공기 중의 산소 함량이 15~16 % 이내로 감소하면 연소 반응이 중지된다.

06

(1) ① (물, 에탄올, 식용유, MX_2) 혼합물을 분별 깔때기에 넣고 밀도 차를 이용해 식용유를 분리한다.

② (물, 에탄올, MX_2) 혼합물을 증류 장치에 넣고 끓는점 차를 이용해 에탄올을 분리한다.

③ (물, MX_2) 혼합물을 증발시켜 용해도 차를 이용해 MX_2를 분리한다.

(2) MX_2는 녹는점과 끓는점이 높고 물에 잘 녹으므로 이온 결합 물질이며, 양이온(M^{2+})은 금속 이온이고, 음이온(X^-)은 비금속 이온이다.

① 금속 이온인 양이온(M^{2+})을 확인하는 방법: 도가니에 적당한 크기의 솜을 넣은 후 에탄올로 충분히 적신 다음, MX_2를 조금 넣고 점화기로 불을 붙여 불꽃색을 확인한다.

② 비금속 이온인 음이온(X^-)을 확인하는 방법: MX_2 수용액에 질산 은($AgNO_3$) 수용액을 2~3방울 떨어뜨리고 앙금이 생성되는지 확인한다.

(3) 이온 수

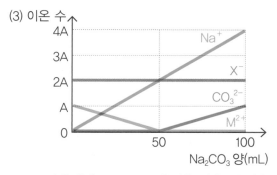

MX$_2$ 수용액에 Na$_2$CO$_3$ 수용액을 넣을 때 반응식은 다음과 같다.

MX$_2$ + Na$_2$CO$_3$ → 2NaX + MCO$_3$↓

MX$_2$ 수용액 50 mL에 있는 MX$_2$의 개수를 A라고 하면 Na$_2$CO$_3$ 수용액 100 mL에 있는 Na$_2$CO$_3$의 개수는 2A이다.

• M^{2+}의 개수 변화: 처음에는 A이고, Na$_2$CO$_3$ 수용액을 50 mL만큼 넣을 때까지 MCO$_3$ 앙금을 생성하므로 개수가 점점 줄어들어 0이 된다.

• X$^-$의 개수 변화: 1개의 MX$_2$가 이온화되면 2개가 생성되므로 처음에는 2A이고, 반응에 참여하지 않으므로 계속 2A이다.

• Na$^+$의 개수 변화: 처음에는 없고, 1개의 Na$_2$CO$_3$가 이온화되면 2개가 생성되고 반응에 참여하지 않으므로 일정하게 증가하여 Na$_2$CO$_3$ 수용액을 100 mL 넣었을 때 4A가 된다.

• CO$_3^{2-}$의 개수 변화: 처음에는 없고, Na$_2$CO$_3$ 수용액을 50 mL만큼 넣을 때까지는 MCO$_3$ 앙금을 생성하므로 개수가 0이고 Na$_2$CO$_3$ 수용액을 100 mL 넣었을 때 A가 된다.

Na$_2$CO$_3$의 양(mL)		0	50	100
이온 수	M^{2+}	A	0	0
	X$^-$	2A	2A	2A
	Na$^+$	0	2A	4A
	CO$_3^{2-}$	0	0	A

(4) 온도(℃)

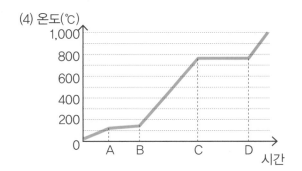

• 처음~구간 A: MX$_2$ 수용액의 온도가 점점 높아진다.
• 구간 A~B: 혼합물이므로 100 ℃보다 조금 높은 온도에서 물이 끓기 시작하고, 물이 끓는 동안 수용액의 농도가 점점 진해지므로 온도가 조금씩 높아진다.
• 구간 B~C: 고체 상태의 MX$_2$의 온도가 점점 높아진다.
• 구간 C~D: 772 ℃가 되면 고체 MX$_2$가 녹기 시작하고, 순물질이므로 온도가 일정하게 유지된다.
• 구간 D 이후: 액체 상태의 MX$_2$의 온도가 점점 높아진다.

해설

(2) 불꽃색이 빨간색이면 리튬(Li), 보라색이면 칼륨(K), 노란색이면 나트륨(Na), 빨간색이면 스트론튬(Sr), 청록색이면 구리(Cu), 주황색이면 칼슘(Ca)이다. MX$_2$ 수용액에 질산 은(AgNO$_3$) 수용액을 2~3방울 떨어뜨렸을 때 흰색 앙금이 생긴다면 X$^-$는 염화 이온(Cl$^-$)이다.

(4) 순물질은 끓는점과 녹는점(어는점)이 일정하다. 하지만 혼합물은 각 성분 물질보다 높은 온도에서 끓기 시작하고 끓는 동안 온도가 계속 높아지며, 각 성분 물질보다 낮은 온도에서 얼기 시작하고 어는 동안 온도가 계속 낮아진다.

07

(1) ① 눈으로 시험지의 문제를 읽는다.
② 시각 자극은 시각 신경을 통해 중추 신경인 대뇌로 전달된다.
③ 대뇌는 문제를 해석하고 종합적으로 판단하여 답안을 정리한 후 명령을 내린다.
④ 대뇌의 명령은 척수를 지나 운동 신경을 통해 손의 근육으로 전달된다.
⑤ 손의 근육이 움직여 답안을 작성한다.

(2) 호르몬에 의한 작용은 자극 전달 매체가 혈액이므로 반응 속도가 느리지만, 적용 범위가 넓고 효과가 오래 지속된다. 신경에 의한 작용은 자극 전달 매체가 뉴런이므로 반응 속도가 빠르지만 적용 범위가 좁고 효과가 오래 지속되지 않는다.

(3) • (가): 이 동물은 기온이 낮아지면 피부에서 온도 변화를 받아들이고 신경계를 통해 간뇌로 전달한다. 간뇌의 명령은 신경계를 통해 세포의 물질대사를 촉진시켜 열 발생량을 증가시키고 호르몬을 통해 피부 근처 모세 혈관을 수축시켜 열 방출량을 줄여 체온을 일정하게 조절한다.

- (나): 신경계에 의한 작용은 빠르고 호르몬에 의한 작용은 느리므로 이 동물은 기온이 낮아질 때 혈관을 통한 열 방출량을 빠르게 줄이지 못하고, 세포의 물질대사가 빠르게 일어나므로 에너지 소비량이 많다. 따라서 이 동물의 체온 조절 방법은 사람보다 불리하다.

(4) 뉴런이 활발하게 분열하여 수가 매우 많아진다면 뉴런 사이의 연결이 혼란스러워 신경계가 정상적인 기능을 수행하는 데 방해가 될 수 있으므로 이미 있는 뉴런들이 더 잘 연결되고 효율적으로 작동하도록 가지치기 형태로 성장한다.

해설

(1) 대뇌가 관여하며, 자신의 의지에 따라 일어나는 의식적인 반응의 경로는 '자극 → 감각기 → 감각 신경 → (척수) → 대뇌 → (척수) → 운동 신경 → 반응기 → 반응'이다. 자극에 대해 무의식적으로 일어나는 무조건 반사의 반응의 경로는 '자극 → 감각기 → 감각 신경 → 척수, 연수, 중간뇌 → 운동 신경 → 반응기 → 반응'이다. 척수, 연수, 중간뇌가 관여하고 대뇌를 거치지 않기 때문에 반응이 빠르게 일어나 위급한 상황에서 몸을 보호할 수 있다.

(2) 호르몬은 세포나 기관으로 신호를 전달하는 화학 물질이다. 호르몬의 표적 세포에는 특정 호르몬을 인식하는 수용체가 있어 각 호르몬은 자신의 수용체가 있는 세포에만 작용한다. 뉴런은 축삭 돌기 말단에서 다음 뉴런이나 반응기 쪽으로 신경 전달 물질이 분비되므로 자극이 일정한 방향으로 전달된다. 우리 몸에서는 신속한 신호 전달과 일시적인 반응이 일어나도록 하는 신경계와 느리지만 지속적으로 반응이 일어나도록 하는 호르몬의 상호 작용으로 항상성이 유지된다.

(3) 사람은 주변 온도가 변하면 피부에서 온도 변화를 받아들이고 신경계를 통해 간뇌로 전달한다. 간뇌의 명령은 신경계와 호르몬에 의해 여러 기관으로 전달되며, 각 기관의 작용으로 체온을 일정하게 유지한다. 기온이 내려가 추운 경우에는 신경계를 통해 근육을 떨리게 하고 피부 근처 모세 혈관을 수축시켜 열 방출량을 줄이고, 호르몬의 작용을 통해 세포의 물질대사가 촉진되면 열 발생량이 증가해 체온을 일정하게 조절한다. 반대로 기온이 올라 더운 경우에는 신경계를 통해 땀 분비를 촉진하고 피부 근처 혈관을 확장시켜 열 방출량을 늘리고, 호르몬의 작용을 통해 세포의 물질대사를 억제해 열 발생량을 줄인다.

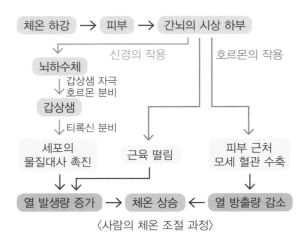
〈사람의 체온 조절 과정〉

(4) 뉴런은 신경계를 구성하는 단위가 되는 신경 세포로, 자극을 받아 반응이 일어나기까지 정보를 전달한다. 뉴런은 일반 세포와는 다르게 세포 분열로 증가하지 않는다. 대부분의 뉴런은 우리가 태어날 때 형성되며 이후에는 새로운 뉴런이 생성되지 않는다. 뉴런의 수가 매우 많아지면 뉴런 사이의 연결이 혼란스러워 신경계가 정상적인 기능을 수행하는 데 방해가 될 수 있으므로, 뉴런은 일반 세포처럼 분열하지 않고 이미 있는 뉴런들이 더 잘 연결되고 효율적으로 작동하도록 가지치기 형태로 성장한다. 신경 세포, 혈구 세포, 근육 세포처럼 특정 기능을 갖도록 완전히 분화된 세포는 분열하지 않는다.

08

(1) • 혈압 관계: (가)>(나), (다)<(라)
   • 이유: 지구에서는 중력이 작용하므로 심장보다 높은 곳을 순환하는 A의 혈압이 C의 혈압보다 높지만, 우주정거장에서는 온몸의 혈압이 모두 같다.

(2) 지상에서는 중력이 작용하므로 심장보다 낮은 위치의 혈관 C와 D에 혈액량이 많지만, 중력이 없는 우주정거장에서는 몸 어느 곳에서나 혈액량이 같다. 따라서 우주정거장에서는 지상에서보다 몸의 중심 부분의 혈액량이 증가하므로 평균 심박출량이 증가한다.

해설

(1) 지상에서는 중력이 작용하므로 심장보다 낮은 쪽에 혈액이 모이므로 다리에 혈액이 머무르지 않도록 상반신보다 하반신에서 혈관 수축이 강하게 이루어지면서 균형을 잡고 있다. 지상에서의 심장 혈압은 약 100 mmHg, 머리는 약 70 mmHg, 다리는 약 200 mmHg이지만, 중력이 없는 우주정거장에서는 온몸의 혈압이 약 100 mmHg로

같다. 따라서 우주정거장에서는 혈액이 머리 쪽으로 이동해 양쪽 다리의 혈액량이 각각 10 % 정도(1 L)가 줄어들어 다리가 가늘어지고, 머리의 혈압은 높아져 얼굴이 부풀어 오른다.

09

(1) 순종의 둥근 완두 암술머리에 주름진 완두의 꽃가루를 묻혀 타가 수분한다.

(2) • 입자설을 지지할 수 없는 이유: 양쪽 부모 중 한 사람의 유전 물질이 자손에게 영향을 미친다고 생각할 수 있기 때문이다.

• 입자설을 명확하게 확인할 수 있는 추가 실험 방법: 잡종 1대를 자가 수분한다.

• 예상 결과: 잡종 1대에서 나타나지 않은 어버이의 유전 형질이 잡종 2대에 다시 나타난다. 이를 통해 양쪽 부모로부터 물려받은 서로 다른 두 유전 물질이 혼합되지 않고 그대로 전달된다는 것을 알 수 있다.

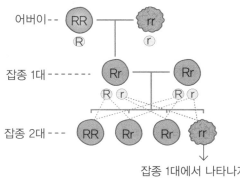

잡종 1대에서 나타나지 않은
주름진 완두가 나타남

해설

(1) 자가 수분은 수술의 꽃가루가 같은 그루의 꽃에 있는 암술머리에 붙는 현상이고, 타가 수분은 수술의 꽃가루가 다른 그루의 꽃에 있는 암술머리에 붙는 현상이다. 순종의 둥근 완두와 주름진 완두를 교배하여 얻은 잡종 1대에서는 둥근 완두만 나온다. 잡종 1대를 자가 수분하여 얻은 잡종 2대에서는 둥근 완두와 주름진 완두가 3 : 1의 비율로 분리되어 나온다. 순종의 대립 형질끼리 교배시켰을 때 잡종 1대에서 어버이의 우성 형질만 나타나는 현상을 우열의 원리라고 한다. 또, 잡종 1대에서 생식세포를 만들 때 대립 형질을 나타내는 유전자가 생식세포로 분리되어 들어가 잡종 2대의 표현형이 일정한 비율로 나타나는 현상을 분리의 법칙이라고 한다. 우열의 원리

에 의해 대립 유전자의 구성이 다를 때(잡종일 때) 우성 형질만 나타나고 열성 형질은 나타나지 않고, 분리의 법칙에 의해 한 쌍의 대립 유전자가 각각 다른 생식세포에 나누어져 다음 세대에 전달된다.

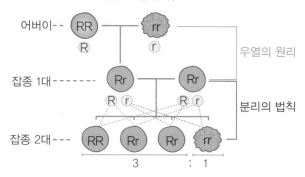

(2) 유전 형질이 부모로부터 자손에게 유전되는 현상은 오래전부터 잘 알려져 있었다. 1800년대에 유전 물질에 관한 두 가지 이론 혼합설과 입자설이 대립했다. 유전의 혼합설은 서로 다른 색의 두 물감이 섞여 새로운 색의 물감이 되는 것처럼, 양쪽 부모로부터 물려받은 서로 다른 두 유전 물질이 혼합되어 새로운 형질을 나타내면서 자손을 형성한다고 설명한다. 그러나 이러한 혼합설로는 한 세대를 건너뛰어 다시 나타나는 형질과 같은 유전 현상을 설명할 수 없었다. 이러한 현상은 유전 물질이 입자와 같이 서로 섞이기도 하지만 다시 분리 가능하다고 가정할 때만 이해할 수 있었다. 멘델은 7년간의 완두를 이용한 교배 실험을 통해 완두의 특성을 나타내는 각 형질이 분리될 수 있는 입자에 의해 결정된다는 점을 발견했고, 1865년 멘델의 유전 법칙을 제시했다. 이로써 유전 물질은 입자로 되어 있다는 유전의 입자설이 정설로 받아들여지게 되었다.

10

(1) • 질량비: $NaCl : AgNO_3 : AgCl : NaNO_3 = 2 : 6 : 5 : 3$
생성된 앙금의 질량이 15 g으로 같을 때는 NaCl 6 g과 $AgNO_3$ 54 g이 반응했을 때와 NaCl 42 g과 $AgNO_3$ 18 g이 반응했을 때이므로 NaCl 6 g과 $AgNO_3$ 18 g이 반응한 것이다. NaCl 6 g과 $AgNO_3$ 18 g이 반응했을 때 생성된 앙금인 AgCl의 질량이 15 g이므로 $NaNO_3$의 양은 $6+18-15=9$ (g)이다.
따라서 각 물질들 사이의 질량비는
$NaCl : AgNO_3 : AgCl : NaNO_3$
$=6 : 18 : 15 : 9 = 2 : 6 : 5 : 3$이다.

(2) • 해수 B의 염분: 34 psu

NaCl과 AgCl 앙금의 질량비는 2 : 5이고 MgCl₂과 AgCl 앙금의 질량비는 약 1 : 30이다.

35 psu 해수 1 kg과 충분한 양의 $AgNO_3$ 수용액을 반응시키면 NaCl과 반응하여 생기는 AgCl 앙금의 질량은 27.2÷2×5=68 (g)이고,

MgCl₂과 반응하여 생기는 AgCl 앙금의 질량은 3.8×3=11.4 (g)이므로

생성된 총 AgCl 앙금의 질량은 68+11.4=79.4 (g)이다. 전 세계 여러 바다에서 염분은 다르지만 전체 염류에서 각 염류가 차지하는 비율은 모두 일정하므로 생성된 AgCl 앙금의 질량비도 일정하다.

B에서 채취한 해수 1 kg과 충분한 양의 $AgNO_3$ 수용액을 반응시켰을 때 생성된 AgCl 앙금의 질량이 77 g이라면 해수 B의 염분은 35 : 79.4=x : 77, x=33.942≒34 (psu)이다.

• 해수 A와 해수 B의 염분 비교: 해수 A의 염분은 31 psu이고 해수 B의 염분은 34 psu이므로, 해수 A의 염분이 해수 B보다 더 낮다.

• 해수 A와 해수 B의 염분이 다른 이유

  − B 지역은 온난 전선이 통과하여 날씨가 맑지만, A 지역은 한랭 전선의 영향으로 적운형 구름에서 소나기성 비가 내리기 때문에 A에서 채취한 해수의 염분이 더 낮다.

  − 동고서저의 지형적인 이유로 A 지역에 빗물이나 강물의 유입량이 많기 때문에 A에서 채취한 해수의 염분이 더 낮다.

  − 서해는 동해보다 면적이 좁고 깊이가 얕아서 같은 양의 강물이 유입되어도 염분이 더 낮아지기 때문에 A에서 채취한 해수의 염분이 더 낮다.

• 원리: 화학 반응이 일어날 때 물질을 이루는 원자나 이온은 배열만 달라질 뿐 새롭게 생기거나 없어지지 않으므로 화학 변화가 일어난 후에도 전체 질량은 달라지지 않는 질량 보존의 법칙이 성립한다. 또한, 두 가지 이상의 물질이 반응하여 새로운 화합물이 생성될 때 반응하는 물질 사이에 일정한 질량비가 성립하는 일정 성분비 법칙이 성립한다. 질량 보존 법칙과 일정 성분비 법칙을 이용하면 각 물질들 사이의 질량비를 구할 수 있다.

해설

(1) 각각의 경우에 반응 후, 반응하지 않고 남은 물질의 종류와 질량은 다음과 같다.

반응물과 생성물의 질량(g)			반응하지 않고 남은 물질	
반응물		생성물		
NaCl	$AgNO_3$	AgCl	종류	질량(g)
6	54	15	$AgNO_3$	36
18	42	35	NaCl	4
30	30	25	NaCl	20
42	18	15	NaCl	36
54	6	5	NaCl	52

화합물이 생성될 때 반응하는 물질이 단순히 섞이는 것이 아니라 일정한 비율로 결합하는 것이므로 반응물 중에서 양이 적은 것에 의해 생성물의 양이 제한된다.

(2) 중위도 지방에서는 북쪽의 차가운 기단과 남쪽의 따뜻한 기단이 만나 한랭 전선과 온난 전선을 동반한 저기압이 자주 발생하는데 이를 온대 저기압이라고 한다. 온대 저기압의 중심에서 남서쪽으로 한랭 전선이 형성되고, 남동쪽으로는 온난 전선이 형성되며, 서쪽에서 동쪽으로 이동해 간다. 따라서 온대 저기압이 지나가는 지역에서는 온난 전선과 한랭 전선이 차례로 통과하면서 날씨 변화가 나타난다.

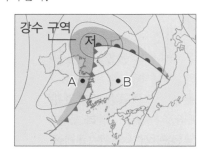

온난 전선이 다가오면 차가운 기단의 영향을 받아 기온이 낮아지고 층운형 구름에서 지속적인 비가 내린다. 온난 전선이 통과하면 날씨가 맑아지고, 따뜻한 기단의 영향을 받아 기온이 상승한다. 이후 한랭 전선이 통과하면 적운형 구름에서 소나기성 비가 내리고, 찬 기단의 영향을 받아 기온이 하강한다.

11

(1) • ㉠: B쪽으로 기울어진다.
　　• ㉡: 수평을 이룬다.
　　• ㉢: B쪽으로 기울어진다.

(2) 광물 C<광물 B<광물 A

(3) • 광물 A: 석영, 석영은 조흔판보다 단단하여 조흔판에 긁이지 않는다.
　　• 광물 B: 자철석, 자철석은 자성이 있어 철 가루가 붙는다.

해설

(1) 실험 Ⅰ에서 방해석이 염산에 녹으므로 질량이 가벼워진 광물 C가 방해석이다. 실험 Ⅱ에서 자철석에 철 가루가 달라붙으므로 질량이 무거워진 광물 B가 자철석이다.

(2) 실험 Ⅲ에서 광물을 조흔판에 긁었을 때 무른 광물일수록 조흔판에 많이 긁히므로 질량이 줄어든다. 조흔판에 긁고 난 후 질량이 광물 C<광물 B<광물 A이므로 광물의 굳기는 광물 C<광물 B<광물 A이다.

12

(1)

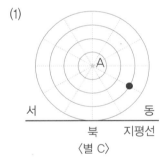

〈별 C〉　　　〈별 D〉

(2) • ㉠일 때: 63.5°
　　• ㉡일 때: 50°

해설

(1) 북쪽 하늘에서 별은 하루 동안 1시간에 $360° \div 24 = 15°$씩 북극성(별 A)을 중심으로 동심원을 그리면서 동쪽에서 서쪽으로, 시계 반대 방향으로 움직인다. 7월 2일 2시는 7월 1일 22시로부터 4시간이 지난 후이므로 별 C는 $15° \times 4 = 60°$만큼 서쪽으로 움직인다.
1년 동안 별은 1달에 $360° \div 12 = 30°$씩 동쪽에서 서쪽으로 움직인다. 10월 1일 22시는 7월 1일 22시로부터 3개월이 지난 후이므로 별 D는 $30° \times 3 = 90°$만큼 서쪽으로 움직인다.

(2) 지구 자전축이 ㉠일 때 별 B는 지구 자전축으로부터 23.5° 떨어져 있다. 북위 40°를 지평선으로 하여 천구를 나타내면 별 B가 하루 중 지평선으로부터 가장 높게 위치할 때의 고도는 $40° + 23.5° = 63.5°$이고, 가장 낮게 위치할 때의 고도는 $40° - 23.5° = 16.5°$이다. 별 B는 하루 동안 지평선으로 지지 않고 북쪽 하늘에서 16.5°~63.5° 사이를 동쪽에서 서쪽으로 움직인다.

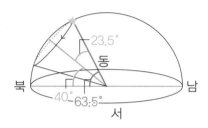

지구 자전축이 ㉡일 때 별 B는 지구 자전축으로부터 90° 떨어져 있다. 북위 40°를 지평선으로 하여 천구를 나타내면 별 B가 하루 중 지평선으로부터 가장 높이 위치할 때의 고도는 $90° - 40° = 50°$이고 가장 낮게 위치할 때의 고도는 0°이다. 별 B는 하루 동안 동쪽 하늘에서 떠서 남쪽을 지나 서쪽으로 진다.

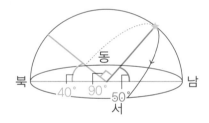

MEMO

시대에듀와 함께 꿈을 키워요!
www.sdedu.co.kr

안쌤의 창의 · 융합사고력 과학 100제 중등

초 판 발 행	2025년 01월 10일 (인쇄 2024년 11월 15일)
발 행 인	박영일
책 임 편 집	이해욱
편 저	안쌤 영재교육연구소
편 집 진 행	이미림
표 지 디 자 인	조혜령
편 집 디 자 인	채현주 · 윤아영
발 행 처	(주)시대에듀
출 판 등 록	제 10-1521호
주 소	서울시 마포구 큰우물로 75 [도화동 538 성지 B/D] 9F
전 화	1600-3600
팩 스	02-701-8823
홈 페 이 지	www.sdedu.co.kr
I S B N	979-11-383-7609-9 (53400)
정 가	24,000원

※ 이 책은 저작권법의 보호를 받는 저작물이므로 동영상 제작 및 무단전재와 배포를 금합니다.
※ 잘못된 책은 구입하신 서점에서 바꾸어 드립니다.

영재교육의 모든 것!
시대에듀가 상위 1%의 학생이 되는
기적을 이루어 드립니다.

안쌤 **안재범**

수달쌤 **이상호**

수박쌤 **박기훈**

영재교육 프로그램

프로그램 1 창의사고력 대비반

프로그램 2 영재성검사 모의고사반

프로그램 3 면접 대비반

프로그램 4 과고 · 영재고 합격완성반

수강생을 위한 프리미엄 학습 지원 혜택

 영재맞춤형 **최신 강의 제공**

 영재로 가는 필독서 **최신 교재 제공**

 핵심만 담은 **최적의 커리큘럼**

 PC + 모바일 **무제한 반복 수강**

 스트리밍 & 다운로드 **모바일 강의 제공**

 쉽고 빠른 피드백 **카카오톡 실시간 상담**

시대에듀 **안쌤 영재교육연구소** | www.sdedu.co.kr

안쌤의
창의·융합사고력
과학 100제
중등

대학부설·교육청 영재교육원 영재성검사, 창의적 문제해결력 평가 완벽 대비!

스스로 평가하고 준비하는!

대학부설·교육청 영재교육원

봉투모의고사 시리즈

대학부설 영재교육원 봉투모의고사
초등·중등

교육청 영재교육원 봉투모의고사
초등 3학년·초등 4~5학년

※도서의 이미지 및 구성은 변동될 수 있습니다.

영재교육원 대비 실전 모의고사 3회분 수록!

영재교육원 면접가이드 수록!

영재 사고력 수학
단원별 · 유형별
시리즈

※ 도서의 구성 및 이미지는 변경될 수 있습니다.

전국 각종 수학경시대회 완벽 대비
대학부설 · 교육청 영재교육원 창의적 문제해결력 검사 **대비**
창의사고력 + 융합사고력 + 수학사고력 **동시 향상**